全国职业院校建筑类专业教材

建筑概论

苏建斌◎主编

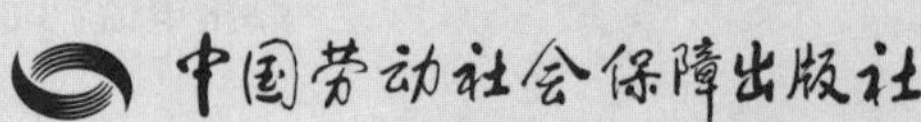

图书在版编目（CIP）数据

建筑概论 / 苏建斌主编 . -- 北京 : 中国劳动社会保障出版社，2023
全国职业院校建筑类专业教材
ISBN 978-7-5167-6076-5

Ⅰ. ①建…　Ⅱ. ①苏…　Ⅲ. ①建筑学 - 职业教育 - 教材　Ⅳ. ①TU

中国国家版本馆 CIP 数据核字（2023）第 177521 号

中国劳动社会保障出版社出版发行
（北京市惠新东街 1 号　邮政编码：100029）
*
三河市华骏印务包装有限公司印刷装订　新华书店经销
787 毫米 ×1092 毫米　16 开本　13.75 印张　307 千字
2023 年 10 月第 1 版　2023 年 10 月第 1 次印刷
定价：37.00 元

营销中心电话：400-606-6496
出版社网址：http://www.class.com.cn
http://jg.class.com.cn

本教材为全国职业院校建筑类专业教材。本教材共分七章，包括建筑材料、民用建筑结构、工业建筑设计、工业建筑体系、单层厂房结构组成、建筑节能、城市及居住区规划等内容。通过本教材的学习，使学生掌握从事建筑行业所必需的建筑材料和建筑构造的基本知识，了解目前建筑节能方面的相关内容，拓宽学生的知识面，为学生学习职业技能、提高个人素质、增强适应职业变化的能力和继续学习的能力打下一定的基础。

本教材由苏建斌任主编，卢振龙任副主编，肖慕钦主审。

前言

PREFACE

近年来，我国建筑行业进入了新的发展阶段。基于对当前建筑行业技能型人才需求及职业院校教学实际的调研分析，我们组织开发了这套全国职业院校建筑类专业教材，分为“建筑施工”“建筑设备安装”“建筑装饰”和“工程造价”四个专业方向。教材的编审人员由教学经验丰富、实践能力强的一线骨干教师和来自企业的设计、施工人员组成。

在本次教材开发工作中，我们主要做了以下几方面工作：

第一，突出教材的实用性。在“适用、实用、够用”的原则下，根据建筑行业相关企业的工作实际和相关院校的教学需要安排教材结构和内容，设计了大量来源于生产、生活实际的案例、例题、练习题和技能训练，引导学生运用所学知识分析和解决实际问题，教材体系合理、完善，贴近岗位实际与教学实际。

第二，突出教材的先进性。根据当前建筑行业对岗位知识与技能的实际需求设计教学内容，贯彻新标准。例如，在相关教材中全面贯彻《混凝土结构施工图平面整体表示方法制图规则和构造详图（现浇混凝土框架、剪力墙、梁、板）》（22G101—1）和《建设用砂》（GB/T 14684—2022）等最新图集和国家标准，《建筑 CAD》以新版的 AutoCAD 软件作为教学软件载体等。此外，新材料、新设备、新技术、新工艺在相关教材中也得到了体现。

第三，突出教材的易用性。充分保证教材的印刷质量，全部主教材均采用双色或四色印刷，图表丰富，营造出更加直观的认知环境；设置了“想一想”和“知识拓展”等栏目，引导学生自主学习；教材配套开发了习题册参考答案和电子课件，可登录技工教育网（http://jg.class.com.cn）在相应的书目下载。

本套教材在编写过程中，得到了智能制造与智能装备类技工教育和职业培训教学指导委员会及一批职业院校的大力支持，教材的编审人员做了大量的工作，在此，我们表示诚挚的谢意！同时，恳切希望用书单位和广大读者对教材提出宝贵意见和建议。

编者

目录
CONTENTS

第一章 建筑材料

学习目标

熟悉建筑材料的基本性质，了解无机胶凝材料、混凝土和砂浆等基础材料的配制，掌握建筑钢材和其他常用材料的特性与应用。

第一节 概述

一、建筑材料的概念

建筑材料是人类建造活动所用的一切材料的总称。为了保证建筑物在使用环境中能够安全、适用、耐久，建筑材料应具备抵抗各种不利因素作用的性质。在我国，一般建筑工程的材料费用要占到总投资的50%～60%，特殊工程中这一比例还要高。因此，正确、节约、合理地运用建筑材料对建筑工程的造价和投资起到至关重要的作用。

建筑材料的定义分为广义和狭义两种。广义的建筑材料是指建造建筑物和构筑物所用的所有材料，如黏土、石灰石、石膏等；狭义的建筑材料是指直接构成建筑物和构筑物实体的材料，如混凝土、水泥、石灰、钢筋、砌块、玻璃等。

二、建筑材料的分类

建筑材料品类繁多，为便于学习、记忆和掌握建筑材料的基本知识和基本理论，一般按材料的化学成分将建筑材料分为无机材料、有机材料和复合材料三大类，见表1-1。

三、建筑材料的技术标准

目前我国建筑材料的技术标准有以下四大类。

1. 国家标准

国家标准分为强制性标准（代号GB）和推荐性标准（代号GB/T）。

表 1-1　　建筑材料的分类

<table>
<tr><th colspan="4">材料类别</th><th>举例</th></tr>
<tr><td rowspan="8">无机材料</td><td rowspan="2">金属材料</td><td colspan="2">黑色金属</td><td>钢、铁</td></tr>
<tr><td colspan="2">有色金属</td><td>铝、铜及其合金</td></tr>
<tr><td rowspan="6">非金属材料</td><td colspan="2">天然石材</td><td>砂、石子、花岗岩、石灰岩等</td></tr>
<tr><td colspan="2">烧结及熔融制品</td><td>砖、瓦、陶瓷、琉璃制品等</td></tr>
<tr><td rowspan="2">胶凝材料</td><td>水硬性胶凝材料</td><td>水泥</td></tr>
<tr><td>气硬性胶凝材料</td><td>石灰、石膏、水玻璃等</td></tr>
<tr><td colspan="2">混凝土</td><td>水泥混凝土、轻集料混凝土</td></tr>
<tr><td colspan="2">硅酸盐制品</td><td>灰砂砖、加气混凝土</td></tr>
<tr><td rowspan="3">有机材料</td><td colspan="3">植物材料</td><td>木材、竹材、植物纤维及其制品</td></tr>
<tr><td colspan="3">沥青材料</td><td>石油沥青、煤沥青及其制品</td></tr>
<tr><td colspan="3">合成高分子材料</td><td>塑料、涂料、胶黏剂、合成高分子防水材料等</td></tr>
<tr><td rowspan="2">复合材料</td><td colspan="3">无机材料基复合材料</td><td>钢筋混凝土、钢纤维增强混凝土、水泥刨花板、聚苯乙烯泡沫混凝土等</td></tr>
<tr><td colspan="3">有机材料基复合材料</td><td>沥青混凝土、聚合物混凝土、玻璃纤维增强塑料、胶合板、纤维板、彩色夹芯复合钢板、塑钢门窗材料等</td></tr>
</table>

2. 行业标准

行业标准包括建筑工程行业标准（代号 JGJ）、建筑材料行业标准（代号 JC）、冶金工业行业标准（代号 YB）、交通行业标准（代号 JT）等。

3. 地方标准

地方标准的代号为 DB。

4. 企业标准

企业标准的代号为 QB。

第二节　无机胶凝材料

在建筑工程中常常需要把块状、颗粒状或纤维状材料黏结成整体，并使其具有一定的强度，这种具有黏结作用的材料统称为胶凝材料或胶结材料。建筑上使用的胶凝材料按其化学组成可分为无机胶凝材料和有机胶凝材料，前者如水泥、石膏、石灰等，

后者如沥青、树脂等。无机胶凝材料在建筑工程中的应用更为广泛。

无机胶凝材料按硬化条件不同，又可分为气硬性胶凝材料和水硬性胶凝材料。气硬性胶凝材料只能在空气中硬化，并在空气中保持、发展其强度，如石灰、石膏、水玻璃等；水硬性胶凝材料不仅能在空气中硬化，而且能更好地在水中硬化，保持并发展其强度，如各种水泥等。

气硬性胶凝材料一般只适用于地上或干燥环境，不宜用于潮湿环境，更不可用于水中；而水硬性胶凝材料既可以用于地上，又可以用于水中或地下潮湿环境的建筑物中。

一、石灰

石灰是一种使用较早的气硬性胶凝材料，因其生产原料广泛、工艺简单、成本低廉，所以被广泛使用。

1. 石灰的分类

（1）根据生石灰中氧化镁（MgO）含量的不同，生石灰可分为钙质生石灰（MgO 含量≤ 5%）和镁质生石灰（MgO 含量 >5%）。

（2）根据入窑石灰石块度大小、煅烧温度的不同，生石灰可分为过火石灰（入窑石灰石块度较大、煅烧温度较高）、正火石灰（入窑石灰石块度适中、煅烧温度适中）、欠火石灰（入窑石灰石块度较大、煅烧温度较低）。过火石灰熟化十分缓慢，其细小颗粒可能在石灰使用以后熟化，体积膨胀，致使硬化的砂浆产生“崩裂”或“鼓泡”现象，影响工程质量。欠火石灰降低了石灰的质量，也影响了石灰石的产灰量。

2. 石灰的等级划分

若将块状生石灰磨细，可得生石灰粉。根据建材行业标准《建筑生石灰》（JC/T 479—2013）的规定，按化学成分含量不同，建筑生石灰可划分为几个类别，见表 1–2。建筑生石灰的化学成分见表 1–3。

3. 石灰的特性

（1）保水性好，可塑性好。利用这一性质，将石灰掺入水泥砂浆中，配制成混合砂浆，可显著提高砂浆的保水性。

（2）吸湿性强，耐水性差，因此石灰不宜用于潮湿环境。

表 1–2 建筑生石灰的类别

类别	名称	代号
钙质生石灰	钙质生石灰 90	CL90
	钙质生石灰 85	CL85
	钙质生石灰 75	CL75
镁质生石灰	镁质生石灰 85	ML85
	镁质生石灰 80	ML80

表 1-3 建筑生石灰的化学成分

单位：%

名称	氧化钙 + 氧化镁（CaO+MgO）	氧化镁（MgO）	二氧化碳（CO_2）	三氧化硫（SO_3）
CL 90-Q CL 90-QP	≥ 90	≤ 5	≤ 4	≤ 2
CL 85-Q CL 85-QP	≥ 85	≤ 5	≤ 7	≤ 2
CL 75-Q CL 75-QP	≥ 75	≤ 5	≤ 12	≤ 2
ML 85-Q ML 85-QP	≥ 85	>5	≤ 7	≤ 2
ML 80-Q ML 80-QP	≥ 80	>5	≤ 7	≤ 2

注：1. 生石灰块在代号后加 Q；
2. 生石灰粉在代号后加 QP。

（3）硬化慢，强度低。

（4）硬化后体积收缩较大。

（5）放热量大，腐蚀性强。

4. 石灰在建筑工程中的应用

（1）拌制灰土或三合土。灰土是将消石灰粉（是在使用前提前 1～2 天，用三级新鲜块灰淋水消解后，用 5 mm 方孔筛筛分）和黏土按一定比例拌和均匀，夯实而成的。三合土是将消石灰粉、黏土和骨料按一定比例拌和均匀并夯实而成的。

（2）配制水泥石灰混合砂浆、石灰砂浆等，用于砌筑、抹灰工程中。

（3）生产硅酸盐制品，如粉煤灰砖及砌块、加气混凝土等，主要用作墙体分隔材料。

5. 石灰的储运

生石灰吸水性、吸湿性极强，应分类、分级储存在干燥的仓库内，不宜储存太久。如需长期存放，应将生石灰熟化成石灰膏再进行储存。

生石灰受潮熟化要放出大量的热，且体积膨胀，所以在运输中应有防雨措施，并且不得与易燃、易爆品等同时运输，以免发生火灾。

二、石膏

石膏具有比石灰更为优良的建筑性能，其资源丰富，具有质轻、强度高、隔热、耐火、吸声、易加工等特性，是一种用途广泛的建筑材料。

1. 石膏的品种

建筑上常用的石膏有建筑石膏、模型石膏、地板石膏、高强度石膏四种。

2. 石膏的技术性质

建筑石膏具有凝结硬化快、微膨胀性、孔隙率大、耐火性好、耐水性及抗冻性差等特点。纯净的建筑石膏为白色粉末，密度为 260 ~ 275 g/cm^3，堆积密度为 800 ~ 1 000 g/cm^3。根据国家标准《建筑石膏》（GB/T 9776—2022）的规定，建筑石膏按照其强度、凝结时间等可分为 4.0、3.0 和 2.0 三个等级，见表 1–4。

表 1–4　　建筑石膏等级

等级	凝结时间 /min		强度 /MPa			
			2 h 湿强度			
	初凝	终凝	抗折	抗压	抗折	抗压
4.0	≥ 3	≤ 30	≥ 4.0	≥ 8.0	≥ 7.0	≥ 15.0
3.0			≥ 3.0	≥ 6.0	≥ 5.0	≥ 12.0
2.0			≥ 2.0	≥ 4.0	≥ 4.0	≥ 8.0

3. 石膏的应用

石膏在建筑工程中可用于室内抹灰及粉刷，或用作水泥制品中的外加剂，或制造石膏板（纸面石膏板、石膏空心条板、石膏装饰板等）及建筑装饰制品（各种石膏雕塑、饰面板等）。

三、水泥

水泥为水硬性胶凝材料，是建筑工程中最主要的材料之一。它不仅可用于地上工程，而且适用于水中或潮湿环境中的工程。

水泥按矿物组成可分为硅酸盐类水泥、铝酸盐类水泥、硫铝酸盐类水泥、铁铝酸盐类水泥等；按性质和用途可分为通用水泥、专用水泥和特种水泥等。通用水泥是建筑工程中应用最为广泛的水泥，包括硅酸盐水泥、普通硅酸盐水泥、矿渣硅酸盐水泥、火山灰质硅酸盐水泥、粉煤灰硅酸盐水泥和复合硅酸盐水泥六大品种。专用水泥是以所用工程的名称来命名的，如砌筑水泥、道路水泥等。特种水泥是具有某种突出特性的水泥，如膨胀水泥、快硬水泥等。

建筑工程中使用最多的水泥为硅酸盐类水泥，本节重点介绍此类水泥的性质及应用，在此基础上，对其他水泥做一般性介绍。

1. 硅酸盐水泥

（1）硅酸盐水泥的定义

凡由硅酸盐水泥熟料和适量石膏，以及不加或加不超过水泥质量 5% 的粒化矿渣磨细制成的水硬性胶凝材料，称为硅酸盐水泥。

（2）硅酸盐水泥的分类

硅酸盐水泥分为两种类型，不掺混合材料的称为Ⅰ型硅酸盐水泥（代号 P · Ⅰ），掺加不超过水泥质量 5% 的石灰石或矿渣混合材料的称为Ⅱ型硅酸盐水泥（代号 P · Ⅱ）。

（3）硅酸盐水泥的矿物成分及特性

硅酸盐水泥生料是指未经煅烧但已磨细的水泥原料，简称生料。硅酸盐水泥熟料是指以适当成分的生料烧至部分熔融，所得以硅酸钙为主要成分的产物，简称熟料。生料在煅烧过程中发生一系列物理化学变化，形成一定矿物成分的熟料，详见表 1–5。硅酸盐水泥熟料矿物特性见表 1–6。

表 1–5　硅酸盐水泥熟料的主要矿物成分及含量

矿物名称	分子式	缩写	含量 /%
硅酸三钙	$3CaO \cdot SiO_2$	C_3S	37 ~ 60
硅酸二钙	$2CaO \cdot SiO_2$	C_2S	15 ~ 37
铝酸三钙	$3CaO \cdot Al_2O_3$	C_3A	7 ~ 15
铁铝酸四钙	$4CaO \cdot Al_2O_3 \cdot Fe_2O_3$	C_4AF	10 ~ 18

表 1–6　硅酸盐水泥熟料矿物特性

性质		硅酸三钙	硅酸二钙	铝酸三钙	铁铝酸四钙
凝结硬化速度		快	慢	最快	较快
水化时放热量		高	低	最高	中
强度	高低	高	早期低、后期高	低	中
	发展	快	慢	快	较快

由于各矿物成分水化时所表现出的特性不同，改变各矿物成分的比例，水泥的性质将会发生变化，即得到不同品种的硅酸盐水泥。如提高 C_3S 含量，可制成高强水泥；降低 C_3S、C_3A 含量，可制得水化热很低的大坝水泥；提高 C_3S、C_3A 含量，可制得快硬硅酸盐水泥。

（4）硅酸盐水泥的凝结与硬化

将水泥加入适量水拌和成可塑性的水泥浆，经过一定时间逐渐变稠、失去塑性，但尚不具有强度的过程，称为水泥的凝结。随着时间的增长，其强度明显提高，逐渐变成坚硬的石状物——水泥石，这一过程称为水泥的硬化。凝结和硬化是一个连续、复杂的物理化学变化过程，是水泥和水相互作用的结果。

水泥的矿物组成是影响水泥凝结和硬化的最主要的内在因素。如 C_3A 水化速度最快，放热量大但强度不高；C_2S 水化速度最慢，放热量少，早期强度低，但后期强度增长快。所以改变水泥的矿物组成，将使水泥的凝结、硬化产生明显的变化。在水泥中添加适量的石膏也可控制水泥的水化反应速度，调节水泥的凝结时间。水泥的凝结与硬化还与温度、湿度及龄期等因素有关。

（5）硅酸盐水泥的技术性质

国家标准《通用硅酸盐水泥》（GB 175—2007）对硅酸盐水泥的主要技术性质作了

明确规定。

1）细度。细度是指水泥颗粒的粗细程度。水泥颗粒越细，与水接触的表面积越大，水化反应速度越快、越充分，早期强度和后期强度越高。但粉磨时，能耗较大，硬化时收缩率大，易产生裂缝，所以水泥的细度要适宜。水泥的细度采用比表面积或0.045 mm孔筛的筛余量表示。比表面积是指单位质量水泥颗粒表面积的总和（m^2/kg或cm^2/g），硅酸盐水泥的比表面积应大于300 m^2/kg。

2）标准稠度用水量。国家标准规定，用“标准稠度”的水泥净浆检验水泥的凝结时间和体积安定性。加水量的多少对试验结果影响很大，所以人为规定了一个标准稠度。水泥净浆达到标准稠度时的用水量称为标准稠度用水量，一般以占水泥质量的百分数表示，用水泥标准稠度测定仪测定。硅酸盐水泥的标准稠度用水量一般为21%~28%。影响标准稠度用水量的因素有水泥的矿物组成、细度、混合材料的种类及掺量等。

3）凝结时间。水泥的凝结时间分为初凝时间和终凝时间。自水泥加水拌和算起至标准稠度的净浆开始失去可塑性所需的时间称为初凝时间，自水泥加水拌和算起至标准稠度的净浆完全失去可塑性并开始产生强度所需的时间称为终凝时间。

为使混凝土、砂浆有充分的时间进行搅拌、运输、浇捣和砌筑，水泥的初凝时间不能过早；当施工完毕时，则要求尽快凝结、硬化，产生强度，以利于下道工序的进行，故终凝时间不能太迟。国家标准规定，凝结时间是以标准稠度的水泥净浆在规定的温度及湿度下用水泥净浆凝结时间测定仪测定的。硅酸盐水泥的初凝时间不得早于45 min，终凝时间不得迟于390 min。影响水泥凝结时间的主要因素有水泥的矿物组成、细度、温度及混合材料的掺量等。

4）体积安定性。体积安定性是指水泥在硬化过程中因体积膨胀而产生变形的性质，是评定水泥质量的重要指标之一。如水泥硬化后，产生不均匀的体积变化，即体积安定性不良。造成水泥体积安定性不良的原因，主要是水泥熟料中含有游离CaO、MgO或石膏掺入量过多。游离CaO、MgO水化速度很慢，往往在水泥硬化后才开始水化，体积膨胀，使水泥石开裂。当石膏掺量过多时，水泥硬化后，残留的石膏与固态水化铝酸钙会继续发生反应，生成硫铝酸钙，体积增大1倍，导致水泥石开裂。

国家标准规定，水泥的体积安定性可采用雷氏法或试饼沸煮法检验。当用雷氏法检验时，标准稠度净浆试件沸煮3 h后膨胀值不超过5 mm为体积安定性合格；试饼沸煮法是用标准稠度的水泥净浆做成圆饼，在标准条件下养护24 h，再沸煮4 h，经肉眼观察未发现裂纹，用直尺检查没有弯曲，则体积安定性合格。

上述两种方法只能检验游离CaO所引起的水泥体积安定性不良问题，MgO、石膏等造成的体积安定性不良问题应分别采取压蒸法和长期浸水法检验，两者均不便于快速检验。国家标准规定，水泥中游离MgO的含量不得超过5%，SO_3含量不得超过3.5%，以保证水泥的体积安定性。

5）强度。强度是评价硅酸盐水泥质量的一个重要指标。我国采用以水泥胶砂强度去评定水泥强度的方法。国家标准《水泥胶砂强度检验方法（ISO法）》（GB/T 17671—2021）规定，检验水泥强度所用胶砂的水泥和标准砂按1∶3混合，加入规定量的水，按规定方法制成标准试件，在标准条件下养护，测定其 3 天和 28 天的强度。按测定结果，通用硅酸盐水泥分为 32.5、32.5R、42.5、42.5R、52.5、52.5R、62.5、62.5R（R 表示早强型）八个强度等级。各等级通用硅酸盐水泥在不同龄期的强度见表 1–7。

表 1–7　各等级通用硅酸盐水泥在不同龄期的强度

品种	强度等级	抗压强度 /MPa		抗折强度 /MPa	
		3 天	28 天	3 天	28 天
通用硅酸盐水泥	32.5	≥ 12.0	≥ 32.5	≥ 3.0	≥ 5.5
	32.5R	≥ 17.0	≥ 32.5	≥ 4.0	≥ 6.5
	42.5	≥ 17.0	≥ 42.5	≥ 3.5	≥ 6.5
	42.5R	≥ 22.0	≥ 42.5	≥ 4.0	≥ 6.5
	52.5	≥ 22.0	≥ 52.5	≥ 4.0	≥ 7.0
	52.5R	≥ 27.0	≥ 52.5	≥ 5.0	≥ 7.0
	62.5	≥ 27.0	≥ 62.5	≥ 5.0	≥ 8.0
	62.5R	≥ 32.0	≥ 62.5	≥ 5.5	≥ 8.0

水泥强度与水泥的矿物组成、细度、石膏掺量、环境温度和湿度、加水量、砂子的规格和品质、试验条件、试验方法等有关。

6）水化热。水泥在水化时放出的热量称为水化热。大部分水化热是在水化初期（7 天）放出的，以后逐渐减少。水泥水化热的大小及放热的速度与水泥的矿物组成、细度有关。

水化热对工程有直接影响，如对大体积混凝土，由于水化热积聚在内部，不易散发，使得混凝土内外温度差过大，形成温度应力，致使混凝土产生裂缝甚至破坏。因此大体积混凝土应采用低热水泥进行配制。

2. 掺混合材料的硅酸盐水泥

（1）混合材料的定义和分类

掺入水泥或混凝土中的人工或天然矿物材料称为混合材料。混合材料可分为以下两类：

一类为活性混合材料，本身不具有水硬性的混合材料，经磨细掺入石灰中，用水拌和后，在常温下可生成具有水硬性胶凝材料的水化物；或材料磨成细粉加水拌和后，能在空气和水中硬化并形成稳定化合物，这种材料称为活性混合材料。常用活性混合材料有粒化高炉矿渣、火山灰质混合材料和粉煤灰等。

另一类为非活性混合材料，它是在水泥中主要起填充作用而不改变水泥性能的矿物材料，可调节水泥强度，降低水化热并能增加水泥产量。常用的非活性混合材料有石英砂、自然冷却的矿渣、石灰石等。

（2）常用掺混合材料的硅酸盐水泥

1）普通硅酸盐水泥（代号 P·O）。凡由硅酸盐水泥熟料、5%～20% 混合材料、适量石膏磨细制成的水硬性胶凝材料，称为普通硅酸盐水泥，简称普通水泥。国家标准《通用硅酸盐水泥》（GB 175—2007）规定，掺混合材料时，最大掺量不得超过水泥

质量的 20%。

普通硅酸盐水泥分为 32.5、32.5R、42.5、42.5R、52.5、52.5R、62.5、62.5R（R 表示早强型）八个强度等级。各强度等级在不同龄期的强度同通用硅酸盐水泥，参见表 1-7。

国家标准规定普通硅酸盐水泥的细度以比表面积表示，其比表面积不小于 300 m^2/kg，初凝时间不得早于 45 min，终凝时间不得迟于 10 h。

2）矿渣硅酸盐水泥（代号 P·S）。凡由硅酸盐水泥熟料和粒化的高炉矿渣、适量石膏共同磨细制成的水硬性胶凝材料，称为矿渣硅酸盐水泥，简称矿渣水泥。其细度、凝结时间、体积安定性要求与普通硅酸盐水泥相同。国家标准《通用硅酸盐水泥》（GB 175—2007）规定，矿渣水泥中粒化高炉矿渣掺量按水泥质量百分比计为 20%～70%，为了改善水泥性能，允许用石灰石、粉煤灰、火山灰质混合材料、窑灰中的一种代替矿渣，代替数量不得超过水泥质量的 8%，代替后水泥中粒化高炉矿渣不得少于 20%。

矿渣水泥分为 32.5、32.5R、42.5、42.5R、52.5、52.5R、62.5、62.5R 八个强度等级。各强度等级在不同龄期的强度参见表 1-7。

国家标准规定矿渣硅酸盐水泥的细度以筛余量表示，其用 0.080 mm 方孔筛的筛余量不得超过 10%，用 0.045 mm 方孔筛的筛余量不得超过 30%。初凝时间不得早于 45 min，终凝时间不得迟于 10 h。

矿渣水泥具有较强的抗软水、抗硫酸盐腐蚀的能力，早期强度低，但后期强度增进率大，水化时放热量少，放热速度慢，具有较好的耐热性，但抗冻性、抗渗性差，其不适用于要求早强或低温条件下施工的工程。

3）火山灰质硅酸盐水泥（代号 P·P）。凡由硅酸盐水泥熟料和火山灰质混合材料、适量石膏磨细制成的水硬性胶凝材料，称为火山灰质硅酸盐水泥，简称火山灰水泥。国家标准《通用硅酸盐水泥》（GB 175—2007）规定，火山灰水泥中火山灰质混合材料掺量，按水泥质量百分比计为 20%～40%。

火山灰水泥的强度等级划分、各龄期的强度要求参见表 1-7。细度、凝结时间、体积安定性要求与矿渣硅酸盐水泥相同。

火山灰水泥具有较好的抗腐蚀性、抗渗性，水化时放热量少，放热速度慢，凝结、硬化速度较慢，早期强度低，但后期增进率较大，其适用于大体积混凝土工程，但不适用于冬季施工及早期强度要求较高的工程。

4）粉煤灰硅酸盐水泥（代号 P·F）。凡由硅酸盐水泥熟料和粉煤灰、适量石膏磨细制成的水硬性胶凝材料，称为粉煤灰硅酸盐水泥，简称粉煤灰水泥。国家标准《通用硅酸盐水泥》（GB 175—2007）规定，粉煤灰水泥中粉煤灰掺量按水泥质量百分比计为 20%～40%。

粉煤灰硅酸盐水泥的强度等级划分、各龄期的强度要求参见表 1-7。细度、凝结时间、体积安定性要求与矿渣硅酸盐水泥相同。

粉煤灰硅酸盐水泥干缩率小，抗裂性好。

5）复合硅酸盐水泥（代号 P·C）。凡由硅酸盐水泥熟料、两种或两种以上规定的混合材料、适量石膏磨细制成的水硬性胶凝材料，称为复合硅酸盐水泥，简称复合水泥。其中，混合材料总掺加量按水泥质量百分比计应大于20%，但不超过50%。

复合水泥的强度等级及各龄期的强度要求参见表1–7。

国家标准规定复合水泥的细度以筛余量表示，其用0.080 mm方孔筛的筛余量不得超过10%，用0.045 mm方孔筛的筛余量不得超过30%。初凝时间不得早于45 min，终凝时间不得迟于10 h。

复合水泥是一种新型的通用水泥，因其同时掺入两种或两种以上规定的混合材料，其性能优于单掺混合材料的水泥性能。

通用水泥的特征、代号及强度等级见表1–8。

表1–8　通用水泥的特征、代号及强度等级

名称	通用硅酸盐水泥	普通硅酸盐水泥	矿渣硅酸盐水泥	火山灰质硅酸盐水泥	粉煤灰硅酸盐水泥	复合硅酸盐水泥
代号	P · Ⅰ/P · Ⅱ	P · O	P · S	P · P	P · F	P · C
强度等级	32.5、32.5R 42.5、42.5R 52.5、52.5R 62.5、62.5R	32.5、32.5R 42.5、42.5R 52.5、52.5R 62.5、62.5R	32.5、32.5R 42.5、42.5R 52.5、52.5R 62.5、62.5R	32.5、32.5R 42.5、42.5R 52.5、52.5R 62.5、62.5R	32.5、32.5R 42.5、42.5R 52.5、52.5R 62.5、62.5R	32.5、32.5R 42.5、42.5R 52.5、52.5R 62.5、62.5R
主要成分	以硅酸盐水泥熟料为主，不掺或掺加不超过5%的混合材料	硅酸盐水泥熟料掺活性混合材料5%~15%或非活性混合材料10%	硅酸盐水泥熟料掺20%~70%的粒化高炉矿渣	硅酸盐水泥熟料掺20%~40%的火山灰质材料	硅酸盐水泥熟料掺20%~40%的粉煤灰	硅酸盐水泥熟料掺20%~50%的混合材料
特性	1. 硬化快，强度高 2. 水化热高 3. 抗冻性好 4. 耐热性差	1. 早期强度高 2. 水化热较高 3. 抗冻性较好 4. 耐热性较差 5. 耐腐蚀性较差	1. 硬化慢，早期强度低，后期强度增长较快 2. 水化热较低 3. 抗冻性较差 4. 耐腐蚀性较好 5. 耐热性较好 6. 易炭化	1. 抗渗性较好 2. 耐热性较差 3. 其他同矿渣水泥	1. 干缩性较小 2. 抗裂性较好 3. 其他同矿渣水泥	3天龄期强度高于矿渣水泥，其他同矿渣水泥

3. 其他品种水泥

（1）铝酸盐水泥

凡以适当成分的生料烧至全部或部分熔融所得以铝酸钙为主要矿物的熟料，经磨

细制成的水硬性胶凝材料，称为铝酸盐水泥，代号 CA。铝酸盐水泥的原料主要是石灰岩和矾土，根据 Al_2O_3 含量不同可分为 CA–50、CA–60、CA–70、CA–80 四类。其强度特征为早强、快硬。根据国家标准《铝酸盐水泥》（GB/T 201—2015）规定，其强度等级、各龄期强度见表 1–9。

国家标准规定 CA–50、CA–70、CA–80 铝酸盐水泥的初凝时间不早于 30 min，终凝时间不迟于 6 h；CA–60 铝酸盐水泥的初凝时间不早于 60 min，终凝时间不迟于 18 h。比表面积不小于 300 m^2/kg 或 0.045 mm 筛余量不大于 20%。

表 1–9　　铝酸盐水泥强度等级、各龄期强度

类型	抗压强度 /MPa				抗折强度 /MPa			
	6 h	1 d	3 d	28 d	6 h	1 d	3 d	28 d
CA–50	≥ 20	≥ 40	≥ 50	—	≥ 3.0	≥ 5.5	≥ 6.5	—
CA–60	—	≥ 20	≥ 45	—	—	≥ 2.5	≥ 5.0	—
CA–70	—	≥ 30	≥ 40	≥ 85	—	≥ 5.0	≥ 6.0	≥ 10.0
CA–80	—	≥ 25	≥ 30	—	—	≥ 4.0	≥ 5.0	—

铝酸盐水泥具有较好的抗硫酸盐、酸类腐蚀，耐高温的性能，适用于抢修及需早强的工程，冬季施工及防水、耐硫酸盐腐蚀的工程。不宜高温施工，不得与石灰和硅酸盐类水泥混用。

（2）快硬性硅酸盐水泥

凡以硅酸盐水泥熟料和适量石膏磨细制成的，以 3 天抗压强度表示强度等级的水硬性胶凝材料，称为快硬性硅酸盐水泥，简称快硬水泥。按现行国家标准的规定，快硬性硅酸盐水泥以 3 天抗压强度来划分等级，分为 32.5、37.5 和 42.5 三个等级。

快硬性硅酸盐水泥适用于要求早期强度高的工程、紧急抢修工程及低温施工工程，不适宜用于大体积混凝土。

（3）白色硅酸盐水泥

凡以适当成分的生料烧至部分熔融所得以硅酸钙为主要成分、氧化铁含量很少的白色硅酸盐水泥熟料加入适量石膏，磨细制成的水硬性胶凝材料称为白色硅酸盐水泥，简称白水泥。

由于白水泥的基本矿物组成为硅酸钙，故其主要技术性质如细度、凝结时间、体积安定性、强度等级等与普通水泥相似，见国家标准《白色硅酸盐水泥》（GB/T 2015—2017）。

白水泥分为 32.5、42.5、52.5 三个强度等级。

白水泥一般应用于建筑物内外表面的装饰工程，配制彩色水泥、彩色混凝土、彩色人造大理石、水磨石等。使用时严禁混入其他物质，搅拌、运输等工具必须清洗干净，以免影响白度。

（4）中低热水泥

中低热水泥是中热硅酸盐水泥和低热矿渣硅酸盐水泥的总称。凡以适当成分的硅酸盐水泥熟料加入适量石膏，磨细制成的具有中等水化热的水硬性胶凝材料，称为中

热硅酸盐水泥；凡以适当成分的硅酸盐水泥熟料加入20%~60%的矿渣、适量石膏，磨细制成的具有低水化热的水硬性胶凝材料，称为低热矿渣硅酸盐水泥。

国家标准《中热硅酸盐水泥 低热硅酸盐水泥》(GB/T 200—2017)对其技术指标均有具体规定。

中低热水泥适用于港口、码头、大坝等水工建筑物，大型设备基础及高层建筑物的筏板基础等多为厚大体积且连续浇筑的混凝土工程。

(5)砌筑水泥

凡由一种或一种以上的水泥混合材料加入适量硅酸盐水泥熟料和石膏，经磨细制成的和易性比较好的水硬性胶凝材料，称为砌筑水泥，代号为M。砌筑水泥中混合材料掺加量不得与矿渣硅酸盐水泥重复。

砌筑水泥可利用大量的工业废渣作为混合材料，可降低水泥成本，其适用于砖、石、砌块等砌体的砌筑砂浆和内墙抹面砂浆，但不得用于钢筋混凝土，做其他用途时必须通过试验来确定。

4. 水泥的选用

水泥的选用包括水泥品种的选择和强度等级的选择两个方面，重点考虑水泥品种的选择，具体见表1–10。

表1–10 常用水泥品种的选择

<table>
<tr><th colspan="2">混凝土工程特点及所处环境条件</th><th>优先选用</th><th>可以选用</th><th>不宜选用</th></tr>
<tr><td rowspan="4">普通混凝土</td><td>在一般气候环境中的混凝土</td><td>P·O</td><td>P·S、P·P、P·F、P·C</td><td>—</td></tr>
<tr><td>在干燥环境中的混凝土</td><td>P·O</td><td>P·S</td><td>P·P、P·F</td></tr>
<tr><td>在高湿高温环境中或长期处于水中的混凝土</td><td>P·S、P·P、P·F、P·C</td><td>P·O</td><td>—</td></tr>
<tr><td>厚大体积的混凝土</td><td>P·S、P·P、P·F、P·C</td><td>P·O</td><td>P·Ⅰ、P·Ⅱ</td></tr>
<tr><td rowspan="6">有特殊要求的混凝土</td><td>要求快硬、高强的混凝土</td><td>P·Ⅰ、P·Ⅱ</td><td>P·O</td><td>P·S、P·P、P·F、P·C</td></tr>
<tr><td>严寒地区的露天混凝土，寒冷地区处于水位升降范围内的混凝土</td><td>P·O</td><td>P·S</td><td>P·P、P·F</td></tr>
<tr><td>严寒地区处于水位升降范围内的混凝土</td><td>P·O</td><td>—</td><td>P·S、P·P、P·F、P·C</td></tr>
<tr><td>有抗渗要求的混凝土</td><td>P·O、P·P</td><td>—</td><td>P·S</td></tr>
<tr><td>有耐磨要求的混凝土</td><td>P·Ⅰ、P·Ⅱ、P·O</td><td>P·S</td><td>P·P、P·F</td></tr>
<tr><td>受侵蚀性介质作用的混凝土</td><td>P·S、P·P P·F、P·C</td><td>—</td><td>P·Ⅰ、P·Ⅱ</td></tr>
</table>

5. 水泥受潮程度的鉴别与处理

（1）水泥有松块、结粒等情况，说明水泥开始受潮，应将松块、粒状物压成粉末并增加搅拌时间，经试验后根据实际强度等级使用。

（2）水泥已部分结成硬块，表明水泥已严重受潮，使用时应筛去硬块，并将松块压碎，用于抹面砂浆等非受力部位。

（3）水泥结块坚硬，表明该水泥已丧失活性，不能再按胶凝材料使用，而只能重新粉磨后用作混合材料。

第三节　混凝土和砂浆

一、混凝土

混凝土是由胶凝材料、水、粗骨料、细骨料、外加剂和矿物掺合料按适当比例配合，经均匀拌制、养护硬化而制成的人造石材。

1. 混凝土的特点

混凝土是使用量最大的人工建筑材料，具有良好的技术性能及经济效益，其主要特点如下：

（1）原材料丰富，易于就地取材，成本较低。

（2）配制灵活，适应性强，可以满足不同工程的要求。

（3）具有良好的可塑性，可以现浇或预制成各种形状及尺寸的构件。

（4）抗压强度高。

（5）与钢筋能牢固黏结，共同工作，从而弥补混凝土抗压强度及抗折强度低的缺陷。

（6）具有良好的耐久性、抗冻性、抗风化及耐腐蚀性。

（7）具有良好的耐火性。但混凝土自重大、抗拉强度低、易开裂、导热系数大，并且硬化需要时间，影响施工速度。随着现代建筑材料技术的发展，混凝土这些不利因素已得到了很大改善，如采用骨料可降低混凝土的自重及导热系数；采用快硬水泥或掺入早强剂和减水剂，可缩短硬化周期。

2. 混凝土的分类

（1）按混凝土的表面密度可分为以下三类：

1）特重混凝土。干表观密度大于 2 800 kg/m^3，是用密度较大的砂、石作为骨料制成的，如重晶石混凝土等，其具有防射线性能，可用于防辐射的原子能工程。

2）重混凝土。干表观密度为 2 000 ~ 2 800 kg/m^3，是用天然的砂、石为骨料制成的，也称普通混凝土，其普遍用于各种建筑工程中。

3）轻混凝土。干表观密度小于 2 000 kg/m^3，又可分为轻骨料混凝土（干表观密度为 800 ~ 2 000 kg/m^3，用多孔轻骨料制成）、多孔混凝土（干表观密度为 300 ~ 1 200 kg/m^3，包括加气混凝土和泡沫混凝土）、大孔混凝土（组成中不加细骨料或少加细骨料，一般用作绝热材料）。

（2）按胶凝材料的不同可分为水泥混凝土、石膏混凝土、沥青混凝土和聚合物混凝土等。

（3）按混凝土的用途可分为结构混凝土、耐热混凝土、防水混凝土、耐酸混凝土、道路混凝土、水工混凝土、防辐射混凝土等。

3. 混凝土各组成材料的技术要求

（1）水泥

水泥品种应根据配制混凝土时的环境条件、工程特点及混凝土所处部位进行选择。水泥强度等级的选择根据混凝土的强度要求来确定。一般情况下，水泥强度等级是混凝土强度等级的 1.5 ~ 2.0 倍；配制高强混凝土时，水泥强度等级是混凝土强度的 0.9 ~ 1.5 倍。

（2）细骨料

细骨料是指粒径为 0.16 ~ 4.75 mm 的骨料，有天然砂、人工砂和工业灰渣砂三类。普通水泥混凝土中的细骨料多为天然砂。按来源不同，天然砂可分为河砂、山砂和海砂。配制普通混凝土多采用河砂，其性质及技术要求如下：

1）表观密度、堆积密度、含水率。河砂的表观密度为 2.50 ~ 2.70 g/cm^3。表观密度大的砂，其结构致密，吸水率小。干燥状态下砂的堆积密度为 1 350 ~ 1 650 kg/m^3，含水率为 35% ~ 45%。砂的含水率不同，将会影响混凝土的拌和水量和砂的用量，所以在混凝土配合比计算中，砂的用量是以完全干燥状态来进行计算的，对于其他状态含水率应进行换算。

2）颗粒级配与粗细程度。颗粒级配是指不同粒径砂粒搭配的比例。粗细程度是指不同粒径的砂粒混合在一起总体的粗细程度。不同粒径的砂，若搭配的比例适当，可降低空隙率，有利于改善混凝土拌合物的和易性，节约水泥用量。

砂的颗粒级配和粗细程度用砂筛分析方法测定。颗粒级配用级配曲线表示，粗细程度用细度模数 M_x 表示。其中，砂的细度按 M_x 分为三级：M_x=3.1 ~ 3.7 为粗砂，M_x=2.3 ~ 3.0 为中砂，M_x=1.6 ~ 2.2 为细砂。

3）坚固性。坚固性是指砂在气候、外力、环境变化或其他物理因素作用下抵抗破裂的能力。天然砂的坚固性用硫酸钠溶液检验，根据国家标准《建设用砂》（GB/T 14684—2022），试样经 5 次循环后其质量损失应符合表 1–11 要求。

表 1–11　天然砂的坚固性指标

项目	指标		
	Ⅰ类	Ⅱ类	Ⅲ类
质量损失 /%	≤ 8	≤ 8	≤ 10

机制砂可采用压碎指标法进行试验，压碎指标应符合表 1–12 的规定。

4）砂中有害杂质。有害杂质包括硫化物、硫酸盐、有机物、云母氯化物等。硫

化物、硫酸盐及有机物对水泥石有腐蚀作用，会降低混凝土的耐久性；云母等会降低混凝土强度及耐久性；氯离子对钢筋有锈蚀作用，因此预应力混凝土不宜用海水配制。砂中有害杂质含量应符合表 1–13 的规定。

表 1–12　　机制砂的压碎指标

项目	指标		
	Ⅰ类	Ⅱ类	Ⅲ类
单级最大压碎指标 /%	≤ 20	≤ 25	≤ 30

表 1–13　　砂中有害杂质含量限值

项目	质量指标		
	Ⅰ类	Ⅱ类	Ⅲ类
云母含量（按质量计）/%	≤ 1.0	≤ 2.0	≤ 2.0
轻物质含量（按质量计）/%	≤ 1.0	≤ 1.0	≤ 1.0
有机物含量（用比色法试验）	合格	合格	合格
硫化物及硫酸盐含量（折算成 SO_3 按质量计）/%	≤ 0.5	≤ 0.5	≤ 0.5
氯化物含量（以氯离子质量计）/%	≤ 0.01	≤ 0.02	≤ 0.06

5）含泥量、石粉含量、泥块含量。含泥量是指天然砂中粒径小于 0.075 mm 颗粒的含量。石粉含量是指机制砂中粒径小于 0.075 mm 颗粒的含量。泥块含量是指天然砂中粒径大于 1.18 mm，经水洗、手捏后变成小于 0.06 mm 颗粒的含量。

天然砂含泥量和泥块含量应符合表 1–14 的规定，机制砂中石粉含量应符合表 1–15 的规定。

表 1–14　　天然砂含泥量和泥块含量

项目	指标		
	Ⅰ类	Ⅱ类	Ⅲ类
含泥量（按质量计）/%	≤ 1.0	≤ 3.0	≤ 5.0
泥块含量（按质量计）/%	≤ 0.2	≤ 1.0	≤ 2.0

表 1-15 机制砂中石粉含量

类别	亚甲蓝值（MB）	石粉含量（质量分数）/%
Ⅰ类	MB ≤ 0.5	≤ 15.0
	0.5<MB ≤ 1.0	≤ 10.0
	1.0<MB ≤ 1.4 或快速试验合格	≤ 5.0
	MB>1.4 或快速试验不合格	≤ 1.0*
Ⅱ类	MB ≤ 1.0	≤ 15.0
	1.0<MB ≤ 1.4 或快速试验合格	≤ 10.0
	MB>1.4 或快速法不合格	≤ 3.0*
Ⅲ类	MB ≤ 1.4 或快速试验合格	≤ 15.0
	MB>1.4 或快速法不合格	≤ 5.0*

注：砂浆用砂的石粉含量不做限制。

* 根据使用环境和用途，经试验验证，由供需双方协商确定，Ⅰ类砂石粉含量可放宽至不大于3.0%，Ⅱ类砂石粉含量可放宽至不大于5.0%，Ⅲ类砂石粉含量可放宽至不大于7.0%。

（3）粗骨料

粗骨料是指粒径大于4.75 mm的骨料。常用的粗骨料有碎石和卵石两种。由天然岩石或卵石经破碎、筛分而得的粒径大于4.75 mm的岩石颗粒称为碎石。由自然条件作用而形成的，粒径大于4.75 mm的岩石颗粒称为卵石。碎石和卵石统称为石子，包括山卵石、河卵石和海卵石三种。其中以河卵石最为常用，其性质及技术要求如下：

1）石子的表观密度、堆积密度、吸水率、空隙率。表观密度随岩石的种类不同而不同，约为2.50 g/cm^3，堆积密度为1 500 ~ 1 800 kg/m^3，吸水率 <3%，空隙率为37% ~ 44%。

2）颗粒级配与最大粒径。石子的颗粒级配与砂的级配原理基本相同，但要求更为严格。石子的颗粒级配有连续级配和间断级配两种。连续级配是指骨料颗粒的尺寸由大到小连续分级，每一级骨料都占适当的比例。间断级配是人为地去除一级或几级中间粒级的骨料级配。单粒级配是间断级配的一个特例。

石子的颗粒级配在混凝土中起着重要作用，关系到混凝土拌合物的流动、离析、泌水等特性，以及水泥用量、混凝土强度和混凝土耐久性等。石子的级配是通过筛分试验确定的，其颗粒级配应符合国家标准《建设用卵石、碎石》（GB/T 14685—2022）的规定（见表 1-16）。

表 1–16　　碎石或卵石级配范围

公称粒径 /mm		累计筛余 /%											
		方孔筛 /mm											
		2.36	4.75	9.5	16.0	19.0	26.5	31.5	37.5	53.0	63.0	75.0	90
连续粒径	5 ~ 16	95 ~ 100	85 ~ 100	30 ~ 60	0 ~ 10	0	—	—	—	—	—	—	—
	5 ~ 20	95 ~ 100	90 ~ 100	40 ~ 80	—	0 ~ 10	0	—	—	—	—	—	—
	5 ~ 25	95 ~ 100	90 ~ 100	—	30 ~ 70	—	0 ~ 5	0	—	—	—	—	—
	5 ~ 31.5	95 ~ 100	90 ~ 100	70 ~ 90	—	15 ~ 45	—	0 ~ 5	0	—	—	—	—
	5 ~ 40	—	95 ~ 100	70 ~ 90	—	30 ~ 65	—	—	0 ~ 5	0	—	—	—
单粒粒径	5 ~ 10	95 ~ 100	80 ~ 100	0 ~ 15	0	—	—	—	—	—	—	—	—
	10 ~ 16	—	95 ~ 100	80 ~ 100	0 ~ 15	—	—	—	—	—	—	—	—
	10 ~ 20	—	95 ~ 100	85 ~ 100	—	0 ~ 15	0	—	—	—	—	—	—
	16 ~ 25	—	—	95 ~ 100	55 ~ 70	25 ~ 40	0 ~ 10	—	—	—	—	—	—
	16 ~ 31.5	—	95 ~ 100	—	85 ~ 100	—	—	0 ~ 10	0	—	—	—	—
	20 ~ 40	—	—	95 ~ 100	—	80 ~ 100	—	—	0 ~ 10	0	—	—	—
	25 ~ 31.5	—	—	—	95 ~ 100	—	80 ~ 100	0 ~ 10	0	—	—	—	—
	40 ~ 80	—	—	—	—	95 ~ 100	—	—	70 ~ 100	—	30 ~ 60	0 ~ 10	0

石子最大粒径是指石子各粒级的公称上限粒径。如 5 ~ 20 mm 粒级的石子，其最大粒径为 20 mm。粗骨料的最大粒径应在条件许可下选用大的，并应保证混凝土的浇筑成形质量，须考虑结构的截面尺寸、钢筋间距及施工机械条件等。根据国家标准《混凝土结构工程施工质量验收规范》(GB 50204—2015)的规定，最大粒径不得超过构件截面最小尺寸的 1/4，且不得超过钢筋最小净距的 3/4；对混凝土实心板，粗骨料的最大粒径不得超过板厚的 1/3，并不得超过 40 mm。

3）有害杂质含量。碎石或卵石中有害杂质含量是指含泥量、泥块含量、针及片状颗粒含量、硫化物及硫酸盐含量、有机物含量等。碎石或卵石中有害杂质限量见表 1–17。

表 1–17　碎石或卵石中有害杂质限量

项目	质量指标		
	Ⅰ类	Ⅱ类	Ⅲ类
针、片状颗粒含量（按质量计）/%	≤ 5	≤ 8	≤ 15
含泥量（按质量计）/%	≤ 0.5	≤ 1.0	≤ 1.5
泥块含量（按质量计）/%	≤ 0.1	≤ 0.2	≤ 0.7
有机物	合格	合格	合格
硫化物及硫酸盐含量（折算成 SO_3 按质量计）/%	≤ 0.5	≤ 1.0	≤ 1.0

4）强度及坚固性。碎石的强度用立方体抗压强度和压碎指标表示，卵石的强度用压碎指标表示。压碎指标表示石子抵抗压碎的能力，可以由其间接地推测相应的抗压强度。碎石或卵石的压碎指标见表 1–18。

表 1–18　碎石或卵石的压碎指标

项目	指标		
	Ⅰ类	Ⅱ类	Ⅲ类
碎石压碎指标 /%	≤ 10	≤ 20	≤ 30
卵石压碎指标 /%	≤ 12	≤ 14	≤ 16

坚固性是指碎石或卵石在气候、环境变化或其他物理因素作用下抵抗破裂的能力。碎石或卵石坚固性用硫酸钠溶液检验，试样经 5 次循环后其质量损失应符合表 1–19 的要求。

表 1–19　碎石或卵石的坚固性指标

项目	指标		
	Ⅰ类	Ⅱ类	Ⅲ类
质量损失 /%	≤ 5	≤ 8	≤ 12

（4）混凝土拌和用水

根据国家标准《混凝土结构工程施工质量验收规范》（GB 50204—2015）规定，拌制混凝土所用的水应采用符合国家标准的生活饮用水。当采用其他水源时，水质应符合行业标准《混凝土用水标准（附条文说明）》（JGJ 63—2006）的规定，不影响混凝土的凝结和硬化，无损于混凝土强度发展及耐久性，不加快钢筋锈蚀，不引起预应力钢筋脆断，不污染混凝土表面。

4. 混凝土的技术性质

混凝土各组成材料按一定比例搅拌后，尚未凝结、硬化时称为混凝土拌合物。混凝土拌合物的性质将直接影响硬化后的混凝土质量。

（1）混凝土拌合物的和易性

1）和易性的定义及内容。和易性也称工作性，是指混凝土拌合物保持质量均匀、易于施工操作、抵抗离析现象的性能。它是一项综合技术性质，包括流动性、黏聚性和保水性三个方面。

流动性是指混凝土拌合物在自重或施工机械振捣作用下能产生流动，并能均匀密实填满模板的性能。

黏聚性是指混凝土拌合物在施工过程中，其组成材料之间有一定的黏聚力，不产生分层和离析，能保持成分均匀的性能。

保水性是指混凝土拌合物在施工过程中具有一定的保水能力，不产生泌水现象的性能。

2）和易性的测定。和易性是一个综合性质，至今还没有一个可以全面反映混凝土拌合物和易性的测定方法。一般通过测定混凝土拌合物的流动性、辅以直观经验评定黏聚性和保水性来测定。测定流动性的常用方法有坍落度法和维勃稠度法。坍落度法适用于骨料粒径不大于 40 mm、坍落度不小于 10 mm 的混凝土拌合物。坍落度越大，混凝土拌合物的流动性越大。按坍落度的不同，常把混凝土分为干硬性混凝土（坍落度≤ 10 mm）、塑性混凝土（坍落度为 10 ~ 90 mm）等。维勃稠度法适用于维勃稠度在 5 ~ 30 s，石子最大粒径小于 40 mm 的混凝土拌合物，维勃稠度越大，混凝土拌合物的流动性越小。

3）影响和易性的因素。和易性主要与水泥浆含量、水泥浆稠度、砂率及其他影响因素有关。

①水泥浆含量。在混凝土拌合物中，其流动性是由水泥浆的存在引起的。在水胶比（水的质量与胶凝材料质量之比）一定的条件下，混凝土中水泥浆越多，流动性越大。但水泥浆过多，其黏聚性和保水性就会变差，产生分层、离析现象，并对强度及耐久性产生一定的影响。因此，混凝土拌合物中水泥浆的含量不能过多或过少，应以满足流动性要求为准。

②水泥浆稠度。水泥浆的稠度是由水胶比所决定的。当水泥用量不变时，水胶比越小，水泥浆越稠，混凝土拌合物的流动性就越小，导致施工困难，不易成型密实。水胶比过大，会造成混凝土拌合物黏聚性和保水性差，并且影响混凝土强度。由以上可看出，影响混凝土拌合物和易性的水泥浆的量及水泥浆的稠度都是由其中的用水量决定的。

实践证明，当使用确定的材料拌制混凝土，水泥用量（1 m^3 混凝土）增减，但不超过 100 kg 时，满足混凝土拌合物流动性所需的用水量为一定值。当水胶比在 0.40 ~ 0.80 时，根据粗骨料的品种、粒径及施工要求的混凝土拌合物稠度，其用水量可根据行业标准《普通混凝土配合比设计规程》（JGJ 55—2011），按表 1–20 和表 1–21 选取。

表 1–20 塑性混凝土的用水量

单位：kg/cm^3

拌合物稠度		卵石最大粒径 /mm				碎石最大粒径 /mm			
项目	指标	10.0	20.0	31.5	40.0	16.0	20.0	31.5	40.0
坍落度 /mm	10 ~ 30	190	170	160	150	200	185	175	165
	35 ~ 50	200	180	170	160	210	195	185	175
	55 ~ 70	210	190	180	170	220	205	195	185
	75 ~ 90	215	195	185	175	230	215	205	195

表 1–21 干硬性混凝土的用水量

单位：kg/cm^3

拌合物稠度		卵石最大粒径 /mm			碎石最大粒径 /mm		
项目	指标	10.0	20.0	40.0	16.0	20.0	40.0
维勃稠度 /s	16 ~ 20	175	160	145	180	170	155
	11 ~ 15	180	165	150	185	175	160
	5 ~ 10	185	170	155	190	180	165

③砂率。砂率是指混凝土中砂的质量占砂石总质量的百分率。在混凝土拌合物中，水泥浆起着润滑作用。在水泥浆用量一定的情况下，砂率过大时，砂子用量相对过大，石子用量过少，则骨料的总表面积增大，包裹砂子的水泥浆层过薄，降低了水泥浆的润滑作用，使混凝土拌合物的流动性变小。当砂率过小时，则砂子用量过少，石子之间没有足够的砂浆层，减弱了水泥浆的润滑作用，不仅会降低混凝土拌合物的流动性，而且影响其黏聚性和保水性。所以为保证混凝土拌合物的和易性，砂率不应过大，也不宜过小，应选择一个合理的最佳砂率。最佳砂率是指在用水量及水泥用量一定的条件下，能使混凝土拌合物获得最大的流动性并保持良好的黏聚性和保水性的砂率。砂率可根据骨料的品种、规格，混凝土拌合物的水胶比等，参照表 1–22 选用。大型混凝土工程应通过试验找出最佳砂率。

④其他影响因素。其他影响和易性的因素有水泥品种、骨料、温度、外加剂等。

a. 水泥品种。水泥品种不同，达到标准稠度的需水量不同。如矿渣水泥、火山灰水泥需水量较大，所以在相同用水量情况下，拌合物的流动性较小。矿渣水泥易泌水，用它拌制的混凝土拌合物保水性差。

表 1–22 混凝土砂率选用表

单位：%

水胶比	卵石最大粒径 /mm			碎石最大粒径 /mm		
	10.0	20.0	40.0	16.0	20.0	40.0
0.4	26 ~ 32	25 ~ 31	24 ~ 30	30 ~ 35	29 ~ 34	27 ~ 32
0.5	30 ~ 35	29 ~ 34	28 ~ 33	33 ~ 38	32 ~ 37	30 ~ 35
0.6	33 ~ 38	32 ~ 37	31 ~ 36	36 ~ 41	35 ~ 40	33 ~ 38
0.7	36 ~ 41	35 ~ 40	34 ~ 39	39 ~ 44	38 ~ 43	36 ~ 41

b. 骨料。骨料级配优良时，其空隙率较小，填充骨料所需水泥浆少，当水泥浆量一定时，则拌合物的流动性较好。

c. 温度。温度升高，混凝土拌合物流动性下降。夏季施工应考虑温度的影响，采取相应的措施，如适当增加用水量等。

d. 外加剂。当在混凝土拌合物中掺入适量的减水剂、引气剂等外加剂时，可改善其流动性。

（2）混凝土强度

混凝土强度有抗压强度、抗拉强度、抗弯强度等，其中抗压强度是评定混凝土质量的主要强度指标。

1）混凝土抗压强度及强度等级。混凝土的抗压强度与其他各种强度和性质之间有一定的相关性，可以根据抗压强度来估计其他强度及性质。混凝土的抗压强度是一项重要的性能指标，是结构设计的主要参数。

国家标准《混凝土物理力学性能试验方法标准》（GB/T 50081—2019）规定：制作边长为 150 mm 的立方体试件，在标准条件（温度 20 ℃ ±2 ℃，相对湿度 95% 以上）下，养护至 28 天龄期，测得的抗压强度为混凝土立方体抗压强度，以 f_{cu} 表示。抗压强度标准值是测得的抗压强度总体分布中的一个值，强度低于该值的百分率不超过 5%（具有 95% 保证率的立方体抗压强度）。标准值用 $f_{cu,k}$ 表示，单位为 MPa。

测定混凝土立方体抗压强度，也可按粗骨料的最大粒径选用非标准试件，在确定抗压强度时，应乘以表 1–23 的换算系数，折算成标准试件的抗压强度值。

表 1–23 混凝土立方体试块尺寸的选择及换算系数

骨料最大粒径 /mm	试件边长 /mm	换算系数
31.5	100	0.95
37.5	150	1.00
63.0	200	1.05

混凝土强度等级是按立方体抗压强度标准值（$f_{cu,k}$）划分的，用符号 C 与混凝土立方体抗压强度标准值（MPa，或 N/mm^2）表示。根据国家标准《混凝土结构设计规范（2015 年版）》(GB 50010—2010)，普通混凝土共分为十四个强度等级：C15、C20、C25、C30、C35、C40、C45、C50、C55、C60、C65、C70、C75、C80。

不同的混凝土工程，对混凝土强度要求不同，如 C10、C15 混凝土多用于受力不大的垫层、设备基础等部位，C20 ~ C30 混凝土多用于一般的梁、板、柱等构件，而 C35 以上的混凝土多用于大跨度、高层等建筑。

2）影响混凝土强度的因素。影响混凝土强度的因素很多，如原材料的质量、材料的配合比、施工条件等。主要影响因素有水泥强度和水胶比、骨料、养护条件、龄期和施工质量。

①水泥强度和水胶比。水泥强度和水胶比是影响混凝土强度最主要的因素，也是决定性因素。在混凝土各组成材料一定的情况下，水泥强度越高，配制的混凝土强度也越高。在所用水泥品种及强度等级相同的情况下，混凝土的强度随着水胶比的增大而降低。

②骨料。一方面，骨料品种对混凝土强度有一定影响，在水泥强度和水胶比相同的情况下，用碎石配制的混凝土比用卵石配制的混凝土的强度高，这主要表现在碎石与水泥浆的黏结力比卵石与水泥浆的黏结力大；另一方面，骨料中的杂质对混凝土强度有影响，当骨料中有害杂质过多时，会降低混凝土的强度。

③养护条件。混凝土的强度是在一定的温度、湿度条件下，通过水泥水化逐步发展的。周围环境或养护温度高，水泥水化速度快，混凝土早期强度高，但后期强度的增进率小。在养护温度较低的情况下，由于水化速度缓慢，使混凝土后期强度提高。但当温度低于 0℃时，水泥水化停止，孔隙内水分结冰引起膨胀，使混凝土强度降低，内部结构发生破坏，所以应防止混凝土受冻。为保证水泥水化速度，周围环境必须保持一定的湿度。如果湿度不够，会造成混凝土结构疏松，干缩开裂，强度损失较大。混凝土浇筑后，应在 12 h 内进行覆盖，并按规定进行养护。对硅酸盐水泥、普通水泥、矿渣水泥拌制的混凝土，养护时间不少于 7 天；对火山灰水泥、粉煤灰水泥拌制的混凝土或掺有缓凝剂型外加剂及有抗渗要求的混凝土，养护时间不少于 14 天。

④龄期。混凝土的强度随着龄期的增长而提高。最初 7 ~ 14 天强度增长较快，28 天达到设计强度等级，此后增长较慢，但只要温度、湿度适宜，其强度仍随龄期增长。

⑤施工质量。如果出现因计量不准、搅拌不均匀或运输方式不当等造成的离析现象，会降低混凝土强度。因此，必须严格按施工操作规程要求，保证混凝土施工质量。

3）提高混凝土强度的措施

①采用高强度等级的水泥和快硬性早强水泥。因为在混凝土各组成材料一定的情况下，水泥强度越高，配制的混凝土的强度也越高。

②采用低水胶比的混凝土。在水泥用量相同的情况下，混凝土强度可提高 40% ~ 80%。

③采用蒸汽养护和蒸压养护。蒸汽养护是将成型后的混凝土构件放在 100 ℃以下的常压蒸汽中进行养护，混凝土经过 16 ~ 20 h 的蒸汽养护后，其强度可达到标准蒸汽养护条件下 28 天强度的 70% ~ 80%。蒸汽养护的温度视水泥品种而异。蒸压养护是将混凝土构件放在高温、高压的蒸压锅内进行养护，这种方法养护的混凝土比蒸汽养护的混凝土质量要好。

④采用机械拌和、振捣。机械拌和、振捣比人工拌和更均匀，成型更密实，从而提高混凝土强度。

⑤掺入外加剂和外掺料。在混凝土中掺入适量的外加剂和外掺料，可改善混凝土的性能，提高混凝土的强度，并能节约水泥，提高施工效率。

（3）混凝土的耐久性

混凝土的耐久性是指混凝土能抵抗自然环境各种破坏因素的作用并长期保持良好的使用性能的能力。耐久性是一个综合性能，包括抗渗性、抗冻性、抗侵蚀性、抗碳化性、碱 – 骨料反应等。

1）抗渗性。抗渗性是指混凝土在压力水作用下抵抗渗透的性能。工程中的地下结构、压力水管等，都承受一定的压力水作用，这就要求混凝土必须有抗渗能力。

混凝土的抗渗性用抗渗等级 P 来表示。它是以 28 天龄期的标准试件按规定的试验方法，以试件不渗水时的最大水压力来确定的，分为 P4、P6、P8、P10、P12 等级别，分别表示混凝土能抵抗 0.4 MPa、0.6 MPa、0.8 MPa、1.0 MPa、1.2 MPa 的水压力而不渗透。

2）抗冻性。抗冻性是指混凝土在水饱和状态下，能经受多次冻融循环而不破坏，同时也不严重降低强度的性能。在寒冷地区或接触水又受冻的环境下的混凝土，要求有较高的抗冻性。

混凝土的抗冻性用抗冻等级 F 表示。它是按标准试验方法，将试件进行冻融循环，以抗压强度下降不超过 25%、质量损失不超过 5% 时所能承受的最大冻融循环次数来确定的，分为 F50、F100、F150、F200、F250、F300、F350、F400 等级别，分别表示混凝土能承受反复冻融循环次数为 50 次、100 次、150 次、200 次、250 次、300 次、350 次、400 次。

3）抗侵蚀性。抗侵蚀性是指混凝土在各种侵蚀性介质作用下不被破坏的能力。混凝土的抗侵蚀性与所用的水泥品种、混凝土的密实度及孔隙特征有关。

4）抗碳化性。抗碳化性是指混凝土能抵抗空气中的二氧化碳与水泥石中氢氧化钙作用，生成碳酸钙和水的能力，它是混凝土的一项重要的长期性能。碳化会使混凝土失去对钢筋的保护作用，导致钢筋锈蚀，显著增加混凝土的收缩，使强度降低。

5）碱 – 骨料反应。碱 – 骨料反应是指骨料中的活性成分与水泥中的碱发生化学反应，引起混凝土膨胀、开裂甚至破坏的现象。

（4）提高混凝土耐久性的措施

1）根据混凝土工程所处的环境特点及使用要求，合理选择水泥品种。

2）适当控制混凝土中水胶比和胶凝材料用量，行业标准《普通混凝土配合比设计规程》（JGJ 55—2011）规定了混凝土的最大水胶比和最小胶凝材料用量，见表 1–24。

表 1–24　混凝土最大水胶比和最小胶凝材料用量

最大水胶比	最小胶凝材料用量 / (kg/m^3)		
	素混凝土	钢筋混凝土	预应力混凝土
0.60	250	280	300
0.55	280	300	300
0.50	320		
≤ 0.45	330		

3）选用质量较好的砂石骨料，改善骨料级配。

4）掺入引气剂或减水剂，改善混凝土的性能。

5）改进混凝土的施工方法，加强混凝土生产质量控制。

5. 混凝土外加剂

混凝土外加剂是在拌制混凝土过程中掺入的用于改善混凝土性能的物质，掺量一般不大于水泥质量的 5%。

外加剂的种类很多，按功能分，有改善混凝土拌合物流动性的减水剂、引气剂、泵送剂等；有调节混凝土凝结时间的缓凝剂、早强剂、速凝剂等；有改善混凝土耐久性的防冻剂、防水剂、阻锈剂等。按化学成分分，有无机物外加剂、有机物外加剂和复合外加剂等。

工程上常用的外加剂有减水剂、早强剂、引气剂、防冻剂、膨胀剂、速凝剂、缓凝剂等。下面重点介绍减水剂、早强剂和引气剂。

（1）减水剂

减水剂是指掺入混凝土拌合物中，在保持混凝土和易性及坍落度基本相同的条件下，能减少拌和用水量的外加剂。按减水率大小，混凝土减水剂分为普通减水剂和高强减水剂两种。

减水剂可以起到增大流动性，提高强度、耐久性，节约水泥，改善混凝土拌合物的黏聚性、保水性，降低、延缓混凝土的水化热等作用。

减水剂的产品牌号很多，应用较广的普通型减水剂是木质素磺酸盐类减水剂，其中以木质素磺酸钙减水剂最为常用，简称木钙减水剂。掺量一般为水泥质量的 0.2% ~ 0.3%，减水率为 10% 左右，可提高强度 10% ~ 20%。这类减水剂常用于普通混凝土、泵送混凝土及大体积混凝土等，不宜用于有早强要求及蒸养、低温季节施工的混凝土。

其他还有萘系减水剂、水溶性树脂类减水剂、糖蜜类减水剂等。

（2）早强剂

早强剂是指能提高混凝土早期强度，对后期强度无明显影响的外加剂。

早强剂可用于蒸养混凝土及常温、低温和负温（最低气温不低于 −5 ℃）条件下施工的有早强要求或防冻要求的混凝土工程。

混凝土早强剂分为无机氯盐类、硫酸盐类和有机胺类三种，现在使用较多的是由这三者组成的复合早强剂。

工程中常用的早强剂有以下几种：

1）氯化钙。掺量为水泥质量的 1% ~ 2%。常用于冬季施工或有早强及防冻要求的混凝土工程，不宜用于钢筋混凝土结构、预应力混凝土结构、相对湿度较大的工程。

2）硫酸钠。早强效果好，但掺入量过多会导致混凝土后期性能变差，且混凝土表面析出“白霜”，影响外观与表面装饰。一般掺量为水泥质量的 0.5% ~ 2%。在含有活性骨料的混凝土中不得掺入硫酸钠。

3）三乙醇胺。对混凝土稍有缓凝作用，故必须严格控制掺量，一般掺量为水泥质量的 0.03% ~ 0.05%，掺入过多，会造成混凝土严重缓凝和混凝土强度下降。通常不单独掺用，多与其他外加剂复合使用。

4）复合早强剂。由三乙醇胺、氯化钙、硫酸钠、亚硝酸钠、甲酸钙及石膏组成复合早强剂，可根据工程特点和使用要求进行选择。

（3）引气剂

引气剂是指在混凝土搅拌过程中能引入大量分布均匀、稳定而封闭的微小气泡的外加剂。

引气剂可改善混凝土和易性，提高抗冻性和抗掺性，减少混凝土拌合物泌水离析。但引气剂使混凝土强度有所降低，所以要严格控制引气剂的掺量。

目前常用的引气剂主要有松香热聚物、松香酸钠及烷基苯磺盐类等。

6. 其他常用混凝土

（1）轻混凝土

轻混凝土是指表观密度小于 2 000 kg/m^3 的混凝土，包括轻骨料混凝土、多孔混凝土和大孔混凝土三种。轻混凝土具有较好的保温隔热性、吸声性和抗震性。

1）轻骨料混凝土。轻骨料混凝土是指用轻粗骨料、细骨料（或普通砂）、水泥和水配制成的混凝土，其表观密度不大于 2 000 kg/m^3。

轻骨料混凝土是一种质轻、强度高、多功能的建筑材料，具有导热系数低、保温隔热性能好，抗震、减震效果好等特点，适用于高层、大跨度结构。轻骨料有天然轻骨料（如多孔岩石中的浮石、火山渣等）、工业废料轻骨料（如粉煤灰陶粒、膨胀矿渣、自然煤矸石及轻砂等）、人造轻骨料（如页岩陶粒、黏土陶粒及膨胀珍珠岩等）等。

轻骨料混凝土的强度等级按立方体抗压强度标准值确定。与普通混凝土一样，轻骨料混凝土的抗压强度值也是按标准试验方法测得的具有 95% 保证率的抗压强度值。轻骨料混凝土按 28 天的抗压强度划分为 CL5.0、CL7.5、CL10、CL15、CL20、CL25、CL30、CL35、CL40、CL45、CL50 共十一个等级。

2）多孔混凝土。多孔混凝土是一种内部均匀分布细小气孔而无骨料的混凝土。多孔混凝土具有孔隙率大、体积密度小、导热系数小等特征，并且有承重及保温功能，可制成墙板、砌块和绝热制品。按气孔产生的方法不同，多孔混凝土有加气混凝土和泡沫混凝土之分。

3）大孔混凝土。大孔混凝土按骨料的不同分为大孔混凝土（由粒径相近的骨料、水泥和水配制而成的混凝土）、无砂大孔混凝土（配比中完全不用砂的混凝土）和少砂大孔混凝土。

(2)高强混凝土

高强混凝土是指硬化后强度等级不小于 C60 的混凝土。

高强混凝土致密坚硬，强度高，抗渗性、抗冻性、耐磨性和抗侵蚀性等优于普通混凝土。

高强混凝土在配制原材料方面有以下要求：

1)配制高强混凝土应采用质量稳定，强度等级不低于 42.5 级的硅酸盐水泥、普通硅酸盐水泥等。水泥用量（含矿物掺和料）不宜超过 550 kg/m^3。

2)强度等级为 C60 的混凝土，其粗骨料的最大粒径不大于 31.5 mm；强度等级高于 C60 的混凝土，其粗骨料的最大粒径不大于 25 mm。针、片状颗粒含量不超过 5%，含泥量不超过 0.5%，泥块含量不超过 0.2%。

3)配制高强混凝土宜采用中砂，细度模数宜大于 2.6，含泥量不超过 2.0%，砂率控制在 30% 左右，泥块含量不超过 0.5%。如配制泵送高强混凝土时，砂率不宜过低。

(3)防水混凝土

防水混凝土是指具有较高抗渗能力的混凝土，一般应用于有抗渗要求的混凝土。通常其抗渗等级大于 P6 级。根据提高抗渗性的方法不同，防水混凝土有以下两种类型：

1)普通防水混凝土。普通防水混凝土又称水泥砂防水混凝土，是通过调整混凝土的配合比来提高密实度和抗渗性的混凝土。具体措施为：水灰比控制在 0.6 以内；水泥优先采用普通硅酸盐水泥，强度等级不小于 32.5 级，用量不小于 300 kg/m^3；粗骨料最大料径应不宜大于 40 mm，砂率不小于 35%，灰砂比（水泥与砂的质量比）不小于 1∶2.5。普通防水混凝土的抗渗等级可达到 P8 ~ P25，抗渗性能良好。

2)掺外加剂的防水混凝土。这种混凝土是在混凝土拌合物中加入一定量的外加剂，提高混凝土密实性并改善混凝土结构，从而提高抗渗性。根据外加剂的品种不同，掺外加剂的防水混凝土分为引气剂防水混凝土、减水剂防水混凝土、三乙醇胺防水混凝土、氯化铁防水混凝土、膨胀水泥防水混凝土及膨胀剂防水混凝土等。

(4)聚合物混凝土

聚合物混凝土是指混凝土中部分或全部水泥被聚合物代替的一种新型建筑材料。聚合物对提高混凝土的密实度、抗拉强度、抗压强度有明显作用，并且增强了混凝土的黏结力及耐磨和耐腐蚀能力。按组成及生产工艺，聚合物混凝土可分为聚合物水泥混凝土、聚合物浸渍混凝土、聚合物胶结混凝土三种。

1)聚合物水泥混凝土（PCC）。聚合物水泥混凝土是在普通混凝土拌合物搅拌时掺入一定量的有机聚合物配制而成的。它是以聚合物和水泥共同作胶结材料黏结骨料，对混凝土的抗弯强度、抗渗性、黏结力、耐磨性、耐腐蚀性和抗冲击韧性有明显改善。

聚合物一般为环氧树脂、聚乙酸乙烯酯、天然或合成橡胶乳液等，成乳液状或悬浮乳液状掺入混凝土拌合物中，掺量占水泥质量的 5% ~ 20%。

聚合物水泥混凝土主要用于铺设无缝地面、机场跑道面层及水或石油的储池等。

2)聚合物浸渍混凝土（PIC）。聚合物浸渍混凝土是将已硬化的混凝土，经真空处

理并干燥后浸入以树脂为原料的液态苯乙烯、甲基丙烯酸甲酯等有机单体中，然后用加热或辐射的方法使混凝土中单体聚合，使混凝土和聚合物形成一个整体。聚合物浸渍混凝土的抗渗性、抗冻性、耐磨性、耐腐蚀性、抗冲击性及强度有明显提高，其抗压强度比普通混凝土提高 2 ~ 4 倍。

聚合物浸渍混凝土主要用于要求高强度、高耐久性的特殊工程结构中，如耐高压的输液、输气管道，液化气储罐等。

3）聚合物胶结混凝土（PC）。聚合物胶结混凝土又称树脂混凝土，是用合成树脂或单体作为胶结材料代替水泥石的混凝土。由于这种混凝土中完全不使用水泥，也称为塑料混凝土。胶结材料由液态低聚物、固化剂和粉砂填料组成。聚合物胶结混凝土具有较高的强度、密度、黏结力、耐磨性和化学稳定性，但变形较大、耐热性差，主要用于制造需抵抗有害介质的构件，在装配式建筑的板材、桩等预制构件中也得到广泛的应用。

（5）泵送混凝土

泵送混凝土是在普通混凝土中加入泵送剂，在混凝土泵的推动下沿管道进行运输和浇筑的混凝土。泵送混凝土不仅要满足设计规定的强度和耐久性要求，还要满足管道输送对混凝土拌合物的要求，即混凝土拌合物必须具有较好的可泵性。

泵送混凝土的坍落度一般为 80 ~ 180 mm。

泵送剂包括高效减水剂、适量的引气剂和其他外加剂。

泵送混凝土应选用硅酸盐水泥、普通硅酸盐水泥和粉煤灰硅酸盐水泥，不宜采用火山灰质硅酸盐水泥。对混凝土中粗细骨料有以下要求：粗骨料宜采用连续级配，其最大粒径与输送管径之比应符合表 1–25 的规定，宜采用中砂，细骨料中直径小于 0.315 mm 的颗粒不少于 15%。

表 1–25　　粗骨料的最大粒径与输送管径之比

石子品种	泵送高度 /m	粗骨料最大粒径与输送管径比
碎石	<50	≤ 1 : 3.0
	50 ~ 100	≤ 1 : 4.0
	>100	≤ 1 : 5.0
卵石	<50	≤ 1 : 2.5
	50 ~ 100	≤ 1 : 3.0
	>100	≤ 1 : 4.0

泵送混凝土适用于高层建筑、大型钢筋混凝土构筑物及施工现场狭小的工程。

（6）预拌混凝土

预拌混凝土又称商品混凝土，是指由水泥、骨料、水及根据需要掺入的外加剂和掺和料等组分按一定比例，在集中搅拌站（厂）经计量、拌制后出售的，采用运输车在规定时间内运至使用地点的混凝土拌合物。使用预拌混凝土，有利于实现建筑工业化，对提高混凝土质量、节约材料、改善施工环境有显著的作用。预拌混凝土按使用要求分为通用品和特制品两类。

1）通用品是指强度等级不超过 C40、坍落度不大于 150 mm、粗骨料最大粒径不大于 40 mm，并无特殊要求的预拌混凝土，标记符号为 A。

2）特制品是指超出通用品规定的范围或有特殊要求的预拌混凝土，标记符号为 B。

二、砂浆

砂浆是由无机胶凝材料、细骨料、水及外加剂和外掺料按一定比例配制而成的。它与混凝土的主要区别是组成材料中没有粗骨料，因此砂浆也称为细骨料混凝土。

砂浆主要用于砌体的砌筑、建筑内外表面的抹面、大型墙板等灌缝以及粘贴饰面材料等。

按所用胶凝材料，砂浆可分为水泥砂浆、混合砂浆、石灰砂浆、石膏砂浆、沥青砂浆、聚合物砂浆等，按用途砂浆可分为砌筑砂浆、抹面砂浆、防水砂浆、装饰砂浆等。

1. 砌筑砂浆

将砖、石、砌块等黏结成为砌体的砂浆称为砌筑砂浆，其主要作用是黏结、传递荷载，提高砌体的强度、稳定性。

（1）砌筑砂浆的组成材料

1）胶凝材料。砌筑砂浆的主要胶凝材料是水泥，根据行业标准《砌筑砂浆配合比设计规程》（JGJ/T 98—2010）的规定，水泥宜采用通用硅酸盐水泥或砌筑水泥，且应符合现行国家标准《通用硅酸盐水泥》（GB 175—2007）和《砌筑水泥》（GB/T 3183—2017）的规定。

水泥强度等级应根据砂浆品种及强度等级的要求进行选择。M15 及以下强度等级的砌筑砂浆宜选用 32.5 级的通用硅酸盐水泥或砌筑水泥，M15 以上强度等级的砌筑砂浆宜选用 42.5 级通用硅酸盐水泥。

石灰、石膏和黏土可作为砂浆的胶凝材料，也可与水泥混合使用配制混合砂浆。掺入混合砂浆的石灰可以是石灰膏，也可以是磨细的生石灰粉，主要作用是使砂浆具有良好的保水性。

2）细骨料。砂浆常用的细骨料为普通砂，一般采用中砂，其中毛石砌体宜选用粗砂，其含泥量不应大于 5%；对于 M5 的水泥混合砂浆，砂的含泥量不应大于 10%。

3）水。拌和砂浆用水与混凝土拌和用水的要求相同，应选用无有害杂质的洁净水。

（2）主要技术性质

1）和易性。砂浆的和易性是指新拌砂浆易于在砖、石等表面上铺成均匀、连续的薄层，以及与基层紧密黏结的性质，主要包括流动性和保水性。

砂浆的流动性又称稠度，表示砂浆在自重或外力作用下流动的性质，用沉入度表示。沉入度用砂浆稠度仪通过试验测定，以标准圆锥体在砂浆内自由沉入 10 s 的沉入深度，用厘米（cm）数值表示。沉入度大，则表示砂浆的流动性大。

砂浆的保水性是指砂浆能够保持水分不泌出流失的能力，用分层度来表示。分层度用砂浆分层度测定仪测定，即测定砂浆静置 30 min 前后的差值，用厘米（cm）数值表示。砂浆的分层度不宜大于 3 cm，但也不能为零。

2）强度。砂浆强度一般是指抗压强度，是确定砂浆强度等级的主要依据。根据行业标准《砌筑砂浆配合比设计规程》（JGJ/T 98—2010）的规定，水泥砂浆及预拌砌筑砂浆的强度等级可分为 M5、M7.5、M10、M15、M20、M25、M30 七个等级，水泥混合砂浆的强度等级可分为 M5、M7.5、M10、M15 四个等级。

影响砂浆强度的因素较多，如砂浆本身的组成材料及配合比（水泥、砂、外加剂及掺和料的种类、质量、数量），还与基层的吸水性能有关。

用于不吸水底面（如密实的石材）的砂浆强度，主要取决于水泥的强度和灰水比；用于吸水底面（如烧结普通砖及其他多孔材料）的砂浆强度，主要取决于水泥强度与水泥用量。

此外，砂浆的搅拌时间、养护条件、龄期，以及外掺料的品种、用量等因素也会影响砂浆强度。

3）黏结力。一般情况下，砌筑砂浆抗压强度越高，它与基层的黏结力越强。黏结力与砖石表面状态、清洁程度、潮湿情况、养护条件等有关。在粗糙、洁净和湿润的基面上，黏结力较强。所以砌砖前，砖要浇水湿润，烧结砖的含水率控制在 10% ~ 15%，硅酸盐砖的含水率控制在 5% ~ 8%。

（3）砌筑砂浆的选用

水泥砂浆和水泥石灰砂浆一般用于砌筑潮湿环境及强度要求较高的砌体。砖石基础一般采用不低于 M5 的水泥砂浆，砖柱、砖拱、钢筋砖过梁等一般采用强度等级为 M5 ~ M10 的水泥砂浆，水泥石灰砂浆宜用于砌筑干燥环境中的临时性建筑，多层房屋的墙体一般采用强度等级为 M5 的水泥石灰砂浆，低层房屋或平房可采用水泥石灰砂浆，简易房屋可采用石灰黏土砂浆。

2. 抹面砂浆

抹面砂浆又称抹灰砂浆，通常以薄层涂抹于建筑物内外表面，黏结于基层之上，具有装饰与保护作用。与砌筑砂浆不同，对于抹面砂浆的要求不是抗压强度，而是和易性及与基底材料的黏结力。

抹面砂浆按功能可分为一般抹面砂浆、装饰抹面砂浆、防水抹面砂浆及其他特种抹面砂浆；按所用材料可分为水泥砂浆、混合砂浆、石灰砂浆和水泥细石砂浆等。

普通抹面砂浆由胶凝材料、砂子、加筋材料（如麻刀、纸筋、玻璃纤维等）及胶料（108 胶或聚乙酸乙烯乳液等）组成。

为了保证抹灰层表面平整，避免开裂脱落，通常抹面砂浆分为底层、中层和面层，各层所用的砂浆不相同。

（1）底层砂浆

底层砂浆主要起与基层黏结的作用，要求沉入度较大（10 ~ 12 cm）。砖墙底层抹灰多用石灰砂浆，有防水、防潮要求时用水泥砂浆，混凝土底层抹灰多用水泥砂浆或混合砂浆，板条墙及顶棚的底层抹灰多用混合砂浆或石灰砂浆。

（2）中层砂浆

中层砂浆（主要用于中高级抹灰，有时可以省去）主要起找平作用，多用混合砂浆或石灰砂浆，沉入度比底层砂浆稍小（7 ~ 9 cm）。

（3）面层砂浆

面层砂浆主要起保护和装饰作用，多用细砂配制的混合砂浆、麻刀石灰砂浆、纸筋石灰砂浆等；在容易碰撞和潮湿部位的面层，如墙角板、墙裙、雨篷、水池、窗台等部位均应采用细砂配制的水泥砂浆（沉入度为 7 ~ 8 cm）。

3. 防水砂浆

防水砂浆是一种抗渗性高的砂浆。它是在普通水泥砂浆中掺入一定量的防水剂或高分子材料等，用以提高砂浆的密实性、抗渗性。

常用的防水剂品种有硅酸钠类、金属皂类及氯化物金属盐类等几大类。

防水砂浆的防水效果在很大程度上取决于施工质量，可采用喷浆法和人工多层抹压法进行施工。

防水砂浆属于刚性防水，一般可用于埋置深度不大、不受振动且具有一定刚度的地上及地下防水工程，在高温、有腐蚀性介质作用及遭受反复冻融的工程中不宜使用。

4. 装饰砂浆

涂抹在建筑物内外墙表面，以增强建筑物美观效果的砂浆称为装饰砂浆。装饰砂浆与抹面砂浆的主要区别在于面层。装饰砂浆的面层应选用具有一定颜色的胶凝材料（如普通水泥、矿渣水泥、白水泥等）和集料（如花岗岩、大理石、带色的陶瓷碎粒等），并采用特殊的施工操作方法（如拉毛、水刷石、干黏石、水磨石、斩假石等），以使表面呈现出各种不同的色彩线条和花纹等装饰效果。

第四节 建筑钢材

建筑钢材是指用于建筑工程中的型钢、钢板、钢筋和钢丝等，是建筑工程中的重要建筑材料。

建筑钢材的强度和硬度都很高，塑性和韧性好，可通过焊接、铆接进行拼接，其缺点是易锈蚀，维护费用高，适用于大跨度结构和高层建筑。

一、建筑钢材的分类

1. 按化学成分分

（1）碳素钢

碳素钢的化学成分主要是铁，其次是碳，还有少量的硅、锰、硫、氧、氮等。根据碳在钢中的含量不同，碳素钢又分为低碳钢（含碳量小于 0.25%）、中碳钢（含碳量为 0.25% ~ 0.6%）和高碳钢（含碳量大于 0.6%）。

（2）合金钢

炼钢过程中，在钢中引入一种或几种合金元素，如锰、铬、硅、钛、钒等，使钢除了受碳的影响外，还受合金元素的影响，钢的某些性质得到改善，将这种钢称为合金钢。按合金元素掺入总量，合金钢又分为低合金钢（合金元素总含量小于 5%）、中合金钢（合金元素总含量为 5%～10%）和高合金钢（合金元素总含量大于 10%）。

2. 按冶炼时脱氧程度分

（1）镇静钢（代号 Z）

镇静钢是用锰、硅、铝完全脱氧的钢，在浇注和凝固过程中，钢水呈静止状态，一般用于承受冲击荷载的钢结构或其他重要结构中。

（2）沸腾钢（代号 F）

沸腾钢是脱氧不完全的钢。在浇注和凝固时，由于钢液中的 Fe 与 C 反应生成的大量 CO 气体不断逸出，形成沸腾现象，所以称为沸腾钢。它一般用于普通钢筋混凝土结构和不承受冲击荷载及较大振动的轻型钢结构中。

（3）半镇静钢（代号 b）

半镇静钢的脱氧程度介于沸腾钢和镇静钢之间，一般用于普通钢筋混凝土结构和不承受冲击荷载及较大振动的轻型钢结构中。

3. 按冶炼方法分

钢有平炉钢、氧气转炉钢、电炉钢等。

4. 按杂质含量分

（1）普通碳素钢

硫含量为 0.055%～0.065%，磷含量为 0.045%～0.085%。

（2）优质碳素钢

硫含量为 0.030%～0.045%，磷含量为 0.035%～0.040%。

（3）高级碳素钢

硫含量不大于 0.030%，磷含量不大于 0.035%。

5. 按用途分

（1）结构钢

结构钢有碳素结构钢、合金结构钢等。

（2）工具钢

工具钢有碳素工具钢、合金工具钢、高速工具钢等。

（3）特殊钢

特殊钢有不锈钢、耐酸钢、耐热钢、磁钢等。

二、建筑钢材的主要性能

建筑钢材作为主要的受力结构材料，不仅需要具有一定的力学性能，同时还应具备一定的加工性能。

1. 力学性能

力学性能主要包括抗拉性能和冲击韧性。

（1）抗拉性能

抗拉性能是钢材的主要力学性能，包括通过拉力试验确定的屈服强度、抗拉强度和断后伸长率等技术指标。钢材的抗拉性能可通过拉伸试验测定。如图 1–1 所示为低碳钢拉伸应力 – 应变图，从图中可看出，软钢在外力作用下变形分为弹性阶段（$O \rightarrow A$）、屈服阶段（$A \rightarrow B$）、强化阶段（$B \rightarrow C$）、颈缩阶段（$C \rightarrow D$）。

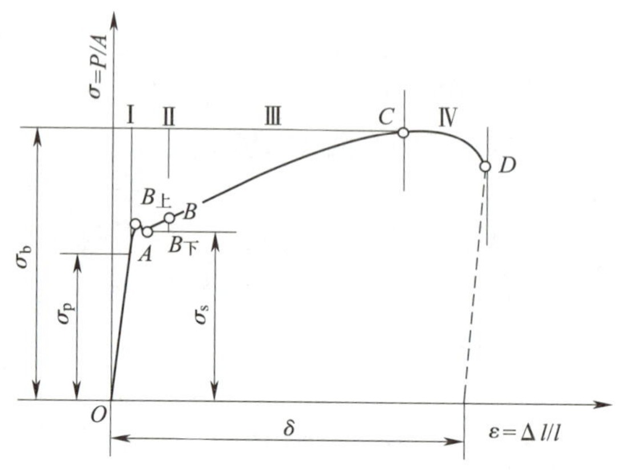

图 1–1 低碳钢拉伸应力 – 应变图

1）弹性阶段的特点。在此范围内，荷载较小，应力与应变成正比例关系，如卸去荷载，则试件恢复原状，无残余变形，这种性质称为弹性，这时的变形称为弹性变形，A 点对应的应力称为比例极限或弹性极限，用 σ_p 表示。在这一阶段，应力 σ 与应变 ε 的比值为常数，称为弹性模量，用 E 表示，$E=\sigma/\varepsilon$。弹性模量反映钢材变形的难易程度，如碳素结构钢 Q235 的弹性模量为 25×10^5 MPa。

2）屈服阶段的特点。当应力超过比例极限后，应力与应变不再成正比关系，在 B 点附近，应力不再增加，而应变却迅速增长，这种现象称为屈服，这一阶段称为屈服阶段。$B_{下}$点所对应的应力称为屈服下限。$B_{下}$较稳定，故以此为钢材的屈服强度，用 R_{eL} 表示，该点称为屈服点，用 σ_s 表示。

钢材受力达到屈服强度后，尽管尚未破坏，但已不能满足使用要求，因而设计中一般以屈服强度作为强度取值的依据。

3）强化阶段的特点。屈服阶段后，钢材内部结构发生质的变化，从弹性变为塑性，抵抗变形的能力重新提高，曲线上升至最高点 C，这一阶段称为强化阶段。对应 C 点的应力称为抗拉强度，用 R_m 表示，这是钢材所能承受的最大拉伸应力。如碳素结构钢 Q235 的屈服强度在 235 MPa 以上，抗拉强度在 275 MPa 以上。

屈服强度与抗拉强度之比称为屈强比，它是评价钢材受力特征的一个重要参数。屈强比小，钢材的可靠性大，安全性高；但屈强比过小，钢材的利用率低，不经济。

4）颈缩阶段的特点。当荷载继续增至 C 点后，在试件的薄弱处，断面减小，变形迅速增大，应力下降，并发生断裂，试件破坏，这一阶段也称为破坏阶段。将断裂后的试件拼合，量出拉断后的标距 L_u，L_u 与试件原标距 L_0 之差为塑性变形值，与 L_0

之比为伸长率 δ，其计算公式如下：

$$\delta=\frac{L_u-L_0}{L_0}\times 100\% \quad (1\text{-}1)$$

伸长率 δ 是钢材的一个重要技术指标，表示钢材塑性变形能力的大小。钢材的塑性指标还可用断面收缩率 Z 来表示。它是试件断裂后，平行长度部分的原始横断面积 S_0 与断后最小横断面积 S_u 之差的百分比，其计算公式如下：

$$Z=\frac{S_0-S_u}{S_0}\times 100\% \quad (1\text{-}2)$$

（2）冲击韧性

冲击韧性是指钢材抵抗冲击荷载而不破坏的能力。它是通过标准试件（中部加工有 V 形或 U 形缺口）的弯曲冲击韧性试验确定的。以试样冲断时，试件单位截面积上所消耗的功 α_K（J/cm^2）来表示。

2. 加工性能

（1）冷弯性能

冷弯性能是指钢材在常温下承受弯曲变形的能力，是衡量钢材冷塑性变形能力的指标，也是钢材的重要工艺性能。

按规定的弯曲直径 d 将试样弯曲 180°，试件受弯处外面及侧面没有出现纹缝、起层、鳞落和断裂等现象，即认为冷弯性能合格。弯曲角度越大，d/a 的比值越小，表明钢材冷弯级别越高。如图 1–2 所示为冷弯试验示意图。

（2）焊接性能

在建筑工程中，钢材主要是以焊接的组成结构形式存在的。焊接的质量取决于焊接工艺、焊接材料及钢的可焊性。可焊性良好的钢材，焊接后的焊缝处性质与母材相对一致，这样才能获得牢固可靠、硬脆倾向小的效果。钢材焊接性能主要受化学成分及其含量的影响，当含碳量超过 0.3% 后，钢材可焊性变差。

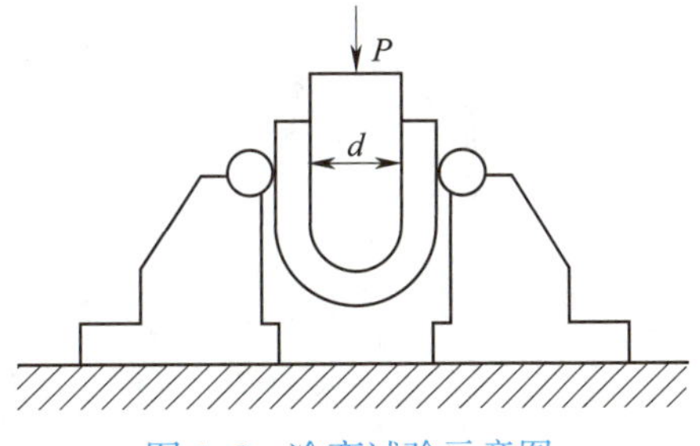

图 1–2　冷弯试验示意图

三、常用建筑钢材的技术标准及应用

1. 普通碳素结构钢

根据国家标准《碳素结构钢》（GB/T 700—2006）规定，碳素结构钢分为 Q195、Q215、Q235、Q275 四种牌号。牌号由代表钢材屈服强度的字母“Q”、屈服强度数值、质量等级符号“A、B、C、D”和脱氧程度符号四个部分按顺序组成。

例如，Q235–A 表示屈服强度为不小于 235 MPa，质量等级为 A 级的沸腾碳素结构钢。碳素结构钢的力学性能见表 1–26。

表 1-26　碳素结构钢的力学性能

牌号	等级	拉伸性能												冲击试验（V 形缺口）	
		屈服强度 R_{eL}/MPa						抗拉强度 R_m/MPa	断后伸长率 A/%					温度 /℃	冲击吸收功（纵向）/J
		钢材厚度（直径）/mm							钢材厚度（直径）/mm						
		≤ 16	>16 ~ 40	>40 ~ 60	>60 ~ 100	>100 ~ 150	>150 ~ 200		≤ 40	>40 ~ 60	>60 ~ 100	>100 ~ 150	>150 ~ 200		
		不小于							不小于						不小于
Q195	—	195	185	—	—	—	—	315 ~ 430	33	—	—	—	—	—	—
Q215	A B	215	205	195	185	175	165	335 ~ 450	31	30	29	27	26	— +20	— 27
Q235	A B C D	235	225	215	215	195	185	370 ~ 500	26	25	24	22	21	— +20 — -20	— 27 27 27
Q275	A B C D	275	265	255	245	225	215	410 ~ 540	22	21	20	18	17	— +20 — -20	— 27 27 27

2. 优质碳素结构钢

优质碳素结构钢按含碳量划分钢号。国家标准《优质碳素结构钢》（GB/T 699—2015）规定，根据其含冶金质量等级的不同可分为优质钢、高级优质钢（A）、特级优质钢（E），根据使用加工方法的不同可分为压力加工用钢和切削加工用钢。

优质碳素结构钢的钢号用两位数字表示，数字代表平均含碳量的万分数，如 45 称为 45 号钢，表示钢中平均含碳量为 0.45%。较高含锰量钢，在钢号后面加“锰”或“Mn”。沸腾钢或半镇静钢还应在钢号后面加写“沸”（或 F）或“半”（或 b）。

优质碳素结构钢中的 30、35、40、45 号钢可用作高强螺栓，45 号钢还常用作预应力钢筋的锚具。65、70、75、80 号钢等可用来生产预应力混凝土用的碳素钢丝、刻痕钢丝和钢绞线。

3. 普通低合金结构钢

普通低合金结构钢是在碳素钢的基础上加入少量多种合金元素（如硅、钒、钛等）制成的强度高、耐磨、耐腐蚀的结构钢。低合金结构钢的牌号由代表钢材屈服强度的字母“Q”、屈服强度数值、质量等级符号（A、B、C、D、E）三个部分按顺序组成。按照国家标准《低合金高强度结构钢》（GB/T 1591—2018）规定共分为 30 个钢号。例如 Q295–A，表示屈服强度为不小于 295 MPa，质量等级为 A 级的低合金结构钢。

普通低合金结构钢具有良好的塑性、韧性及适当的可焊性。力学性能优于普通碳素钢，并且可以减小自重、节约钢材，多用于高层建筑及大跨度结构。

四、常用建筑钢材

1. 钢筋

（1）热轧钢筋

经热轧成型并自然冷却的成品钢筋称为热轧钢筋，其具有较高的强度，并有一定的塑性、韧性、冷弯和可焊性。

热轧钢筋按力学性能可分为Ⅰ级、Ⅱ级、Ⅲ级、Ⅳ级，按表面特征可分为光圆钢筋和带肋钢筋，按供应方式可分为热轧直条光圆钢筋和盘条钢筋。国家标准《钢筋混凝土用钢　第 1 部分：热轧光圆钢筋》（GB/T 1499.1—2017）和《钢筋混凝土用钢　第 2 部分：热轧带肋钢筋》（GB/T 1499.2—2018）规定了各强度等级热轧钢筋的技术性能，详见表 1–27。

表中 H、R、B 分别为热轧、肋、钢筋的英文名称的第一个字母，HRBF 为细晶粒热轧钢筋。

其中Ⅰ级钢筋为低碳钢，强度较低，塑性好，延伸率大，可用作非预应力混凝土的受力筋或构造筋。Ⅱ级、Ⅲ级钢筋强度较高，塑性及可焊性较好，与混凝土黏结力较强，一般可用作大中型钢筋混凝土结构。Ⅳ级钢筋强度较高，一般用作预应力钢筋，由于可焊性较差，焊接时应注意防止脆性断裂。

（2）热处理钢筋

热处理钢筋是由热轧带肋钢筋经淬火和高温回火调质而成的，其特点是塑性降低不大，但强度提高很多，综合性能比较好。

表 1–27　　钢筋混凝土用热轧钢筋的力学性能与冷弯性能

表面形状	强度等级符号	牌号	公称直径 / mm	R_{eL}/MPa	R_m/MPa	A/%	冷弯 180° d—弯心直径 a—钢筋公称直径
				不小于			
光圆钢筋	Φ	HPB300	6 ~ 22	235 300	370 420	25	$d=a$
带肋钢筋	Φ	HRB400 HRBF400	6 ~ 25 28 ~ 40 >40 ~ 50	400	540	16	4d 5d 6d
	Φ	HRB500 HRBF500	6 ~ 25 28 ~ 40 >40 ~ 50	500	630	15	6d 7d 8d
	$Φ^{H}$	HRB6001	6 ~ 25 28 ~ 40 >40 ~ 50	600	730	14	6d 7d 8d

热处理钢筋分为钢筋混凝土用余热处理钢筋和预应力钢筋混凝土用热处理钢筋。国家标准《钢筋混凝土用余热处理钢筋》（GB 13014—2013）和《预应力混凝土用钢棒》（GB/T 5223.3—2017）规定了热处理钢筋力学性能，详见表 1–28 和表 1–29。

表 1–28　　余热处理钢筋力学性能

表面形状	钢筋级别	强度等级代号	公称直径 / mm	屈服点 σ_s/MPa	抗拉强度 σ_b/MPa	伸长率 δ_5/%	冷弯 d—弯心直径 a—钢筋公称直径
				不小于			
月牙肋	Ⅲ	KL400	8 ~ 25 28 ~ 40	440	600	14	90° $d=3a$ 90° $d=4a$

表 1–29　　预应力混凝土用热处理钢筋力学性能

公称直径 / mm	表面形状类型	弯曲性能	抗拉强度 R_m/MPa	断后伸长率 A/%
			不小于	
6 ~ 16 7.1 ~ 14.0 6 ~ 22 6 ~ 16	光圆 螺旋槽 螺旋肋 带肋	一般弯曲半径 15 ~ 25 — 一般弯曲半径 15 ~ 25 —	对所有规格的钢筋 1 080 1 230 1 420 1 570	延性 35：7.0 延性 25：5.0

（3）冷拉钢筋

冷拉钢筋是用热轧钢筋在常温拉伸至超过屈服点、小于抗拉强度的某一应力后卸

载制成的。冷拉后的钢筋强度、硬度提高，塑性、韧性降低，能达到除锈、调直和节约钢材的目的，冷拉钢筋可用作钢筋混凝土或预应力钢筋混凝土结构中，但对于承受冲击和振动荷载的结构及吊钩等则是不允许使用的。冷拉钢筋的力学性能和技术性质见表 1–30。

表 1–30　冷拉钢筋的力学性能和技术性质

钢筋级别	钢筋直径 / mm	屈服强度 /MPa	抗拉强度 /MPa	伸长率 δ_{10}/%	冷弯	
		不小于			弯曲角度	弯曲直径
Ⅰ级	≤ 12	280	370	11	180°	3*d*
Ⅱ级	≤ 25	450	510	10	90°	3*d*
	28 ~ 40	430	490	10	90°	4*d*
Ⅲ级	28 ~ 40	500	570	8	90°	5*d*
Ⅳ级	10 ~ 28	700	835	6	90°	5*d*

2. 冷拔低碳钢丝与钢绞线

（1）冷拔低碳钢丝

冷拔低碳钢丝是用普通低碳钢热轧圆盘条钢筋拔制而成的。冷拔可使钢丝强度提高 40% ~ 60%，塑性和韧性明显下降，冷拔低碳钢丝主要用于预应力钢筋，其按强度可分为甲级和乙级两种。甲级钢丝主要用于预应力筋，乙级钢丝主要用于焊接网片、骨架、箍筋等。

（2）钢绞线

钢绞线一般是用 2 根、3 根或 7 根直径为 2.5 ~ 5.0 mm 的冷拉碳素钢丝在绞线机上绞捻后经一定热处理而制成的，其具有强度高、黏结力强、断面面积大等优点，多用于大跨度、重荷载的预应力构件。

第二章 民用建筑结构

学习目标

熟悉各种建筑物和构筑物的建筑结构分类，了解民用建筑的等级划分、构建组成及作用，了解建筑标准化与统一模数，掌握建筑基础与地下室结构、墙体结构、楼地层结构、楼梯结构，了解屋顶门窗的特性与应用。

第一节 概述

一、建筑的概念和分类

建筑是一种生产过程，这种生产过程所创造的产品是各种建筑物和构筑物。人们把与生活、学习、工作、居住及从事生产和各种文化活动的房屋称为建筑物，把那些间接为人们提供服务的设施（如水塔、水池、烟囱等）称为构筑物。通常所说的建筑意指建筑物。

建筑构造是研究各类建筑物的组成及各组成部分的作用、要求、材料选用、尺寸大小、构造做法和原理的综合性技术科学，是土建施工技术人员和土建安装人员必须掌握的一项专业知识。

人们采用不同的建筑材料与建筑技术建造了并正在建造着规模用途不同、造型各异的建筑空间环境。建筑个体之间存在较大差异，为了便于描述，通常把建筑分为以下几种类型。

1. 按建筑的使用性质分类

（1）民用建筑

民用建筑是供人们居住与进行社会活动的建筑，又分为居住建筑和公共建筑两类。

1）居住建筑包括住宅、公寓、宿舍等。

2）公共建筑包括行政办公建筑、文教建筑、托幼建筑、医疗建筑、商业建筑、观演建筑、体育建筑、展览建筑、旅馆建筑、交通建筑、通信建筑、纪念建筑、娱乐建筑等。

（2）工业建筑

工业建筑是供人们进行工业生产活动的建筑，如生产厂房、辅助厂房、动力用房、仓库等。

（3）农业建筑

农业建筑是供人们进行农牧业生产和加工活动的建筑，如种植、养殖、储存用的温室，畜禽饲养场，水产品养殖场，农畜产品加工厂，粮库等。

本章将以民用建筑结构为主进行介绍。

2. 按建筑规模和数量分类

（1）大量性建筑

大量性建筑是指建筑规模不大，建筑数量较多的建筑。这类建筑包括一般居住建筑、中小学校、小型商店、诊所、食堂等。

（2）大型性建筑

大型性建筑是指建筑规模宏大，建筑数量较少的建筑，如大城市火车站、机场候机楼、大型体育馆、大型影剧场、大型展览馆等。这类建筑往往为该地区的标志性建筑，对城市面貌影响较大。

3. 按建筑的层数或总高度分类

（1）住宅建筑按层数分类

一层至三层的住宅为低层住宅，四层至六层的住宅为多层住宅，七层至九层的住宅为中高层住宅，十层及十层以上的住宅为高层住宅。

（2）其他民用建筑按建筑高度分类

建筑高度不超过 27 m 的多层建筑和建筑高度超过 24 m 的单层建筑为普通建筑；建筑高度超过 27 m 的住宅建筑和建筑高度超过 24 m 的非单层厂房、仓库和其他民用建筑）；建筑高度超过 100 m 的民用建筑，不论住宅或公共建筑均为超高层建筑。

4. 按承重结构的材料分类

（1）木结构建筑

木结构建筑是指以木材作为房屋承重骨架的建筑。这种结构自重小，防火性能差。

（2）砖（或石）结构建筑

砖（或石）结构建筑是指以砖或石材作为承重结构的建筑。这种结构自重大，抗震性能差。

（3）钢筋混凝土结构建筑

钢筋混凝土结构建筑是指整个结构系统的构件均采用钢筋混凝土材料的建筑。这种结构具有坚固耐久、防火和可塑性强等优点，是我国目前房屋建筑中应用最为广泛的一种结构形式，如大跨度结构、框架结构、剪力墙结构、框剪结构、筒体结构等。

（4）钢结构建筑

钢结构建筑是指以型钢等钢材作为房屋承重骨架的建筑。钢结构强度高、塑性好、韧性好，便于制作和安装，工期短，结构自重小，适宜在超高层和大跨度建筑中采用。

(5) 混合结构建筑

混合结构建筑是指采用两种或两种以上材料作为承重结构的建筑，如由砖墙、木楼板构成的砖木结构建筑；由砖墙、钢筋混凝土楼板和屋架构成的砖混结构建筑；由钢屋架和混凝土柱构成的钢－钢筋混凝土结构建筑等。其中，砖混结构建筑在大量性建筑中应用最为广泛。

近年来，我国许多地区已逐渐使用由非黏土材料制成的空心承重砌块来取代黏土砖。这类砌体结构主要适用于建造多层及多层以下的建筑。

二、民用建筑的等级划分

不同的建筑物，其重要性、用途、规模等均存在差异，考虑到其发生问题产生后果的影响程度不同，需要对建筑物的耐久等级和耐火等级进行分级。

1. 建筑物的耐久等级

建筑物的耐久等级主要根据建筑物的重要性和规模大小划分，作为基建投资和建筑设计的重要依据。以主体结构确定的建筑物耐久等级分为下列四级：

一级：100 年以上，适用于重要的建筑和高层建筑。

二级：50 ~ 100 年，适用于一般性建筑。

三级：25 ~ 50 年，适用于次要建筑。

四级：15 年以下，适用于简易建筑和临时性建筑。

2. 建筑物的耐火等级

耐火等级主要取决于建筑物的重要性和其在使用中的火灾危险性及由建筑物的规模导致的一旦发生火灾时人员疏散及扑救火灾的难易程度上的差别。国家标准《建筑设计防火规范》(2018 年版)(GB 50016—2014) 将建筑物的耐火等级分为四级，是根据房屋的主要构件（梁、柱、楼板等）的燃烧性能和耐火极限来确定的。

(1) 燃烧性能

构件的燃烧性能分为非燃烧体（不燃烧体）、难燃烧体和燃烧体三类。

1）非燃烧体。用不燃材料做成的建筑构件，如砖、石材、混凝土等。

2）难燃烧体。用难燃材料做成的建筑构件或用可燃材料做成而用不燃材料做保护层的建筑构件，如沥青混凝土、水泥刨花板、经防火处理的木材等。

3）燃烧体。用可燃材料做成的建筑构件，如木材、纺织物等。

(2) 耐火极限

耐火极限是在标准耐火试验条件下，建筑构件、配件或结构从受到火的作用时起，到失去稳定性、完整性、隔热性时止的这段时间，用小时（h）表示。

三、民用建筑的构造组成及作用

平常人们所见到的民用建筑房屋的用途、结构形式、所用材料和构造各不相同，但这些建筑都是由基础、墙体和柱、楼地层、屋顶、楼梯及门窗等部分组成的。这几部分在建筑的不同部位发挥着不同作用。除了上述几个部分外，一幢房屋还有人们生

活所必需的其他设施，如阳台、雨篷、台阶、坡道、通风道、烟囱等，这些被称为建筑的次要组成部分。多层砖混结构民用建筑的组成如图 2–1 所示。

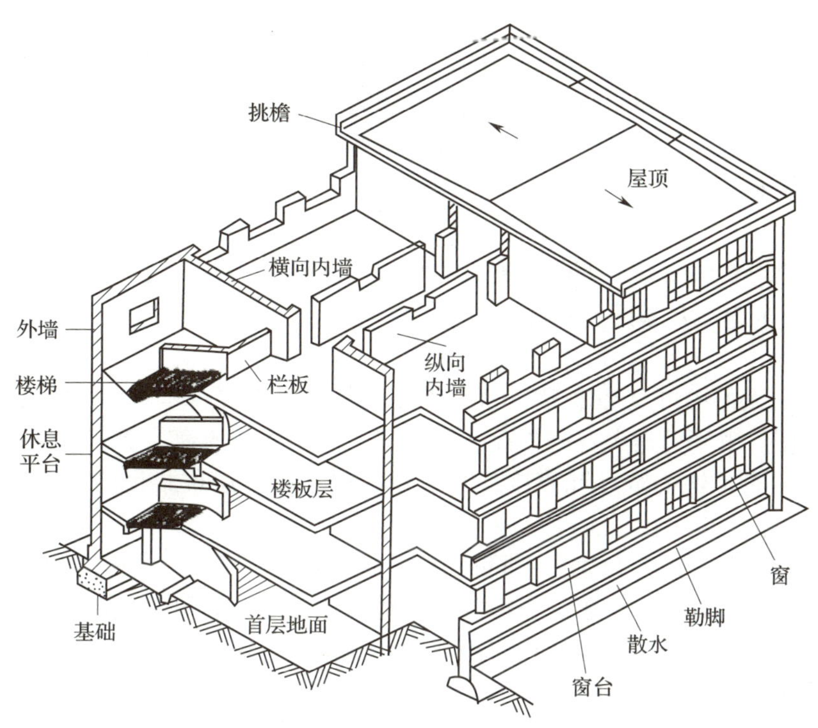

图 2–1　多层砖混结构民用建筑的组成

1. 基础

基础是建筑物最下部的承重构件。建筑物所有的荷载均传给基础，并通过基础有效地传给下面的持力土层——地基。基础是建筑物的立足之本，要求其坚固、稳定、耐久，能抵抗地下各种不良因素的侵袭。

2. 墙体和柱

墙体是建筑物的承重和围护构件。墙体具有承重要求时，其承担屋顶和楼板层传来的荷载，并把这些荷载传递给基础。外墙还具有围护功能，应具备抵御自然界各种因素对室内侵袭的能力。内墙具有在水平方向划分建筑内部空间、创造适用的室内环境的作用。墙体通常是建筑中自重最大、材料和资金消耗最多、施工量最大的组成部分。因此，墙体应具有足够的强度、稳定性，良好的热工性能及防火、隔声、防水、耐久性能。另外，方便施工和良好的经济性也是衡量墙体性能的重要指标。

柱也是建筑物的承重构件，除了不具备围护和分隔的作用之外，其他要求与墙体类似。

3. 楼地层

楼地层是建筑物中的水平承重构件和分隔部分，包括楼板和地面两部分。楼板层承受家具、设备和人员的荷载及本身结构自重，并把荷载传给墙体或柱；同时楼板层也对墙体起着水平支撑作用。地面直接承受各种使用荷载，在楼层上把荷载传给楼板，在首层时传给下面的垫层。楼地层应具有一定的强度、刚度，并且还应满足耐磨、隔声、防水和美化空间的要求。

4. 屋顶

屋顶是建筑顶部的承重和围护构件，一般由屋面、保温层和承重结构层三大部分组成。它既能承受自重和屋面其他荷载，又能起到防水、保温、隔热的作用。同时屋顶对建筑形象起着极其重要的作用。在我国某些城市，因考虑美观要求，不得建造形式过于单调的平屋顶。

5. 楼梯

楼梯是建筑物中联系上下层最主要的垂直交通设施，供人们平时上下楼层和紧急疏散时使用，应具有足够的坚固性和耐久性。

6. 门窗

门主要供人们内外交通及搬运家具设备之用，同时还兼有分隔房间、采光通风和围护的作用。由于门是人及家具设备进出建筑和房间的通道，要满足交通和疏散的要求，因此应有足够的宽度和高度，其数量、位置和开启方式也应符合有关规范的要求。

窗的作用主要是采光和通风，同时也是围护结构的一部分，在建筑的立面形象中也占有相当重要的地位。由于制作窗的材料往往比较脆弱和单薄且造价较高，同时窗又是围护结构的薄弱环节，因此在寒冷和严寒地区应合理控制窗的面积。改善窗的热工性能也是建筑节能的重要内容。

第二节 建筑标准化与统一模数

建筑业是我国国民经济的支柱产业之一，建造房屋需要消耗大量的人力、物力、财力。建筑业要不断提高生产效率，逐步改变目前劳动力密集、手工作业的落后局面，最终实现建筑工业化。建筑工业化的内容包括设计标准化、构配件生产工厂化和施工机械化。设计标准化是实现其余两个方面目标的前提，只有实现了设计标准化，才能够简化建筑构配件的规格类型，为工厂生产商品化构配件创造条件，为建筑产业化、施工机械化打下基础。

一、建筑标准化

建筑标准化主要包括两个方面：一方面是应制定各种法规、规范、标准和指标，使设计有章可循；另一方面是在诸如住宅等大型性建筑的设计中推行标准化设计。标准化设计可以借助国家或地区通用的标准构配件图集来实现，设计者根据工程的具体情况选择标准构配件，避免重复劳动。构件生产厂家和施工单位也可以针对标准构配件的应用情况组织生产和施工，形成规模效益。

实行建筑标准化可以有效减少建筑构配件的规格，在不同的建筑中采用标准构配件，进而提高施工效率，保证施工质量，降低造价。

二、建筑模数协调

由于建筑设计单位、施工单位、构配件生产厂家往往是各自独立的企业，甚至可能不属于同一地区、同一行业，为协调建筑设计、施工及构配件生产之间的尺度关系，达到简化构件类型、降低建筑造价、保证建筑质量、提高施工效率的目的，我国制定了国家标准《建筑模数协调标准》(GB/T 50002—2013)，用于约束和协调建筑的尺度关系。

建筑模数是选定的标准制度单位，作为建筑空间、建筑构配件、建筑制品及有关设备尺寸相互协调中的增值单位。

1. 基本模数

基本模数是模数协调中选用的基本单位，其数值为 100 mm，符号为 M，即 1M=100 mm。整个建筑物及其一部分或建筑组合构件的模数化尺寸应为基本模数的倍数。

2. 导出模数

由于建筑中需要用模数协调的各部位尺度相差较大，仅仅靠基本模数不能满足尺度的协调要求，因此在基本模数的基础上又发展了相互之间存在内在联系的导出模数，包括扩大模数和分模数。

扩大模数是基本模数的整数倍数。扩大模数基数应为 2M、3M、6M、9M、12M 等，其相应的尺寸分别是 200 mm、300 mm、600 mm、900 mm、1 200 mm 等。

分模数是基本模数的分数值，一般为整数分数。分模数基数为 1/10M、1/5M、1/2M，其相应的尺寸分别是 10 mm、20 mm、50 mm。

3. 模数数列及应用

模数数列是以基本模数、扩大模数和分模数为基础扩展成的一系列尺寸。模数数列根据建筑空间的具体情况具有各自的适用范围，建筑物的所有尺寸除特殊情况之外，均应满足模数数列的要求。表 2-1 为常用模数数列。

表 2-1 常用模数数列

模数名称	基本模数	扩大模数						分模数		
模数基数	1M	3M	6M	12M	15M	30M	60M	1/10M	1/5M	1/2M
基数数值 / mm	100	300	600	1 200	1 500	3 000	6 000	10	20	50
模数数列 / mm	100	300						10		
	200	600	600					20	20	
	300	900						30		
	400	1 200	1 200	1 200				40	40	
	500	1 500			1 500			50		50

续表

模数名称	基本模数	扩大模数						分模数		
模数基数	1M	3M	6M	12M	15M	30M	60M	1/10M	1/5M	1/2M
基数数值 / mm	100	300	600	1 200	1 500	3 000	6 000	10	20	50
模数数列 / mm	600	1 800	1 800					60	60	
	700	2 100						70		
	800	2 400	2 400	2 400				80	80	
	900	2 700						90		
	1 000	3 000	3 000		3 000	3 000		100	100	100
	1 100	3 300						110		
	1 200	3 600	3 600	2 600				120	120	
	1 300	3 900						130		
	1 400	4 200	4 200					140	140	
	1 500	4 500			4 500			150		150
	1 600	4 800	4 800	4 800				160	160	
	1 700	5 100						170		
	1 800	5 400	5 400					180	180	
	1 900	5 700						190		
	2 000	6 000	6 000	6 000	6 000	6 000	6 000	200	200	200
	2 100	6 300							220	
	2 200	6 600	6 600						240	
	2 300	6 900								250
	2 400	7 200	7 200	7 200					260	
	2 500	7 500			7 500				280	
	2 600		7 800						300	300
	2 700		8 400	8 400					320	
	2 800		9 000		9 000	9 000			340	
	2 900		9 600	9 600						350

续表

模数名称	基本模数	扩大模数						分模数		
模数基数	1M	3M	6M	12M	15M	30M	60M	1/10M	1/5M	1/2M
基数数值 / mm	100	300	600	1 200	1 500	3 000	6 000	10	20	50
模数数列 / mm	3 000				10 500				360	
	3 100			10 800					380	
	3 200			12 000	12 000	12 000	12 000		400	400
	3 300					15 000				450
	3 400					18 000	18 000			500
	3 500					21 000				550
	3 600					24 000	24 000			600
应用范围	主要用于建筑物层高、门窗洞口和构配件截面	1. 主要用于建筑物开间或柱距、进深或跨度、层高、构配件截面和门窗洞口处 2. 扩大模数 30M 数列按 3 000 mm 进级，其幅度可增至 360M；60M 数列按 6 000 mm 进级，其幅度可增至 360M						1. 主要用于缝隙、构造节点和构配件截面等处 2. 分模数 1/2M 数列按 50 mm 进级，其幅度可增至 10M		

在确保适用要求与安全性的前提下，在建筑中采用预制构配件是实现建筑工业化的有效手段。在确保竖向承重构件的相互位置时，如能保证竖向承重构件之间的轴线间距符合模数数列的有关要求，则可在构件生产厂家选购标准的水平承重构件。采用预制标准构件，对保证工程质量、提高生产效率有益；反之，如果竖向承重构件之间轴线间距不符合模数数列的有关要求，就不能选购到标准构件，这样往往会增加造价和施工难度，使工期延长。

4. 几种尺寸

为了保证建筑物配件的安装与有关尺寸间的相互协调，在建筑模数协调中把尺寸分为标志尺寸、构造尺寸和实际尺寸。

（1）标志尺寸

标志尺寸应符合模数数列的规定，用以标注建筑物定位轴面、定位面或定位轴线、定位线之间的垂直距离（如开间或柱距、进深或跨度、层高等），以及建筑构配件、建筑组合件、建筑制品及有关设备界限之间的尺寸。

（2）构造尺寸

构造尺寸是指建筑构配件、建筑组合件、建筑制品等的设计尺寸。一般情况下，标志尺寸减去缝隙尺寸为构造尺寸。缝隙尺寸的大小最好符合模数数列的规定。

（3）实际尺寸

实际尺寸是指建筑构配件、建筑组合件、建筑制品等生产制作后的实有尺寸。实际尺寸与构造尺寸之间的差数应符合建筑公差的规定。

标志尺寸、构造尺寸与两者之间的缝隙尺寸的关系如图 2-2 所示。

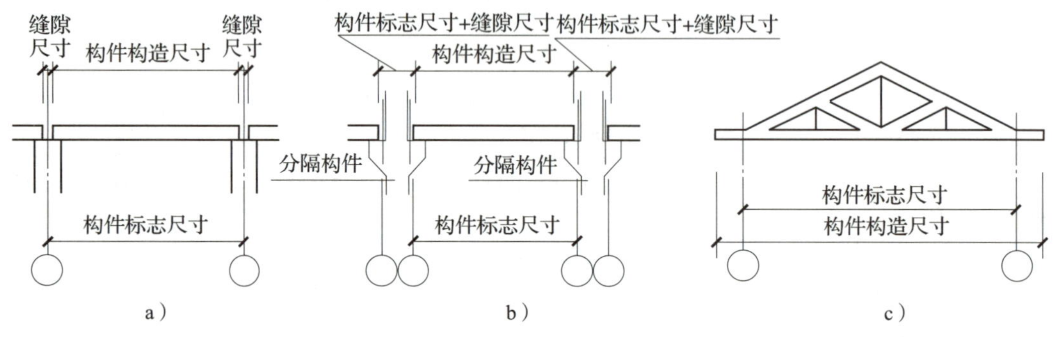

图 2-2 几种尺寸的关系

a）标志尺寸大于构造尺寸 b）有分隔构件连接时的尺寸关系 c）构造尺寸大于标志尺寸

三、定位轴线

定位轴线是确定建筑物及其主要结构构件位置及其标志尺寸的基准线，是设计和施工放线的主要依据。定位轴线之间的距离应符合模数数列的规定。定位轴线分为平面定位轴线和竖向定位轴线。我国制定了相应的技术标准，对定位轴线的划分原则做出了具体的规定。

下面以砖混结构为例，主要介绍墙体的平面定位轴线和定位轴线的编号原则。

1. 墙体的平面定位轴线

（1）承重外墙的定位轴线

当底层墙体与顶层墙体厚度相同时，平面定位轴线与外墙内缘距离为 120 mm（见图 2-3a）；当底层墙体与顶层墙体厚度不同时，平面定位轴线与顶层外墙内缘距离为 120 mm（见图 2-3b）。

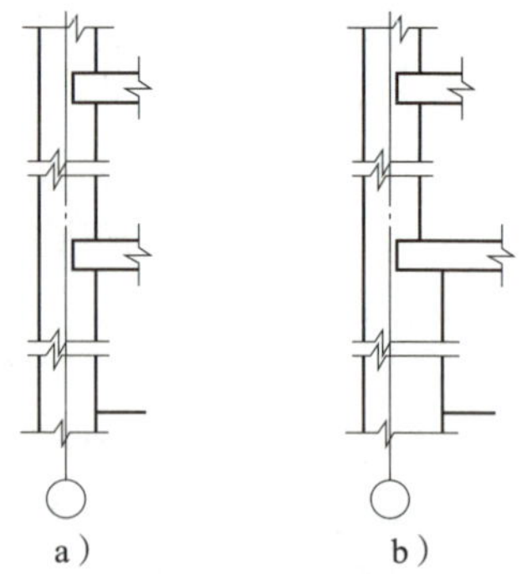

图 2-3 承重外墙定位轴线

a）底层墙体与顶层墙体厚度相同

b）底层墙体与顶层墙体厚度不同

（2）承重内墙的定位轴线

承重内墙的平面定位轴线应与顶层墙体中线重合。为了减小建筑自重和节省空间，承重内墙往往是变截面的，即上部墙厚变薄。如果墙体是对称内缩，则平面定位轴线中分底层墙身（见图 2-4a）；如果墙体是非对称内缩，则平面定位轴线偏分底层墙身（见图 2-4b）。

当内墙厚度≥ 370 mm 时，为了便于圈梁或便于墙内竖向孔道的通过，往往采用双轴线形式（见图 2-4c）；有时根据建筑空间的要求，也可以把平面定位轴线设在距离内墙某一外缘 120 mm 处（见图 2-4d）。

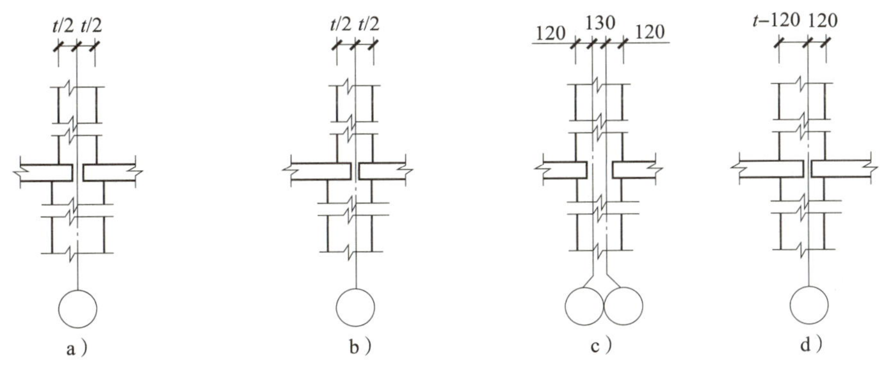

图 2–4　承重内墙定位轴线

a）定位轴线中分底层墙身　b）定位轴线偏分底层墙身　c）双轴线　d）偏轴线

（3）非承重墙的定位轴线

由于非承重墙没有支撑上部水平承重构件的任务，因此平面定位轴线的定位比较灵活。非承重墙除了可按承重墙定位轴线的规定定位之外，还可以使墙身内缘与平面定位轴线重合。

2. 定位轴线的编号原则

一幢建筑在平面上是由许多道墙体围合而成的，往往还有相当数量的柱参与到建筑平面空间的构成中。为了设计和施工方便，利于不同专业人员的交流，定位轴线通常需要按以下原则进行编号。

（1）定位轴线应用细单点长画线绘制，轴线编号应注写在轴线端部的圆圈内。圆圈应用细实线绘制，直径为 8 mm，详图上可增为 10 mm。定位轴线圆的圆心应在定位轴线的延长线或延长线的折线上，如图 2–5 所示。

（2）平面图上定位轴线的编号宜标注在图样的下方左侧。横向编号应用阿拉伯数字，从左至右顺序编写；竖向编号应用大写拉丁字母，从下至上顺序编写（见图 2–6）。为了避免拉丁字母中 I、O、Z 与数字 1、0、2 混淆，拉丁字母中 I、O、Z 不得用作轴线编号。

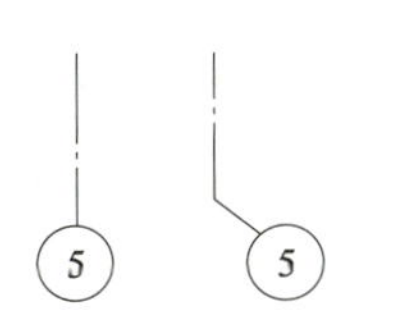

图 2–5　定位轴线编号的注写

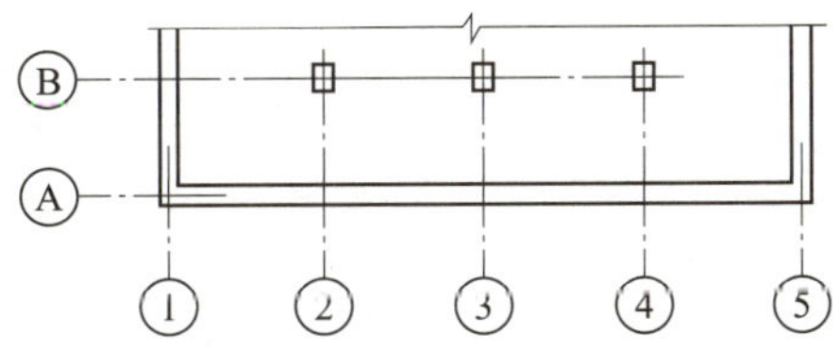

图 2–6　定位轴线编号的顺序

（3）在建筑设计中经常把一些次要的建筑部件用附加轴线进行编号，如非承重墙、装饰柱等。附加轴线应以分数表示，采用在轴线圆内通过圆心 45° 斜线的方式，并按下列规定编写：

两根轴线之间的附加轴线，应以分母表示前一轴线的编号，分子表示附加线的编号，编号宜用阿拉伯数字顺序编号，如：

(1/2) 表示 2 号轴线后附加的第一根轴线；

(2/B) 表示 B 号轴线后附加的第二根轴线。

1 号轴线或 A 号轴线之前的附加轴线应以分母 01、0A 分别表示位于 1 号轴线或 A 号轴线之前的轴线，如：

(1/01) 表示 1 号轴线之前附加的第一根轴线；

(2/0A) 表示 A 号轴线之前附加的第二根轴线。

（4）当一个详图适用几根定位轴线时，应同时注明各有关轴线的编号（见图 2–7）。通用详图的定位轴线应只画图，不注写轴线编号。

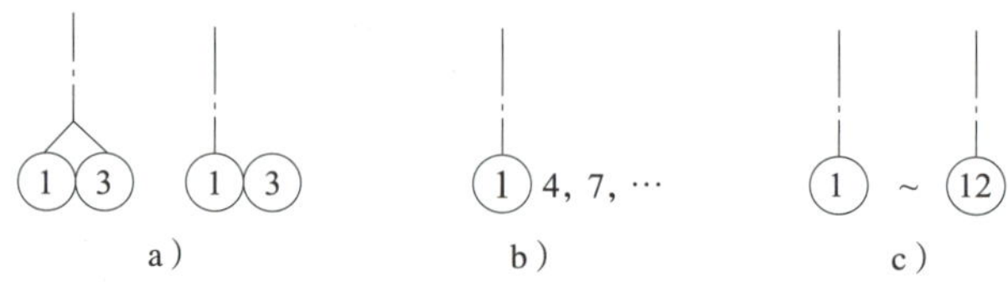

图 2–7　详图的轴线编号

a）用于两根轴线　b）用于三根或三根以上轴线　c）用于三根以上连续编号的轴线

第三节　基础与地下室

一、基础

1. 基础与地基的概念

基础是建筑物的地下部分，直接与土层接触，承受建筑物的全部荷载，并传给下面的地基。基础是建筑物的一个重要组成部分。

基础下面承受荷载的那部分土层称为地基。地基承受由基础传来的整个建筑物的所有荷载。地基不是建筑物的组成部分，但它与基础共同保证房屋的坚固、耐久和安全。因此，在工程设计和施工中基础应满足强度、刚度、耐久性和经济性方面的要求；地基应满足强度、变形和稳定性方面的要求。地基因承受建筑荷载而产生应力和应变，并随土层深度的增加而减少，在到了一定深度后就可以忽略不计。所以，地基中直接承受荷载需要计算的土层称为持力层，持力层下面的土层称为下卧层，如图 2–8 所示。

地基在保持稳定的条件下，每平方米所能承受的最大垂直压力称为地基的承载力，也称地耐力。当基础对地基的压力超过地基承载力时，地基将出现较大的沉降变形或土层滑动而被破坏。因此为保证建筑物的安全与稳定，必须将房屋基础与土层接触部分的底面尺寸适当扩大，以减少地基单位面积承受的压力。

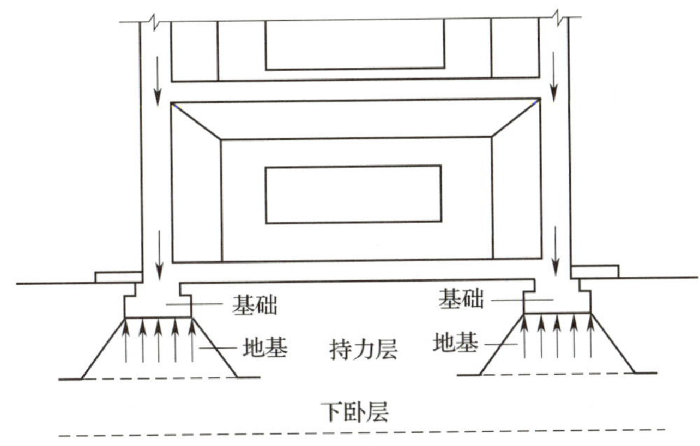

图 2–8 地基、基础与荷载的关系

凡天然土层具有足够的承载力，不需人工改良或加固的称为天然地基，如岩石、碎石土、砂土、黏性土等。

当土层承载力较差时，必须进行人工加固处理使其强度提高后才能在上面建造房屋的称为人工地基，如杂填土、冲填土、淤泥或其他高压缩性土层等。人工加固地基的方法常见的有压实法、换土法、桩基础等。

2. 基础的埋置深度

基础的埋置深度是指室外设计地面到基础底面的距离，如图 2–9 所示。基础的埋置深度应适当，既能保证建筑物的安全，又能节约材料成本，并加快施工的进度。因为接近地表的土层常被“扰动”，并有大量的植物根系等易腐蚀物质及各种生活垃圾和杂物，且地表常受雨雪及温度变化等外界因素影响，所以，一般情况下将地表以下 0.5 m 范围内土层作为地基。

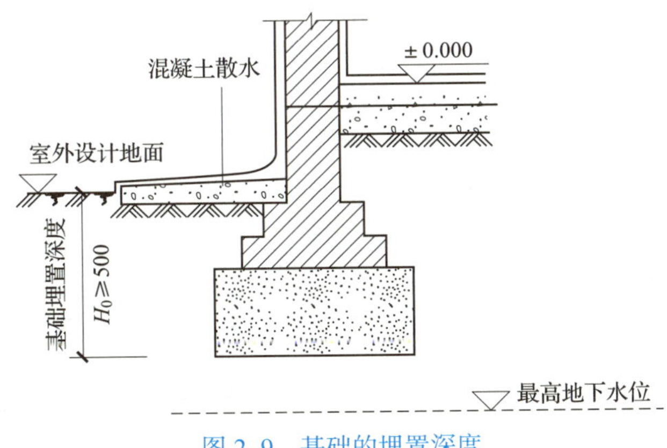

图 2–9 基础的埋置深度

基础的埋置深度对建筑物的耐久性、造价、工期、材料和施工技术等影响较大。基础的埋置深度主要和以下因素有关：

（1）与建筑物的用途、有无地下室、设备基础和地下设施、基础的形式和构造有关

当建筑物设置地下室、设备基础或地下设施时，基础埋深应满足使用要求；高层

建筑基础埋深应随建筑物高度的增大而增大，才能满足稳定性要求。

（2）与作用在地面上的荷载大小和性质有关

一般荷载较大时应加大基础埋深；承受上拔力的基础应有较大埋深，以满足抗拔力的要求。

（3）与地基的土质情况有关

基础的底面应设置在坚实可靠的土层上，而不能设置在承载力低或压缩性高的土层上。所以地基土层中坚实土层分布深度对基础的埋置深度有重要影响。

（4）与地下水位高低有关

土层的含水量对其承载力影响很大，一般随含水量的升高，土层的承载力会明显下降，地下水中若有侵蚀性物质时会对基础的耐久性造成很大影响，所以基础应争取埋置在地下水以上。当地下水位较高时，基础不得不埋置在地下水内，应使基础底面低于常年最低地下水位。不得将基础埋置在地下水位高低变化范围内，以防止基础产生较大沉降，如图 2–10 所示。

（5）与冰冻线深度有关

严寒地区土层在冬季时，地表向下一定深度范围内的土层会冻结而体积膨胀，到夏季时又消融而沉陷。冻结土与非冻结土的分界线称为冰冻线。基础的埋置深度最好设在当地冰冻线以下至少 200 mm，这样不致因土层冻胀、消融而使地基破坏，如图 2–11 所示。

（6）与相邻建筑设施的基础有关

如新建建筑物附近有已有建筑物，除应满足以上条件外，还应考虑新建房屋基础对已有建筑物的影响。新建房屋的基础不宜深于已有相邻房屋的基础。如果必须将新建房屋基础设置到已有基础的底面以下时，则两个基础之间应保持一定的距离，一般取相邻两个基础底面高差的 1～2 倍，如图 2–12 所示，$L \geqslant (1 \sim 2)H$。

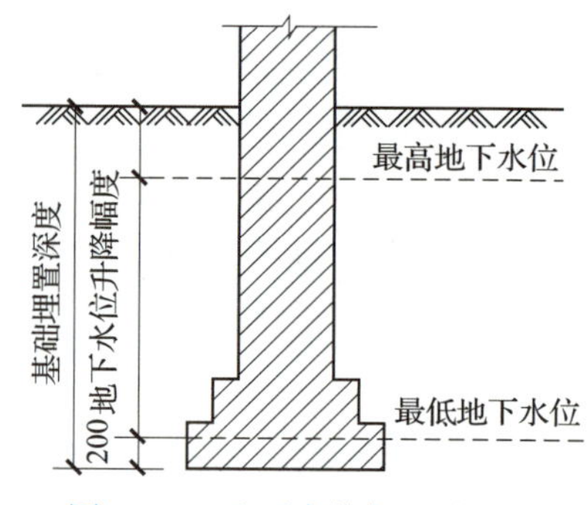

图 2–10　地下水位与基础埋深

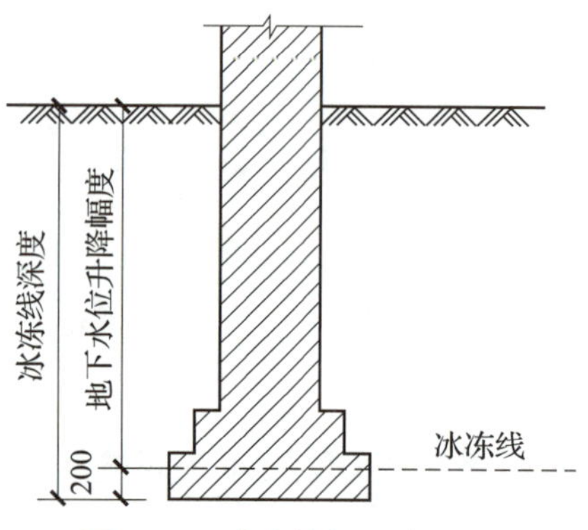

图 2–11　冰冻线与基础埋深

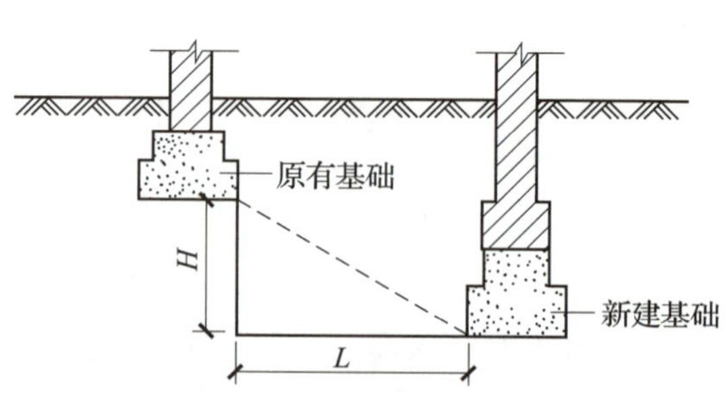

图 2–12　相邻基础埋深的关系

3. 基础的构造类型

基础的构造类型与建筑物的上部结构形式、荷载大小、地基的承载能力及所选用的材料性能等有密切的关系。基础按材料可分为砖基础、毛石基础、混凝土基础、灰土基础和钢筋混凝土基础等；按构造形式可分为条形基础、独立基础、筏式基础、箱形基础和桩基础等；按受力特点可分为刚性基础和柔性基础（采用脆性材料制成的基础称为刚性基础，受力破坏时主要是脆性破坏，如砖、毛石、灰土、混凝土等基础，此类基础的材料受力变形很小，刚度大，抗压强度高；采用弹塑性材料制成的基础称为柔性基础，此类基础受力变形较大，不易产生脆性破坏，多用于地基土层变形较大，并且上部房屋荷载较大，用刚性基础不能满足要求情况下的基础，如钢筋混凝土基础）；按埋置深度可分为深基础和浅基础两大类（埋置深度大于 5 m 时称为深基础，埋置深度不超过 5 m 时称为浅基础）。

下面重点介绍条形基础、独立基础、筏式基础、箱形基础、桩基础的基本构造。

（1）条形基础

当基础用于墙下或柱下时，将其设计为连续的长条状称为条形基础，如图 2–13 所示。

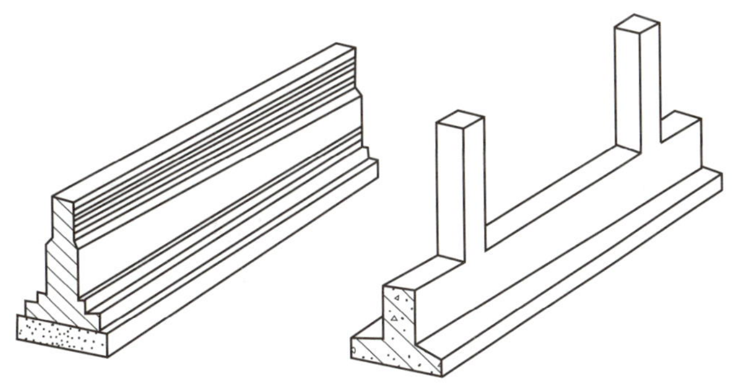

图 2–13　条形基础

条形基础一般适用于地基土层较为软弱的墙体承重结构或框架柱承重结构，采用的材料主要有砖、石和钢筋混凝土等。

1）砖砌条形基础。砖砌条形基础由垫层、大放脚、防潮层和基础墙四部分组成，如图 2–14 所示。砖为脆性材料，所以此基础为刚性基础。

基础垫层的设置主要是为节约基础墙的材料，降低造价和便于施工，提高基础承载力。常用垫层材料有灰土垫层、碎砖三合土垫层和混凝土垫层等。

大放脚的受力性能同悬臂架，在地基反作用力下，基底将产生很大的拉应力。当这个拉应力超过材料的允许拉应力时，基底则被拉裂。因此，基底挑出宽度 b 与高度 H 之比应小于某一数值，使基础底面不至于超过基础材料的抗拉强度而破坏。此宽高之比的夹角称为刚性基础的刚性角，如图 2–15 所示。

砖砌条形基础的宽高之比一般为 1∶1，毛石为 1∶1，混凝土为 1∶1。大放脚常用的砌筑方法有等高式和间隔式两种，如图 2–16 所示。

由于砖基础的吸水性较强，为防止土层中的水和潮气沿基础上升而影响墙面抹灰层，砖基础在室内地坪面以下 60 mm 左右的水平位置应设置防潮层。

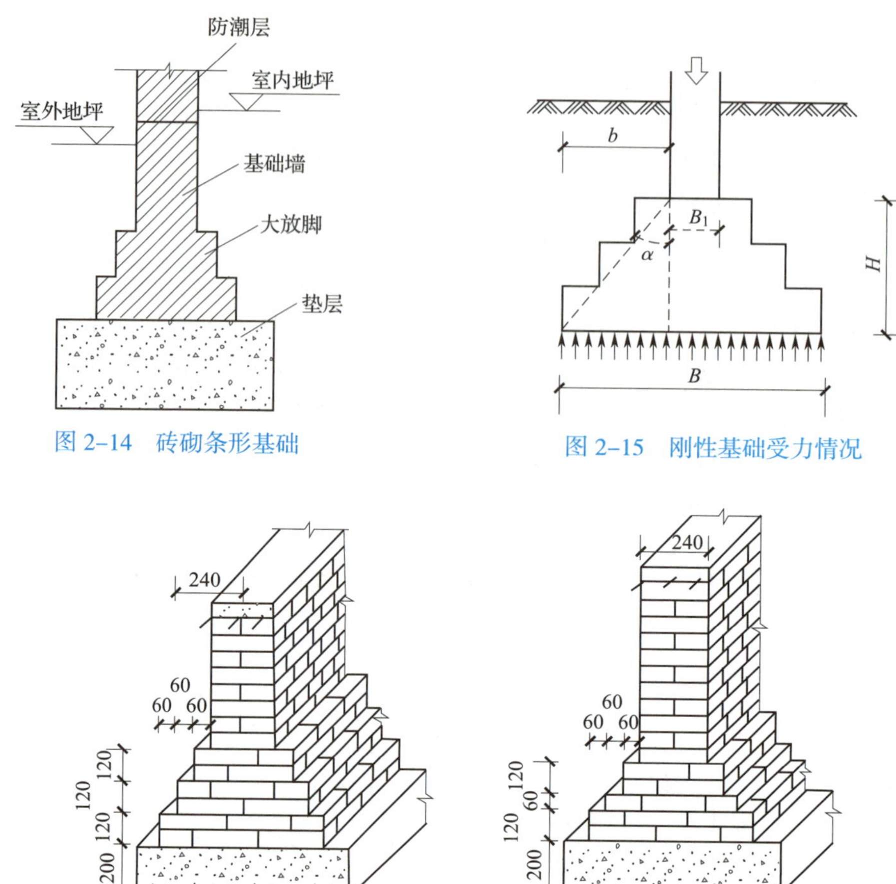

图 2-14　砖砌条形基础

图 2-15　刚性基础受力情况

图 2-16　大放脚的砌筑方法

a）等高式大放脚　b）间隔式大放脚

砖砌条形基础构造简单、造价低、施工方便，但耐久性差、抗冻性差。一般多用于五层以下，地基土质较好，地下水位在基础底面以下的混合结构建筑中。

2）钢筋混凝土条形基础。当上部房屋荷载较大而地基土承载力较小时，可在墙下或柱下设置钢筋混凝土条形基础。由于基础底部配有钢筋，抗拉性能好，不受刚性角限制，因此钢筋混凝土条形可做得宽而薄，故属于柔性基础，如图 2–17 所示。

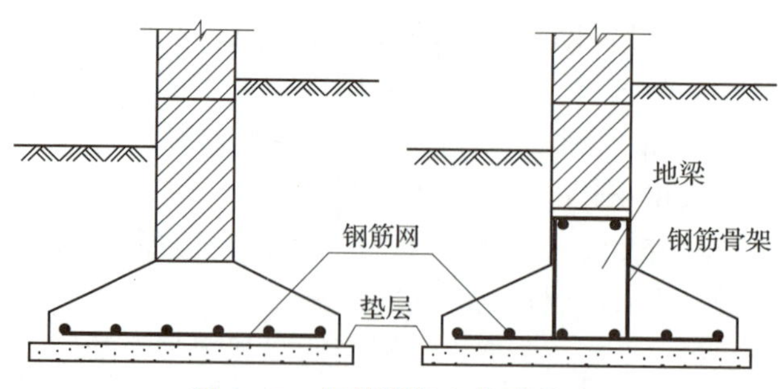

图 2–17　钢筋混凝土条形基础

（2）独立基础

独立存在、互不连接的基础称为独立基础。当房屋上部结构为框架结构、排架结构时，承重柱下常采用此类基础；或当房屋上部为墙体承重结构，但基础要求埋深较大，为避免土方开挖量过大和便于管道穿越时，也可采用墙下独立基础。独立基础的结构形式有台阶式、锥形、杯形等，如图 2–18 所示。

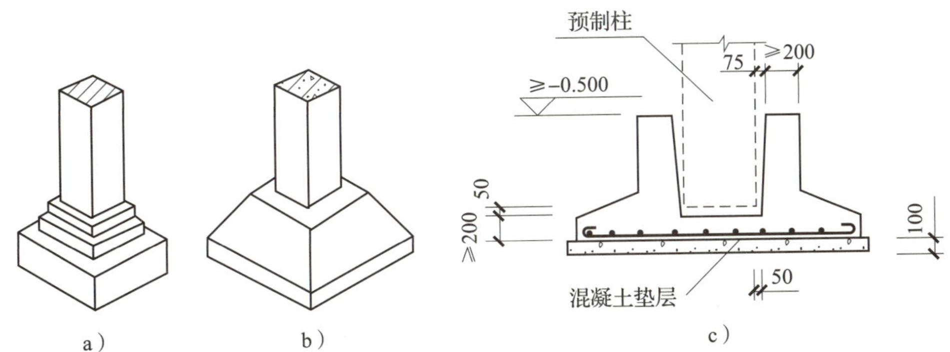

图 2–18　独立基础

a）台阶式独立基础　b）锥形独立基础　c）杯形独立基础

（3）筏式基础

由整片钢筋混凝土板承受建筑物的荷载并传给地基，这种基础形状类似筏子，称为筏式基础。筏式基础的结构形式有板式和梁板式两种，如图 2–19 所示。这类基础广泛应用于地基承载力较小或上部房屋荷载较大的多层住宅、高层住宅、办公楼等民用建筑中。

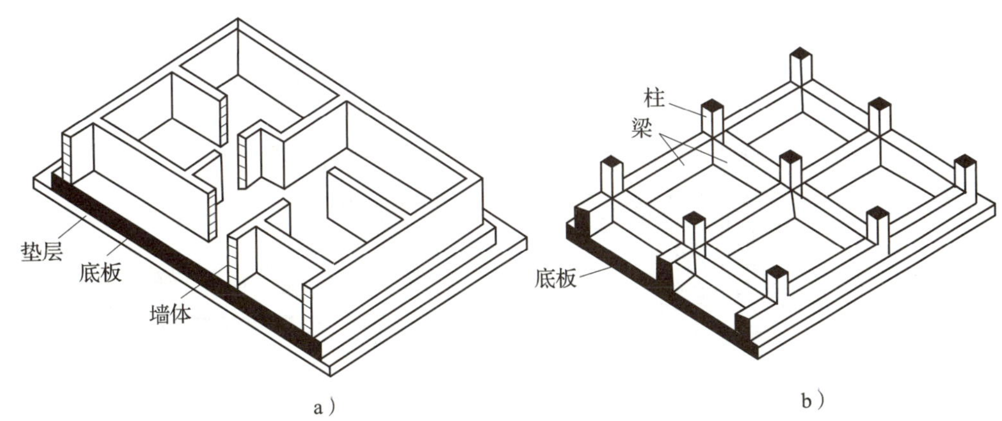

图 2–19　筏式基础

a）板式基础　b）梁板式基础

（4）箱形基础

箱形基础是由钢筋混凝土底板、墙板和顶板三部分整体浇筑而成的基础，因其形似箱子，称为箱形基础，如图 2–20 所示。

箱形基础不仅作为基础使用，还可视为建筑物的地下使用空间加以利用，常作为地下室或设备间。箱形基础具有较大的强度和刚度，故常用在基础埋深大，并设有地下室的高层建筑结构中。

（5）桩基础

当地基的软弱土层较厚（>5 m），采用浅基础不能满足要求，严格限制沉降量的建筑物，建筑物上部荷载较大，对软弱土层进行人工处理困难或不经济时，常采用桩基础。

1）组成。桩基础是由桩和承台两部分组成的。承台具有承接上部结构荷载，并把下面的若干根桩所形成的桩群连成整体的作用。桩与承台共同组成深基础，简称桩基。

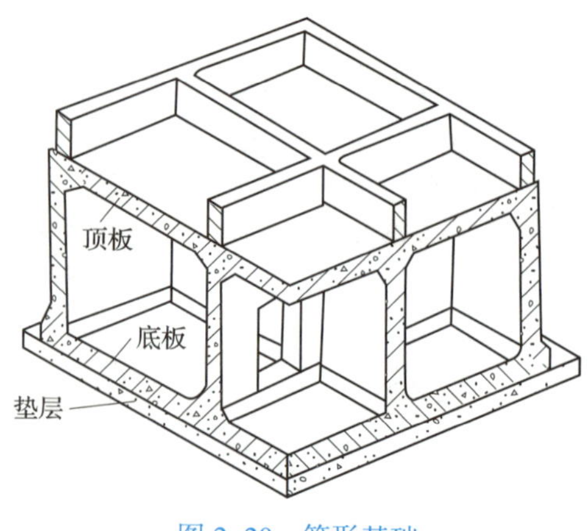

图 2-20　箱形基础

2）分类。桩基础的分类方式很多，此处重点介绍以下几种分类方式。

①按传力工作情况不同可分为端承桩和摩擦桩两大类（见图 2-21）。端承桩是将桩尖深入地基下部的坚硬土层上，上部结构荷载由桩尖与坚硬土层的阻力来平衡，其适用于表面软弱土层不太厚，而下部土层坚定可靠的地基场。摩擦桩是通过桩与周围土层之间的摩擦力将上部结构荷载传递给地基的一种桩，适用于表面软弱土层较厚，下部有中等压缩性土层，而坚硬土层较深，采用端承桩不合理、不经济的地基场地。

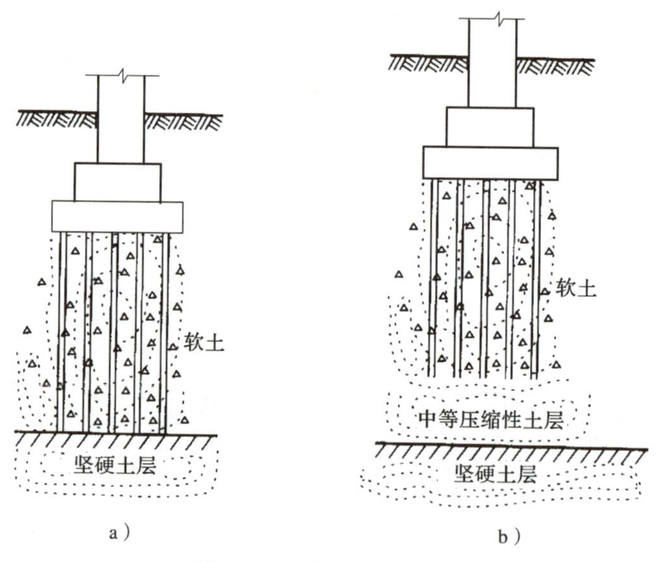

图 2-21　端承桩和摩擦桩

a）端承桩　b）摩擦桩

②按材料不同可分为钢桩和钢筋混凝土桩两大类，目前广泛采用钢筋混凝土桩。

③按施工方法不同可分为预制桩和灌注桩两大类（见图 2-22）。

采用桩基础可以避免土方的大量开挖，节约基础材料，改善劳动条件，缩短工期。桩基础的承载力大、沉降量小，因此其常用于高层建筑结构中。

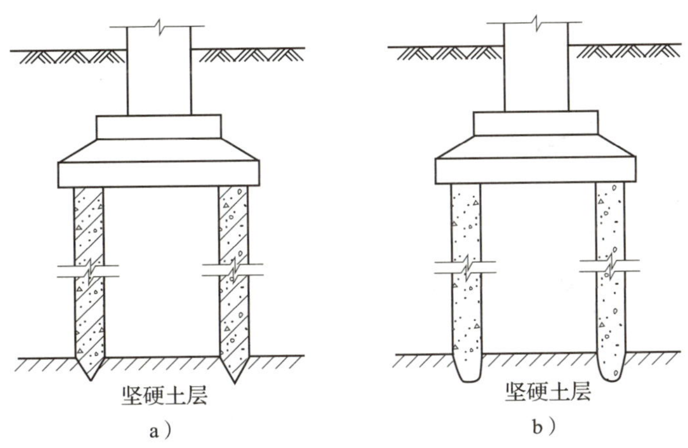

图 2–22 预制桩和灌注桩

a）预制桩 b）灌注桩

二、地下室

在房屋底层以下建造地下室，能够在有限的占地面积内增加使用空间，提高建造用地的利用率。一些高层建筑的基础埋置深度很大，利用这一深度建造地下室，并不需要增加太多投资，比较经济。如果按照防空设施要求建筑地下室，还可供战争时期防御空袭之用。

1. 地下室的分类

地下室按使用功能可分为普通地下室和人防地下室；按构造形式可分为半地下室和全地下室，如图 2–23 所示；按结构材料可分为砖混结构地下室和钢筋混凝土地下室。

2. 地下室的组成

地下室一般由底板、墙板、顶板、门窗、采光井和楼梯等组成，如图 2–24 所示。

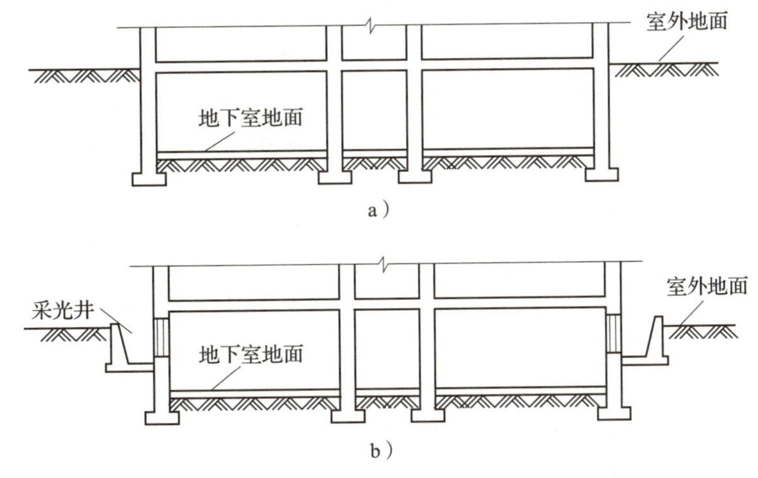

图 2–23 地下室剖面示意图

a）全地下室 b）半地下室

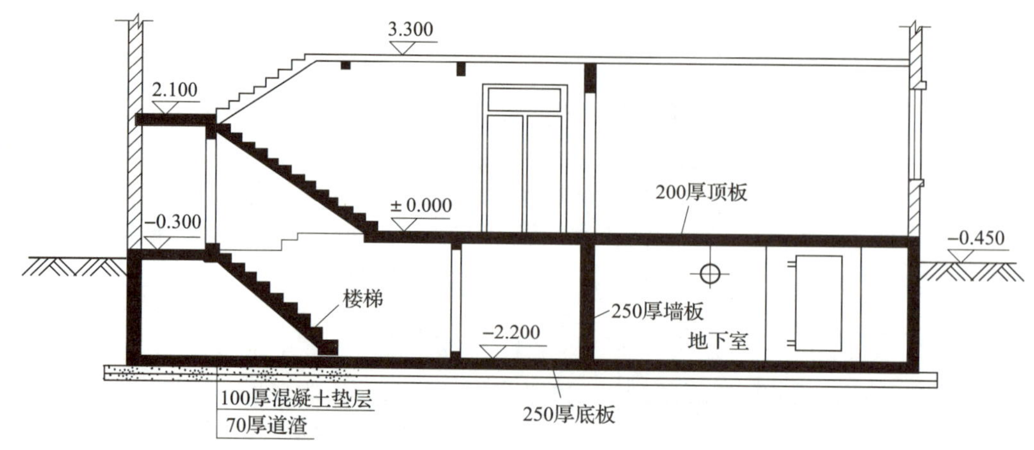

图 2-24　地下室的组成

地下室的墙不仅承受上部的垂直荷载，还要承受土、地下水及土壤冻结时产生的侧压力。所以，地下室墙的厚度应经计算确定。当采用砖墙时，其厚度一般不小于 490 mm。

荷载较大或地下水位较高时，最好采用混凝土或钢筋混凝土墙。地下室的顶板采用现浇或预制混凝土楼板。防空地下室的顶板一般为现浇板，为了简化施工程序，也允许在预制板上浇筑一层混凝土，并在构造上保证两者紧密结合为一体。一般地下室顶板的厚度按首层的使用荷载计算，防空地下室顶板的厚度，则应按相应防护等级的荷载进行计算。

在地下水位高于地下室地面时，地下室的底板不仅承受作用于上面的垂直荷载，还承受地下水的浮力。此时，底板应具有足够的强度、刚度和抗渗能力。否则，即使采取外部防水措施，仍易产生渗漏。

一般地下室的门和窗与地上部分相同。防空地下室的门，应符合相应等级的防护要求，一般应采用钢门或钢筋混凝土门。防空地下室一般不允许设窗；考虑平战结合时，允许开设每樘尺寸不大于 1 000 mm × 1 000 mm 的窗，并应有战时堵塞的构造措施。当地下室的窗台低于室外地面时，为了保证采光和通风，应设采光井。

地下室的采光井一般每个窗设一个，当窗的距离很近时，也可将采光井连在一起。一般采光井的底板顶面应比窗台低 250 ~ 300 mm。采光井在进深方向（宽）为 1 000 mm 左右，在开间方向应比窗宽大 1 000 mm 左右。采光井侧墙顶面应比室外地面设计标高高 250 ~ 300 mm，以防止地面水流入。

为了排出落入采光井的雨水，井底面要有 1% ~ 3% 的坡度，用缸瓦管或混凝土管将雨水引入下水管网。在井口设遮雨设施，可防雨、雪落入井内，但距井口上缘应有一定距离，以免影响采光。有些建筑还在井口上加设铁箅子，以防止人、物坠入。地下室采光井的构造如图 2-25 所示。

地下室楼梯可与地面部分的楼梯结合设置。由于地下室的层高较低，故多设单跑楼梯。一个地下室至少有两部楼梯通向地面，其中一个必须是独立的安全出口。独立安全出口与地面以上的建筑物应有一定距离，一般不得小于建筑物高度的一半，以防止地面建筑物破坏塌落后将出口堵塞。安全出口与地下室由能承受一定荷载的通道连接。

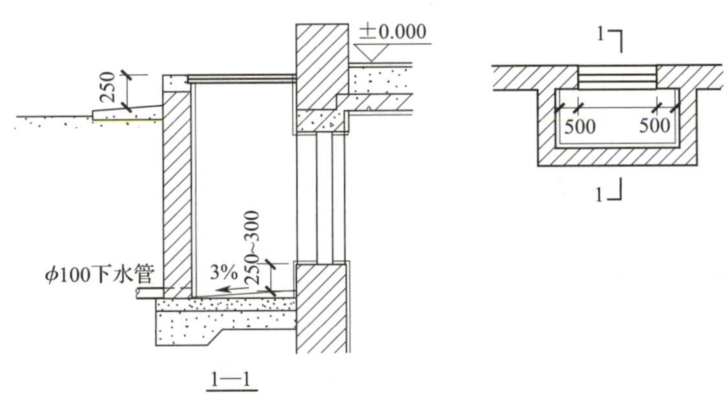

图 2-25　地下室采光井的构造

3. 地下室的防潮与防水处理

地下室设置在地面以下的土层中，接近地下水或可能常年浸泡在地下水中，所以其必须进行防潮、防水处理，即必须对其底板和外侧墙采取有效的防潮、防水措施。

（1）地下室的防潮

当设计最高地下水位低于地下室地面时，可只做防潮处理。为保证防潮效果，地下室的墙为砖墙或石墙时，必须用防水水泥砂浆砌筑，灰缝必须饱满。

防潮处理方法是在外墙外侧抹水泥砂浆，然后涂冷底子油一道、热沥青两道，并在地下室顶板和底板处的侧墙内各设水平防潮层一道，以防止土壤中水分因毛细管作用沿墙体上升。

防潮层外侧应回填透水性小的土壤，如黏土、灰土等，并分层夯实，以减轻地表水下渗对地下室造成的影响。这部分回填土的宽度，以不小于 500 mm 为宜，称为隔水层。隔水层的作用不但能抑制地表水渗透对地下室的影响，而且可以减少土壤对侧墙的压力。

在地下室内、外墙与地面交界处及外墙与首层地面交界处，都应设置墙身水平防潮层。防止土中的水分由于毛细管作用沿墙身上升，导致墙体潮湿和增大地下室及首层室内的湿度。地下室的防潮构造如图 2-26 所示。当常年最高地下水位高于地下室底板但不大于 500 mm 时，可采用防潮和排水相结合的构造，如图 2-27 所示。

（2）地下室的防水

当设计最高地下水位高于地下室地面时，地下室的底板和部分外墙将浸入水中。地下室的外墙受到地下水的侧压力，地板受到浮力。此时，地下室应做钢筋混凝土防水。

钢筋混凝土防水就是用具有防水性能的钢筋混凝土作为地下室的围护结构。地下室的外墙和底板全部用钢筋混凝土制作，使承重、围护和防水三者结合起来。由于钢筋混凝土本身的防渗性和密实性

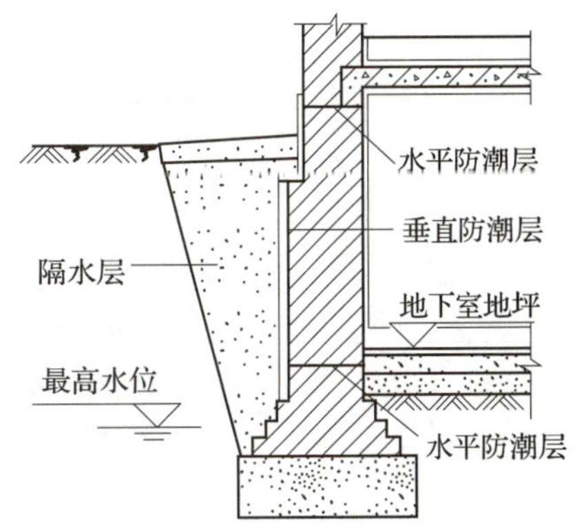

图 2-26　地下室的防潮构造

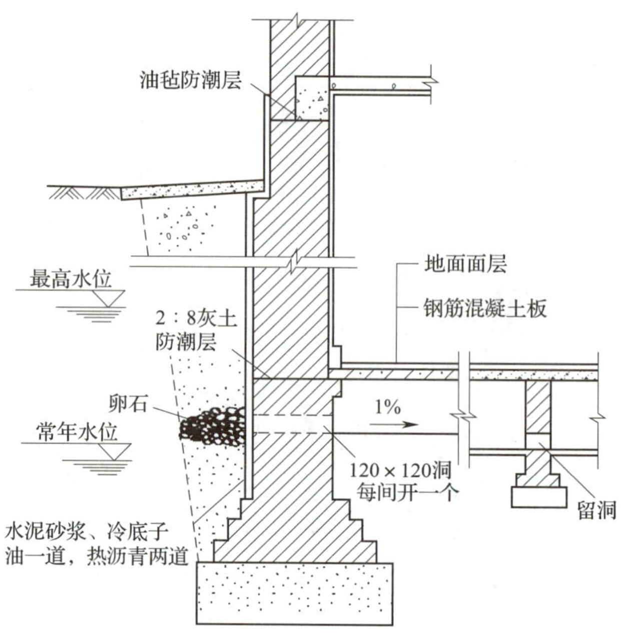

图 2-27　地下室防潮和排水相结合的构造

就具有良好的防水性能，所以不需要再采取其他防水措施。为提高钢筋混凝土的防水能力，可用改善混凝土级配和添加外加剂等方法制成防水混凝土，防水效果更好。

防水混凝土墙和底板厚度不能过薄，墙的厚度应在 200 mm 以上，板的厚度应大于 150 mm，否则影响防水效果。同时也可采用卷材防水处理。

地下室钢筋混凝土防水如图 2-28 所示，地下室卷材防水如图 2-29 所示。

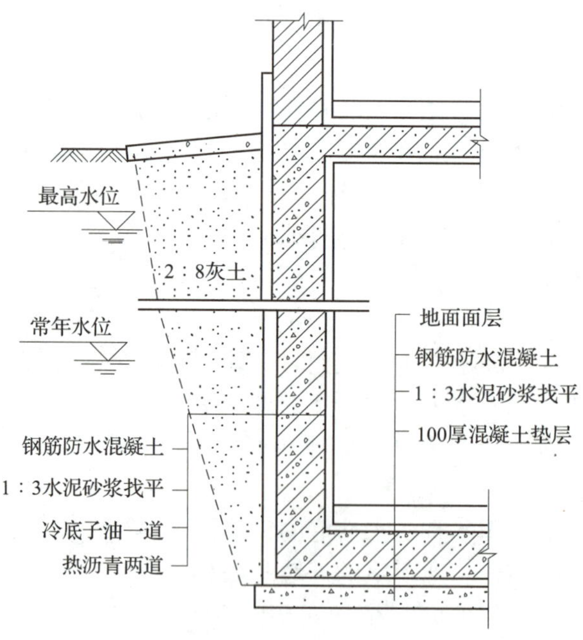

图 2-28　地下室钢筋混凝土防水

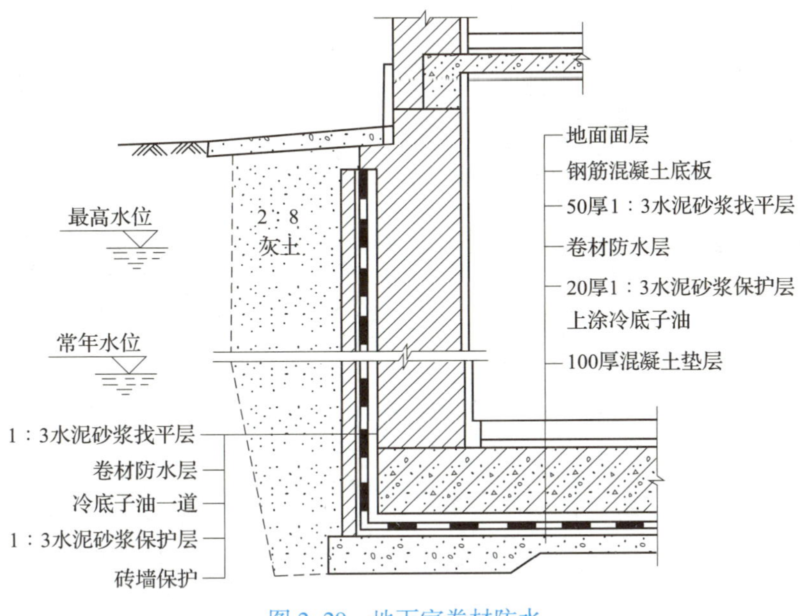

图 2–29 地下室卷材防水

三、管道敷设与基础施工

在建筑物中因为室内外的管线要相互接通，如给排水管道、供热采暖管道和电气管线等，这时需要进行管道敷设，使管道穿过建筑物的基础墙进入室内。当建筑物的基础产生沉降时，为防止管道随其产生较大变形而造成管线破损，应采取必要的措施，保证穿过基础墙体的管道的正常使用。常用的措施如预埋、预留孔洞或设置地沟等。

1. 管道穿过室内基础墙时

穿过建筑物室内基础墙的管道应在基础施工时，按照施工图上标明的位置（平面坐标和剖面标高），采用套管预埋管道或预留孔洞。若孔洞较大（直径 300 mm 以上），在洞口顶部要设置过梁，以承担上部墙体的质量，管道基础预留孔洞尺寸见表 2–2，同时要求管道顶面与洞口上沿间隙不小于结构预计的沉降量或不小于 150 mm；也可将基础设计成局部降低，如图 2–30 所示。

2. 管道穿过室外基础墙时

室外给排水管道一般都埋在地下，主干管都要穿过室外基础墙，在房屋设备安装工程施工时，必须与土建结构工程有关分部工程交叉进行，紧密配合。土建施工时必须按图样的设计要求把室外基础墙上预留孔洞和管沟设置好。管道穿过室外基础墙的构造处理如图 2–31 所示。

表 2–2 管道基础预留孔洞尺寸

管径 d/mm	≤ 75	≥ 100
预留孔洞尺寸（宽 × 高）/（mm × mm）	300 × 300	≥（d+200）×（d+300）

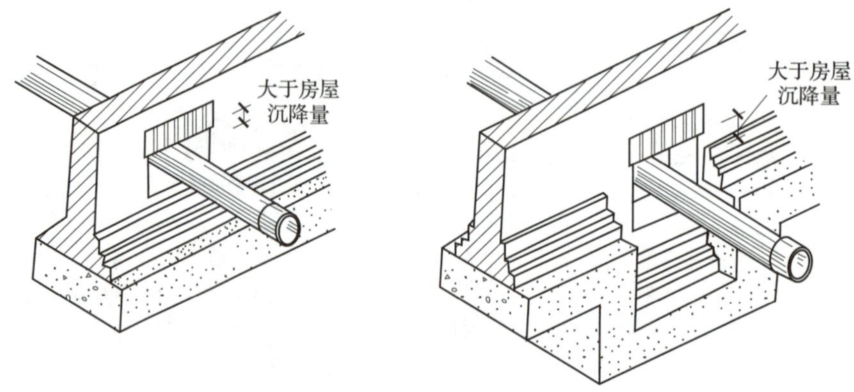

图 2–30　管道穿过室内基础墙的构造处理

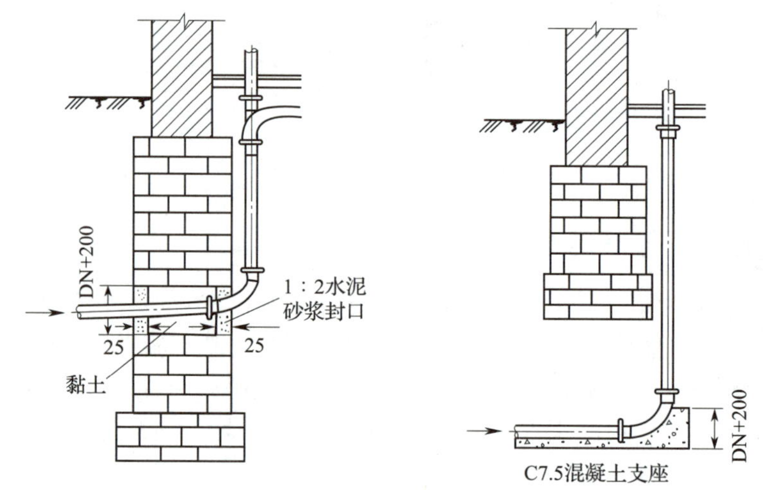

图 2–31　管道穿过室外基础墙的构造处理

3. 导线和电缆埋地敷设时

导线和电缆一般不宜穿过设备基础和建筑物基础，以防沉降时破坏。若必须穿过基础时，导线需用无缝钢管穿管保护，使之具有足够的强度。导线必须整条完整无损，不能在穿墙钢管内有导线接头。钢管穿墙时也应预留孔洞。

4. 地沟穿过建筑物基础墙时

各种管道穿过基础墙时也可设置地沟。地沟的侧壁应用砖砌或混凝土浇筑而成，上部应设预制钢筋混凝土盖板，如图 2–32 所示。

地沟穿过建筑物基础墙时，为防止沉降时破坏地沟，应在墙身下部设置基础梁，使地沟从基础梁下通过，其构造如图 2–33 所示。

5. 当有管道穿过地下室墙体时

管道穿过地下室墙体常见有两种做法：一是采用固定式穿墙管，二是采用活动式穿墙管，如图 2–34 所示。固定式穿墙管适用于墙壁受力较小（如非承重墙）及穿墙管在使用中无振动的情况，具体做法是将管道直接埋设于墙壁中，并把管道与墙壁固

结在一起；活动式穿墙管适用于墙壁受力较大、振动大的情况及某些热力管道，具体做法是先埋设钢套管（也称防水套管），然后在套管内安装穿墙管，由于墙壁沉陷产生的压力作用在套管上，所以对穿墙管起保护作用，同时管道也便于更换，故将其称为活动式穿墙管。

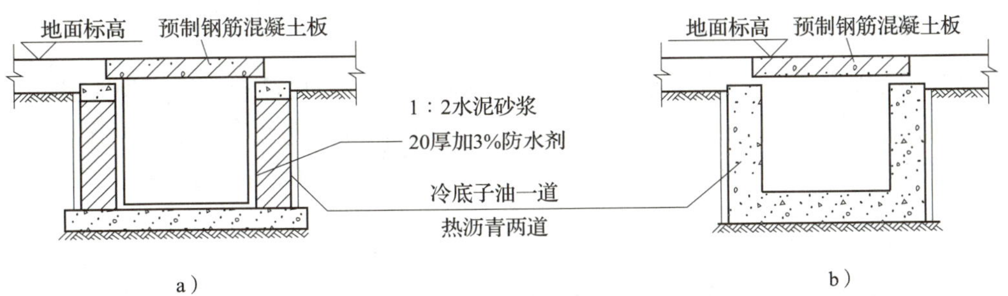

图 2-32　地沟构造

a）砖砌地沟　b）混凝土地沟

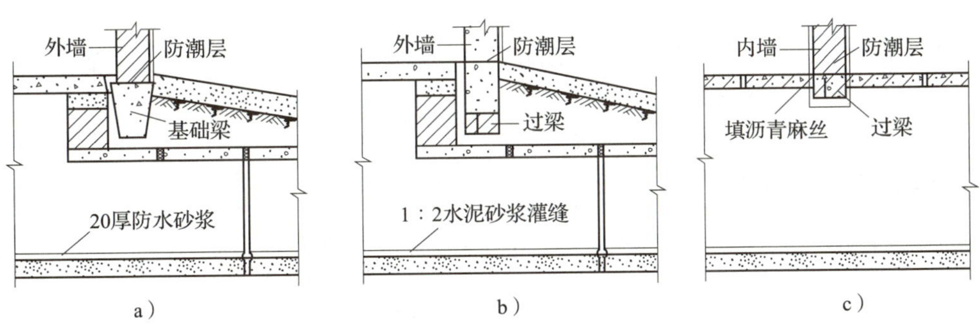

图 2-33　穿墙地沟构造

a）外墙有基础梁　b）外墙无基础梁　c）穿内墙

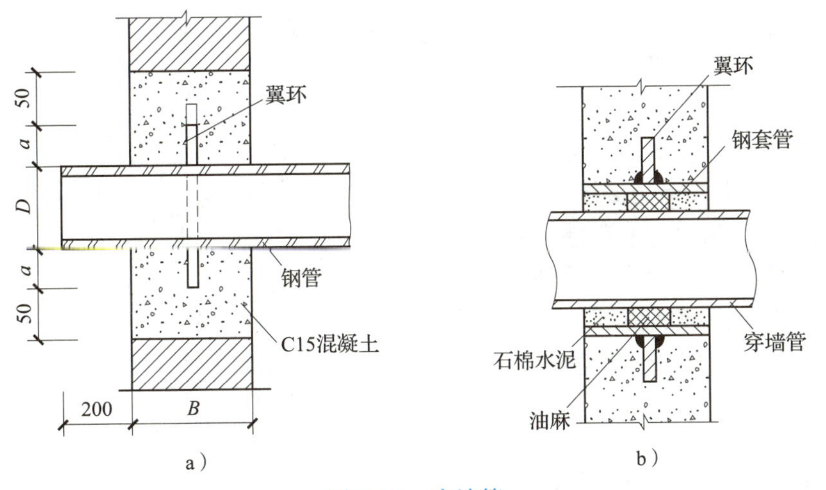

图 2-34　穿墙管

a）固定式　b）活动式

第四节 墙体

一、概述

墙体是建筑物的一个重要组成部分，其耗材、造价、自重和施工周期在建筑的各个组成构建中往往占据重要的位置。由于墙体的技术和经济性能对建筑的施工和适用状况影响极大，人们长期以来一直围绕墙体的基数和经济问题进行不断探索和改革，并取得了较大的进展。

1. 墙体的作用

墙体是房屋的重要组成部分。民用建筑中的墙体一般有以下三个作用。

（1）承重作用

墙体承受着自重及屋顶、楼板（梁）传来的荷载和风荷载。

（2）围护作用

墙体遮挡了风、雨、雪的侵袭，防止太阳辐射、噪声干扰及室内热量的散失，起保温、隔热、隔声、防水等作用。

（3）分隔作用

通过墙体将房屋内部划分为若干个使用空间。

2. 墙体的分类

（1）按墙体在建筑物中的位置分

按墙体所处位置不同，可分为外墙和内墙。外墙起到围护作用，内墙位于建筑物内部，起到分隔室内空间、保证各空间正常使用的作用。

按墙体在建筑物中布置方向不同，可分为纵墙和横墙。沿房屋纵向轴线的墙称为纵墙，沿房屋横向轴线的墙称为横墙，其中外横墙俗称山墙。

两窗之间的墙称为窗间墙，窗台下部的墙称为窗下墙，屋顶之上高出屋面的墙称为女儿墙，如图 2-35 所示。

（2）按墙体受力情况分

按墙体受力情况不同，可分为承重墙和非承重墙。直接承受楼板（梁）、屋顶等传来荷载的墙称为承重墙，不承受这些外来荷载的墙称为非承重墙。非承重墙又分为自承重墙、隔墙、填充墙和幕墙等。框架结构中内、外墙都是填充墙。

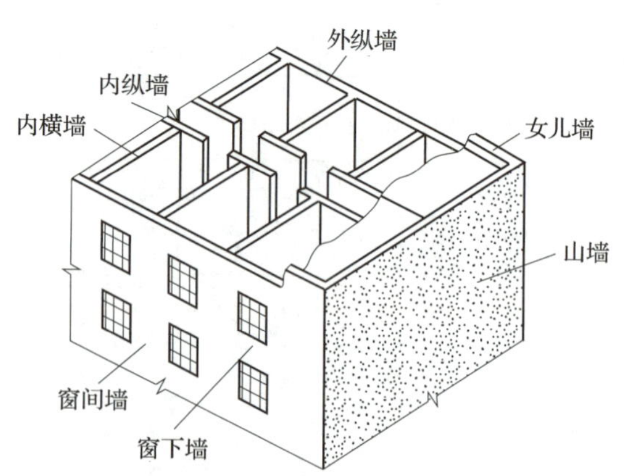

图 2-35　墙体的种类（按墙体在建筑物中的位置分）

（3）按墙体材料分

按墙体材料不同，可分为砖墙、砌块墙、钢筋混凝土墙、石墙等。

（4）按墙体构造方式分

按构造方式不同，可分为实体墙、空体墙和组合墙，如图 2–36 所示。

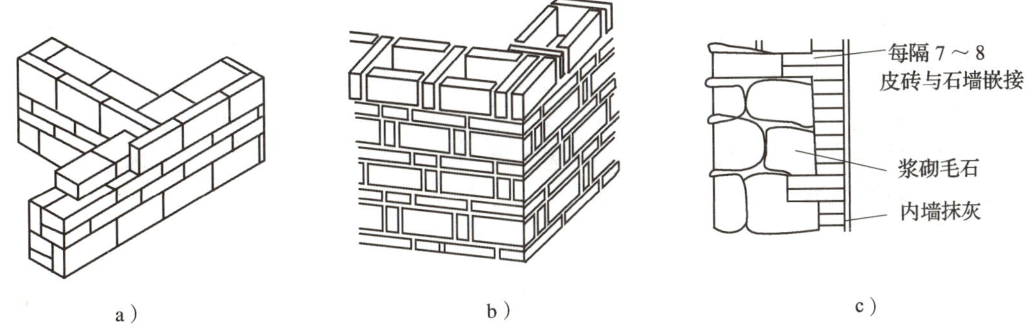

图 2–36　墙体的种类（按墙体构造方式分）

a）实体墙　b）空体墙　c）组合墙（砖、石组合）

（5）按施工方法分

按墙体施工方法不同，可分为块材墙、板筑墙和板材墙。

3. 墙体的构造要求

不同作用的墙体，其要求也各不相同。

（1）所有墙体均应满足强度、刚度和稳定性要求，保证建筑物的坚固性和耐久性。

（2）外墙必须满足保温、隔热、防水、隔声等围护要求，以保证室内具有良好的气候条件和卫生条件。

（3）内墙的隔声要求高于外墙，以避免相邻房间的噪声影响。

（4）墙体应满足防火要求。墙体材料的燃烧性能和耐火极限应符合防火规范的要求，使墙体在建筑物中起到防火分区的作用，阻止火势蔓延。

（5）要适应建筑工业化的要求，尽量采用预制装配式墙体，实现生产工厂化、施工机械化，提高劳动效率。

（6）要减小自重、降低成本，采用新型材料和构造做法。

（7）有些特殊要求的建筑物中，墙体还应满足防潮、防水、防腐蚀、防辐射、防爆等要求。

4. 墙体的结构布置方案

在砖混结构中，墙体作为主要的承重构件，将屋顶、楼板的荷载及自重一起传给基础和地基。根据墙体与上部承重构件（包括楼板、屋面板、梁）的关系不同，会产生不同的承重方案。选择合理的墙体结构布置方案，对建筑物的平面布局、施工、造价等方面均会有较大影响。墙体的承重方案有横墙承重、纵墙承重、纵横墙承重和内框架承重四种方案。

（1）横墙承重方案

横墙承重是将楼板（梁）或屋面板的两端搁置在横墙上，荷载由横墙承受，纵墙只起围护和分隔空间等作用，如图 2–37a 所示。这种布置方案中的楼板沿房屋纵向布置，楼板跨度小，房屋的横墙间距小，横墙数量多，提高了房屋的空间刚度，结构整体性好。但此方案也有缺点，因为横墙间距小，所以只能提供小开间房屋，建筑物的平面布置不灵活，适用于宿舍、住宅等民用建筑。

（2）纵墙承重方案

纵墙承重是将楼板或梁的两端搁置在纵墙上，由纵墙承担荷载。纵墙均为承重墙，横墙只起到分隔空间和围护等作用。这种承重方案的优点是建筑物平面布置灵活，能分隔出较大房间，缺点是因门窗洞口大多开设在房屋纵墙上，对承重纵墙的刚度造成一定影响，所以门窗洞口尺寸有一定限制。这种承重方案适用于需要较大房间的建筑，如教学楼、办公楼等，如图 2–37b 所示。

（3）纵横墙承重方案

纵横墙承重是将楼板或梁布置在纵横墙上，纵横墙均为承重墙。这种承重方案的优点是平面布置灵活、空间刚度好，但楼板规格偏多，施工麻烦，其适用于进深尺寸较大，平面布置复杂的建筑物，如单元住宅、医院、实验楼等，如图 2–37c 所示。

（4）内框架承重方案

房屋内部采用柱、梁组成的内框架承重，四周采用承重墙，由墙和柱共同承受水平承重构件传来的荷载，称为内框架承重，如图 2–37d 所示。房屋的刚度主要由框架保证，因此水泥及钢材用量较多。这种承重方案适用于室内需要大空间的建筑，如大型商店、餐厅等。

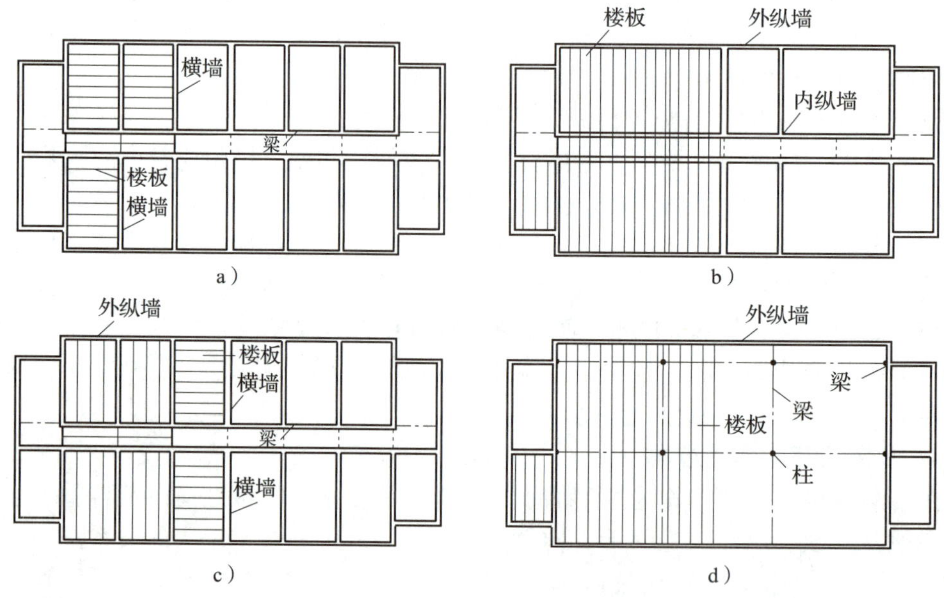

图 2–37　墙体的结构布置方案

a）横墙承重　b）纵墙承重　c）纵横墙承重　d）内框架承重

二、砖墙的基本构造

目前随着新材料、新技术的不断发展和应用，砖墙在建筑中的使用率正在逐步降低。但不同墙体在构造处理方面的原理和做法相差无几。因此，这里以砖墙为例来介

绍墙体构造。

1. 砌墙材料

砖墙主要是由砖和砌筑砂浆两种材料砌筑而成。砖是传统的砌墙材料，按照砖的外观形状可分为实心砖、多孔砖和空心砖三类，其特性、技术要求等详见本教材第一章第三节的内容。砌筑砂浆是能将砖、石、砌块黏结成砌体的一种材料，在砌体中起到黏结、垫层及传递应力的作用，砂浆强度对墙体的强度产生直接的影响，其特性、技术要求等详见本教材第一章第三节的内容。

2. 砖墙的厚度尺寸和组砌方式

（1）砖墙的厚度尺寸

砖墙的厚度尺寸应符合砖的规格，在满足砖墙的承载力要求的同时，还应满足一定的保温、隔热、隔声、防火要求。

用普通砖砌筑的墙称为实心砖墙。因为普通砖的尺寸是 240 mm × 115 mm × 53 mm，所以实心砖墙厚度尺寸应为砌体组合模数（125 mm）的倍数。墙厚与砖规格的关系如图 2–38 所示，砖墙的厚度尺寸见表 2–3。

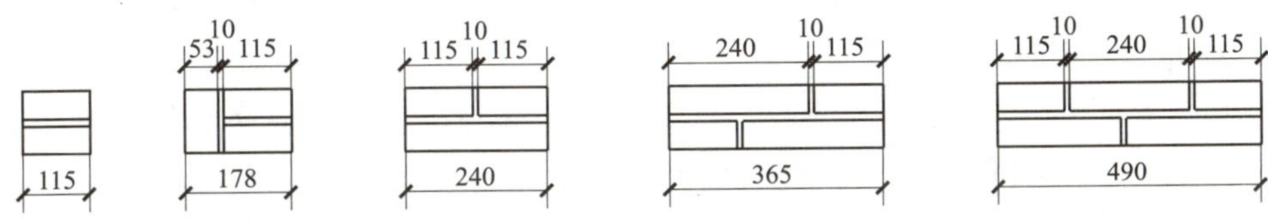

图 2–38　墙厚与砖规格的关系

表 2–3　砖墙的厚度尺寸

墙厚名称	1/4 砖	1/2 砖	3/4 砖	1 砖	1　1/2 砖	2 砖	2　1/2 砖
标志尺寸 /mm	60	120	180	240	370	490	620
构造尺寸 /mm	60	115	178	240	365	490	615
习惯称呼	六零墙	一二墙	一八墙	二四墙	三七墙	四九墙	六二墙

（2）砖墙的组砌方式

砖墙是由砖和砂浆按一定的规律和组砌方式砌筑而成的砌体。组砌是指砌块在砌体中的排列。组砌的方式不但影响墙面的美观，而且影响墙体的力学性能，如果墙体的受力超过本身强度，就会出现裂缝。所以砌筑时应遵循“横平竖直、砂浆饱满、内外搭接、上下错缝”的原则，使砖在砌体中能相互咬合，增加墙体的整体性，保证墙体不出现连续的垂直通缝，确保墙体的强度。砖与砖之间上下皮搭接和错缝的距离不小于 60 mm（或 1/4 砖长）。

1）实心砖墙组砌中把砖的长度方向垂直于墙面砌筑的砖称为丁砖，把砖的长度方向平行于墙面砌筑的砖称为顺砖。上下皮之间的灰缝称为水平灰缝，左右两砖之间的灰缝称为竖缝。

砖墙组砌方式根据墙体细部构造、立面美观和墙体厚度采用不同的方式，常见的有：一顺一丁式、多顺一丁式、梅花丁式、三三一式、全顺式等。

2）空斗墙是用普通砖侧砌或侧砌与平砌相结合砌成的墙体。全部采用侧砌的墙体称为无眠空斗墙，由平砌与侧砌相结合方式砌成的墙体称为有眠空斗墙。无眠空斗墙只能作为非承重墙使用，而有眠空斗墙可作为三层以下承重墙体使用。空斗墙具有节省材料、自重小、隔热效果好的特点，但整体性较差，施工技术水平要求较高，目前在南方小型民居中还有采用。

三、砖墙的细部构造

砖墙的细部构造与墙体材料的关系不大，这里用普通黏土砖来介绍墙体的细部构造。

砖墙的细部构造主要有墙脚、踢脚板、墙裙、窗台、门窗过梁、圈梁、构造柱、烟道、通风道、变形缝等。

1. 墙脚

墙脚通常是指室外地坪以上至室内地坪的部分。墙脚处的细部构造包括勒脚、散水、明沟、防潮层等。

（1）勒脚

勒脚一般是指室内地坪以下、室外地坪以上的一段墙体。勒脚的作用是防止外界碰撞、防止地表水对墙脚的侵蚀、增强建筑物立面效果，所以要求勒脚坚固、防水和美观。勒脚的高度一般应距室外地坪 500 mm 以上或与建筑物首层外窗台平齐。

勒脚的一般做法有抹水泥砂浆或水刷石、加厚墙身并抹灰、镶砌石材、用石材砌筑等，如图 2–39 所示。

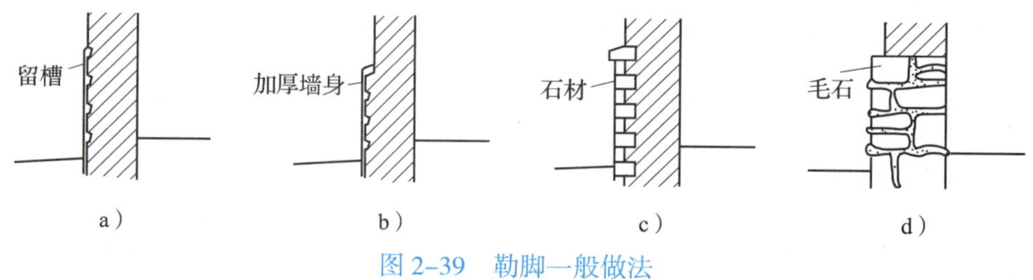

图 2–39 勒脚一般做法

a）抹水泥砂浆或水刷石 b）加厚墙身并抹灰 c）镶砌石材 d）用石材砌筑

（2）散水

散水是与外墙勒脚垂直交接倾斜的室外地面部分，用以排出雨水，保护墙基免受雨水侵蚀。在降水量较少的地区，散水是建筑物的必备构造。

散水宽度一般为 600 ~ 1 000 mm，当屋顶采用无组织排水时应比屋檐挑出的宽度大 150 ~ 200 mm。散水应向外设 3% ~ 5% 的排水坡度。由于建筑物的沉降和勒脚与散水施工时间有差异，在勒脚与散水交接处应留有缝隙，缝内填粗砂或碎石，上嵌沥青胶盖缝，以防渗水。散水整体面层纵向距离每隔 6 ~ 12 m 做一条伸缩缝。散水一般是在室外地坪的夯实土层上做垫层和面层而成的。散水垫层的常用材料有混凝土、粗砂、三合土等；面层材料应为不透水材料，如混凝土、水泥砂浆、砖、块石等。散水常见构造如图 2–40 所示。

在季节性冰冻地区的散水下面应增设厚 300 mm 粗砂垫层；在湿陷性黄土地区则

应采用混凝土、砂浆等不透水材料做散水，且散水宽度不应小于 1 500 mm。

（3）明沟

明沟又称阳沟或排水沟，一般在降水量较大的地区采用，布置在建筑物四周，把屋面下落的雨水引导至集水井，流入排水管道。明沟一般用混凝土浇筑而成，也可采用砖或块石砌筑后用水泥砂浆抹面而成。明沟深度常为 150 mm，宽度不小于 180 mm，槽底应设 1% 的纵向排水坡度。常见明沟构造如图 2–41 所示。

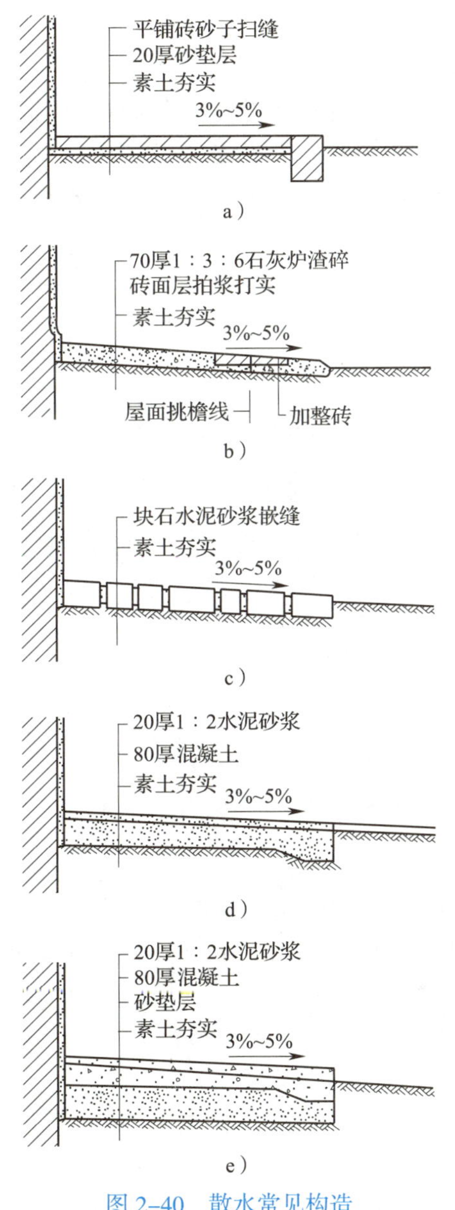

图 2–40　散水常见构造

a）砖散水　b）三合土散水　c）块石散水
d）混凝土散水　e）季节性冰冻地区的散水

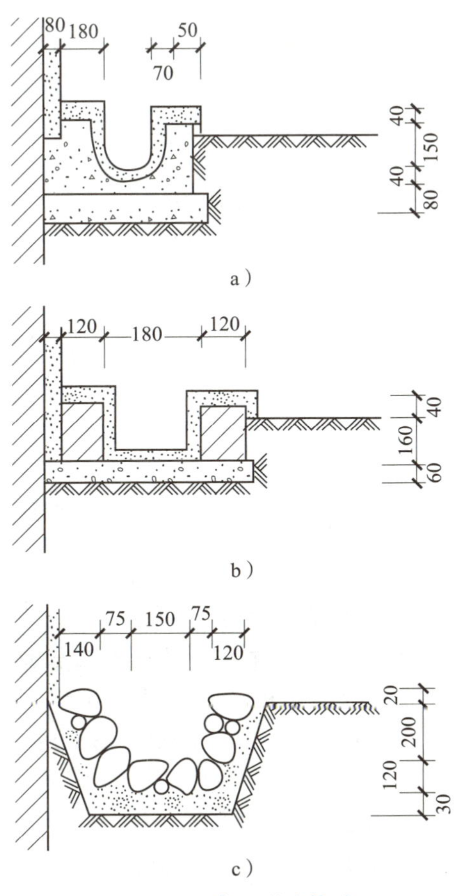

图 2–41　常见明沟构造

a）混凝土明沟　b）砖砌明沟　c）块砌明沟

（4）防潮层

由于地表水的渗透和砖基础的毛细水作用，土层中的水分易从基础墙上升，轻则使墙体饰面层脱落而影响美观，重则使墙身受潮而腐蚀，影响墙体的坚固性和耐久性。为阻止毛细水进入墙身，通常在内、外墙脚部位设置连续的防潮层来隔绝地下毛细水的上升。

防潮层设置位置一般在基础墙的顶部，室内地坪和室外地坪之间，室内地坪以下60 mm 处。如果采用钢筋混凝土圈梁时，可不设防潮层。

2. 踢脚板、墙裙

（1）踢脚板

踢脚板也称踢脚线，是楼地面和墙体相交处的构造处理。踢脚板是为了保护墙面，防止清扫地面时污染墙身而设置的，所以面层材料应美观和易于清洁。

常用的有水泥砂浆踢脚板、木踢脚板、水磨石踢脚板、陶瓷面砖踢脚板和塑料踢脚板等。选用时应与地面材料相适应。

踢脚板的高度一般为 80 ~ 150 mm，如图 2–42 所示。

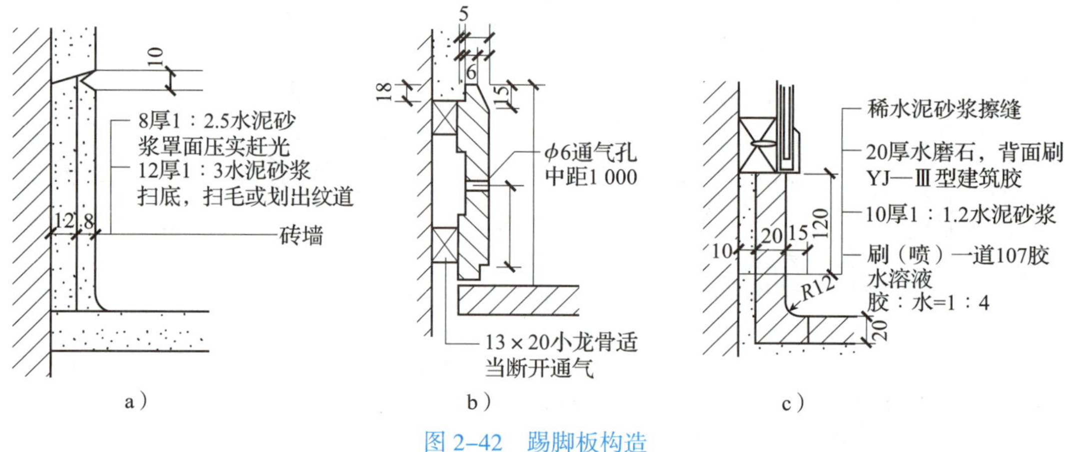

图 2–42 踢脚板构造

a）水泥砂浆踢脚板 b）木踢脚板 c）水磨石踢脚板

（2）墙裙

墙裙可视为踢脚板的延伸，一般高度为 1 200 ~ 1 500 mm，其作用是防止墙身受污染和侵蚀。墙裙常用在人流量较大的公共建筑中，如医院、商场、办公楼、教学楼等的内墙上；在家庭装饰中也有用胶合板随暖气罩同时设置于内墙的做法。墙裙常用材料有油漆和涂料，在厨房、卫生间常采用墙面砖和水泥砂浆、水磨石等材料。

3. 窗台

窗洞口的下部称为窗台，窗台分为外窗台和内窗台。

窗框外的是外窗台，可防止窗洞口底部积水，使水排离墙面。一般窗台应挑出外墙面 60 mm 左右，窗台底面外缘应做滴水槽或鹰嘴线。

窗框内的是内窗台，可排除窗的冷凝水，保护窗洞口下的内墙面，便于清洁和放

置物品。同室内采暖设置相配合，还可以在窗下做暖气槽，上设木制或预制水磨石窗台板，起到一定的美化装饰作用。

外窗台常用的有砖砌窗台、预制钢筋混凝土窗台；内窗台常用的有水泥砂浆抹灰窗台、木窗台、天然石板或砖铺砌窗台、预制水磨石板窗台等。

窗台构造如图 2–43 所示。

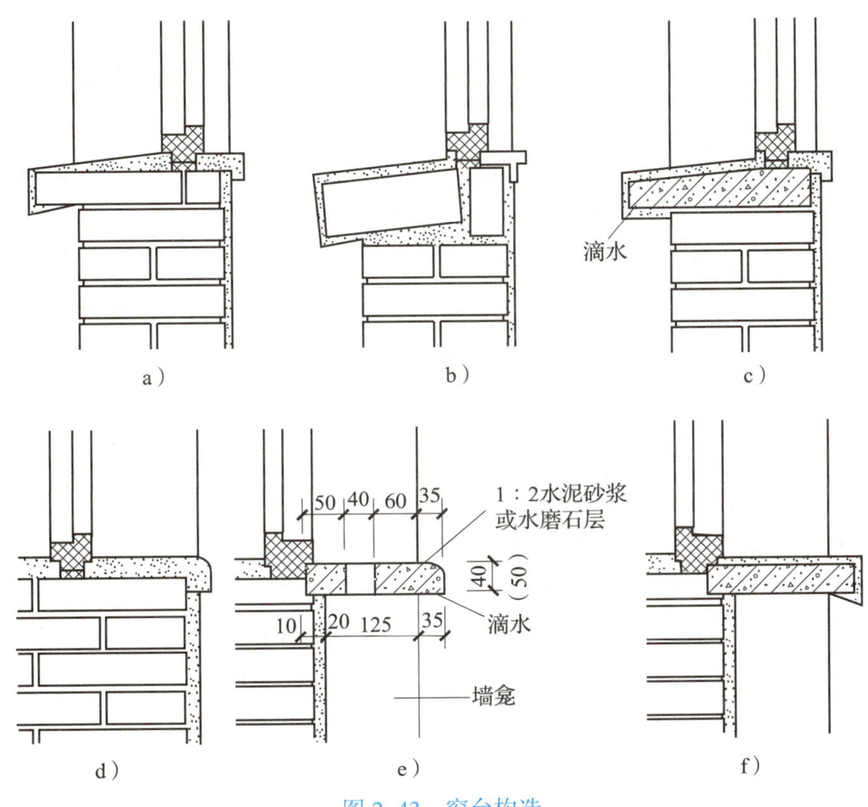

图 2–43 窗台构造

a）砌砖外窗台、抹灰内窗台 b）砌砖外窗台、木内窗台

c）预制钢筋混凝土外窗台、抹灰内窗台 d）抹灰内窗台

e）采暖地区预制水磨石板内窗台 f）采暖地区预制钢筋混凝土内窗台

4. 门窗过梁

过梁是用来支撑门窗洞口上部的砌体和楼板传来的荷载，并把这些荷载传给洞口两侧墙体的承重构件。过梁一般采用钢筋混凝土材料，个别也有采用砖拱过梁和钢筋砖过梁的形式。但在较大振动荷载、可能产生不均匀沉降及有抗震设防要求的建筑中，不宜采用砖拱过梁和钢筋砖过梁。

（1）钢筋混凝土过梁

当洞口较宽（大于 1.5 m），上部荷载较大时宜采用钢筋混凝土过梁。其中预制过梁便于施工，是目前使用最普遍的一种过梁。

钢筋混凝土过梁的梁宽一般同墙体厚度，梁高与砖的皮数相配合，取 60 mm 的倍数，常用的有 60 mm、120 mm、180 mm、240 mm 等。梁两端在墙体上的支撑长度不应小于 240 mm。断面形式常见的有矩形和 L 形两种。在寒冷地区为防止过梁内壁产生冷凝水，使内墙面层污染或脱落，常采用 L 形过梁，使过梁暴露在外墙面的面积最小，防止产生“热桥”现象。为减小自重、节约材料，也可制作空心过梁。钢筋混凝土过梁的构造如图 2-44 所示。

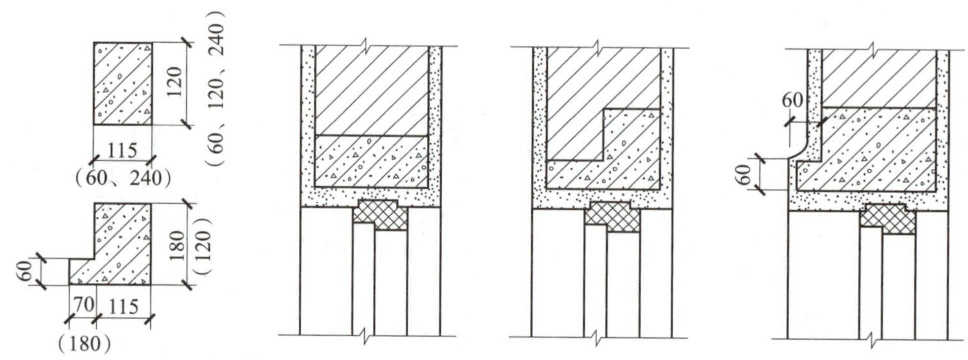

图 2-44 钢筋混凝土过梁的构造

（2）钢筋砖过梁

钢筋砖过梁是用砖平砌，在水平灰缝中加入钢筋的一种过梁。利用钢筋较高的抗拉强度来承受洞口上部的荷载，承载力大大提高，其跨度或达 2 000 mm。

钢筋砖过梁施工时，先支好模板，然后上铺厚 30 mm M5 水泥砂浆，再放入钢筋。钢筋数量为每 120 mm 墙厚不少于 1ϕ6 mm，且不少于 2 根。钢筋两端伸入墙内不少于 240 mm，两端设竖向上弯 90° 弯钩，弯钩高度为 60 mm，钩入砖缝。砌砖的方法同墙体，高度为 5 皮砖，砂浆强度不小于 M5。钢筋砖过梁的构造如图 2-45 所示。

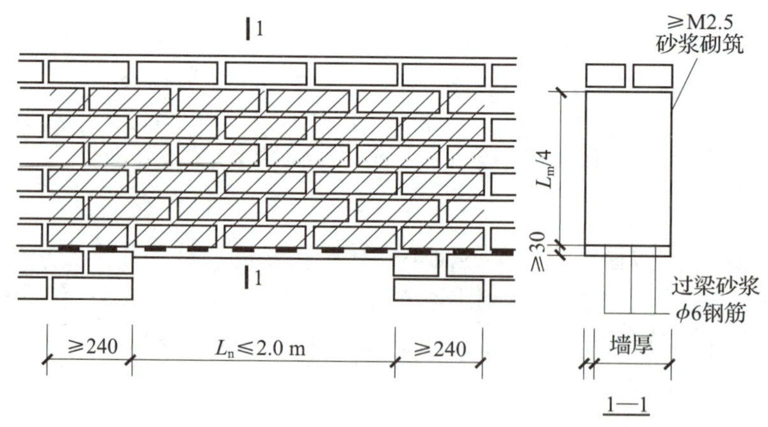

图 2-45 钢筋砖过梁的构造

（3）砖过梁

砖过梁是一种传统的做法，常见的有砖砌平拱过梁、弧拱过梁两种。根据砌筑方式不同，砖砌平拱过梁又有立砖拱、斜形拱和插子拱三种，如图 2-46 所示。

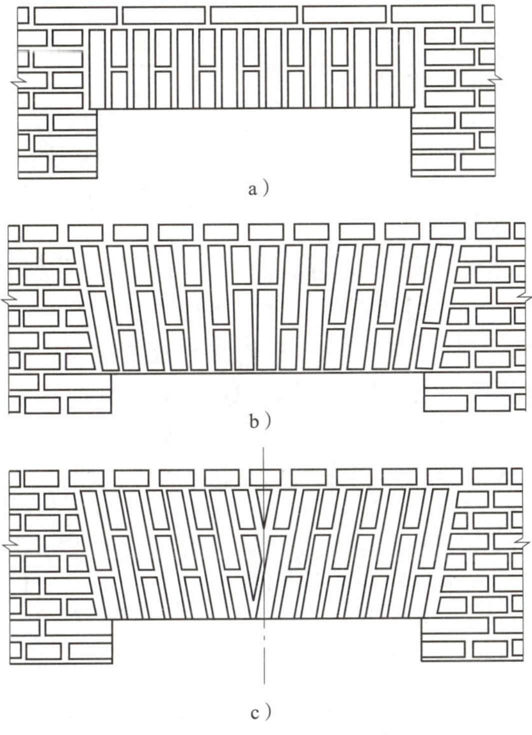

图 2-46 砖砌平拱过梁

a）立砖拱 b）斜形拱 c）插子拱

砖砌平拱过梁的跨度一般为 1 200 mm 左右，起拱高度为跨度的 1/100 ~ 1/50；砖砌弧拱过梁跨度一般为 2 000 ~ 3 000 mm，起拱较大，一般为跨度的 1/15 ~ 1/10，如图 2-47 所示。

砖过梁只用砖和砂浆砌成，不用钢筋，节约水泥，所以造价较低。但施工较为困难，并且承载力较小。因此，砖过梁只适用于上部无集中荷载和振动荷载，无较大基础、不均匀沉降的低层砖混结构中，在地震区不宜使用。

5. 圈梁

为了增强砖混结构房屋的整体刚度，防止由于地基不均匀沉降、温度变化、较大的振动荷载或地震荷载对房屋引起的不利影响，常在房屋的外墙和部分内墙中设置圈梁。

圈梁是沿建筑物外墙四周及部分内墙在同一水平面上设置的连续封闭的梁。

圈梁的位置和数量是根据楼层高度、层数、地基情况等因素来确定的。一般的多层民用砖混结构房屋，当墙体厚度不大于 240 mm 时，宜在檐口标高处设置一道圈梁，基础顶面设置一道圈梁，其他各层可隔层设一道，必要时也可层层设置；在单层房屋中，若墙厚不大于 240 mm 时，檐口高度为 4 ~ 5 m 时，应设一道圈梁，檐口高度大于 5 m 时，应适当增设。当圈梁在墙体中被门窗洞口截断时，应附加圈梁兼做门窗过梁。附加圈梁与圈梁的搭接长度不应小于其垂直距离的 2 倍，且不得小于 1 000 mm。附加圈梁的构造如图 2-48 所示。

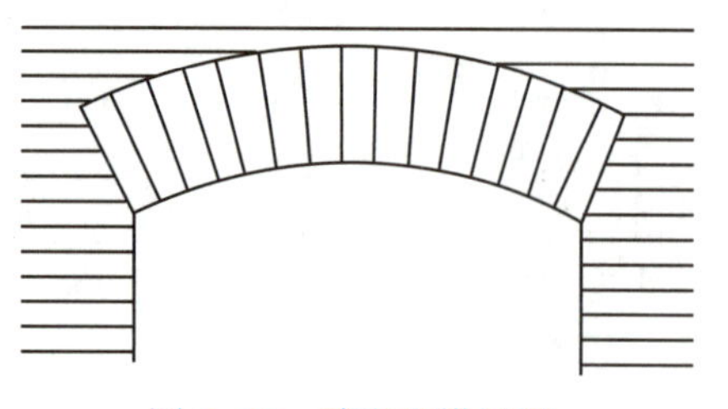
图 2–47　砖砌弧拱过梁

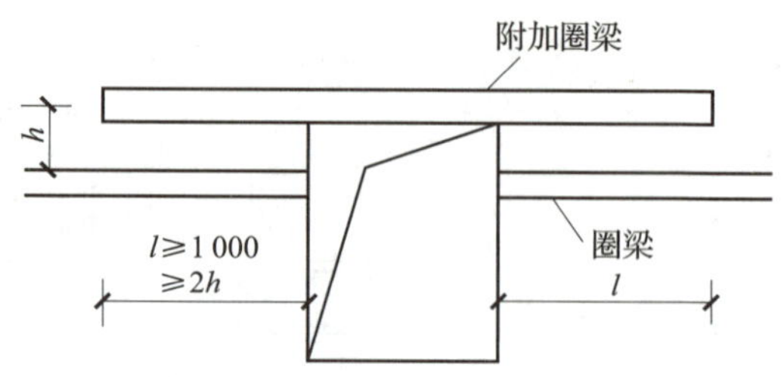

图 2–48　附加圈梁的构造

圈梁有钢筋混凝土圈梁和钢筋砖圈梁两种，目前钢筋混凝土圈梁应用最为广泛。

钢筋混凝土圈梁的宽度一般与墙厚相同，高度不小于 120 mm，梁内纵向钢筋不应小于 4ϕ8 mm，箍筋间距不大于 300 mm。钢筋混凝土圈梁构造如图 2–49a 所示。

钢筋砖圈梁是在圈梁部位的砖墙中埋入通长纵向钢筋，高度为 4 ~ 6 皮砖所形成的。纵向钢筋不应少于 ϕ6 mm，水平间距不大于 120 mm，分上下两层对称设在圈梁顶部和底部的水平灰缝中，砌筑用不低于 M5 的水泥砂浆，构造如图 2–49b 所示。

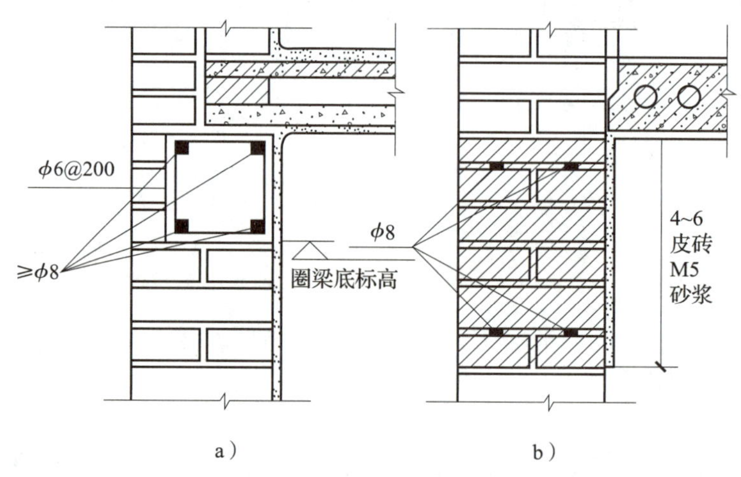

图 2–49　圈梁的构造

a）钢筋混凝土圈梁　b）钢筋砖圈梁

6. 构造柱

由于砖砌墙体是脆性材料，抗震能力较差，因此在 7 度以上抗震设防地区，根据国家有关规定，对砖砌结构房屋应有一定的限制和要求，如限制房屋的高度和层数、限制建筑体型横墙的最大间距、增设墙体壁柱和门垛、设置防震缝等。除此之外，为提高房屋的整体刚度，还应设置圈梁和构造柱，使两者在空间形成整体骨架，提高墙体抵抗变形的能力，使墙体“裂而不倒”。

钢筋混凝土构造柱是从构造角度设置的，而不是从承重角度考虑的，它不是房屋中的承重结构柱，所以称其为构造柱。构造柱一般设置在外墙转角处、内外墙交接处、楼梯间和电梯间的四角，以及较长墙体的中部等处。构造柱下部与钢筋混凝土基础或基础圈梁相连接，上部与各层圈梁和屋面上女儿墙压顶相连接，在墙体内用钢筋与墙体拉接而形成整体。构造柱的最小截面为 240 mm × 180 mm，最小配筋为主筋 4ϕ12 mm，且上下均

与圈梁纵筋连接，箍筋为 ϕ6 mm，间距不大于 250 mm。构造柱下端应伸入底层地坪下 500 mm 处。混凝土强度不低于 C15。构造柱两侧墙体砌筑时应每隔 250 mm 留设大马牙槎，以加强构造柱与墙体的咬合连接，当采用普通砖砌筑马牙槎时，应按砖皮数“四退四出，先退后出”砌筑。构造柱沿高度每 500 mm 设 2ϕ6 mm 的拉接钢筋（也称胡子筋）伸入墙体水平灰缝内不小于 1 000 mm，与墙体连接。构造柱的构造如图 2–50 所示。

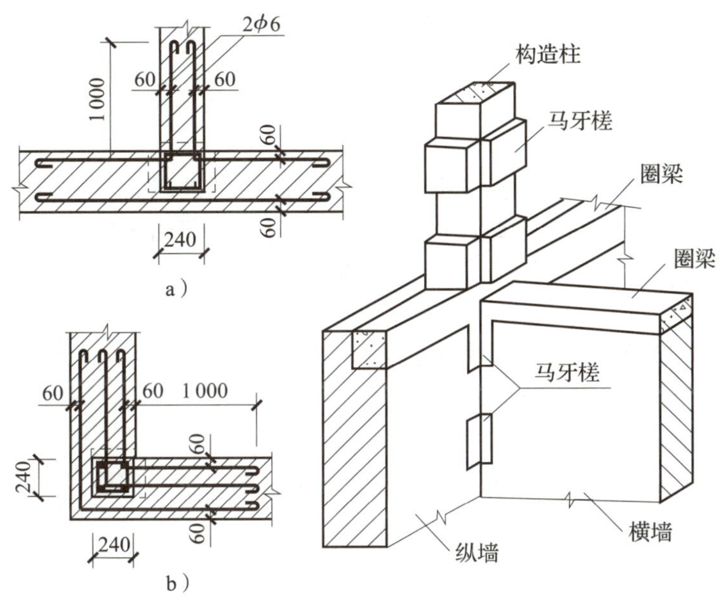

图 2–50　构造柱的构造

a）构造柱与内外墙连接　b）构造转角节点

7. 烟道、通风道

在有燃煤和燃气灶具的厨房中，常在墙内或附墙上砌筑烟道，在无通风高窗的卫浴间设置通风道，以排除室内的烟雾和废气，加强空气对流，调节室内空气。

8. 变形缝

为防止墙体因各种情况产生较大的变形而导致墙体出现开裂并破坏，人为设置的缝称为变形缝。墙体的变形缝包括伸缩缝、沉降缝和防震缝三种。

变形缝设置条件及位置应符合国家有关规定，并且应统一考虑，尽量采用三缝合一的设置方法。

（1）伸缩缝

伸缩缝也称温度缝，是防止建筑物在正常使用条件下由温度差和砌体材料干缩引起的墙体竖向裂缝而设置的变形缝，使建筑物可以自由地在水平方向伸缩变形。

伸缩缝应由基础顶面向上将墙体、楼地面、屋顶等全部断开。由于基础位于地下土层中，由温度差引起的变形量可忽略不计，所以基础不用断开。

伸缩缝的缝宽一般为 20 ~ 40 mm。为防止外界的自然条件（风、雨、雪等）影响房屋内部的正常使用，缝口可砌成平口式、错口式和企口式，并在缝的两侧加以构造处理。伸缩缝的构造如图 2–51 所示。

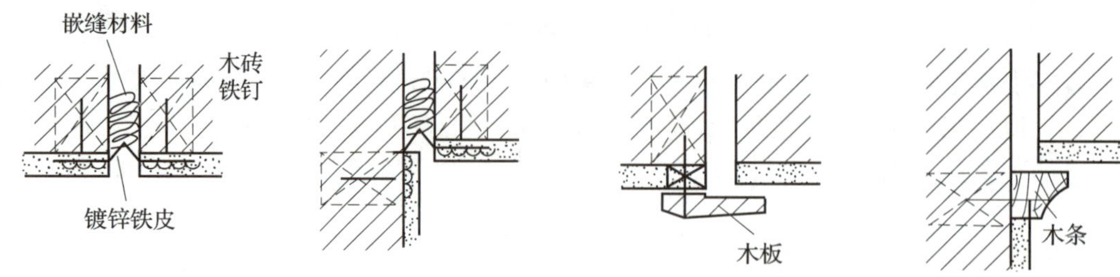

图 2–51　伸缩缝的构造

（2）沉降缝

为防止建筑物各部分由于地基不均匀沉降引起房屋破坏而设置的变形缝称为沉降缝。沉降缝将建筑物从基础到屋顶的全部构件断开，使两侧各为独立的单元，各自自由沉降，互不影响。

沉降缝的设置位置一般在下列部位：

1）建筑物高度或荷载有较大差异的部位。

2）建筑物平面布置形状有转折的部位。

3）建筑物结构类型不同的部位。

4）长高比过大的砌体结构或钢筋混凝土框架结构中适当部位。

5）地基土压缩性质有显著变化的部位。

6）分期建造的房屋施工交接处。

沉降缝的缝宽应根据具体的工程情况而定，因地基土质，建筑物高度、层数不同，取值一般为 30 ~ 120 mm。沉降缝一般兼起伸缩缝的作用，其构造与伸缩缝基本相同。但沉降缝在构造上除应像伸缩缝一样能在水平方向变形外，还应在竖直方向能自由变形，其构造如图 2–52 所示。

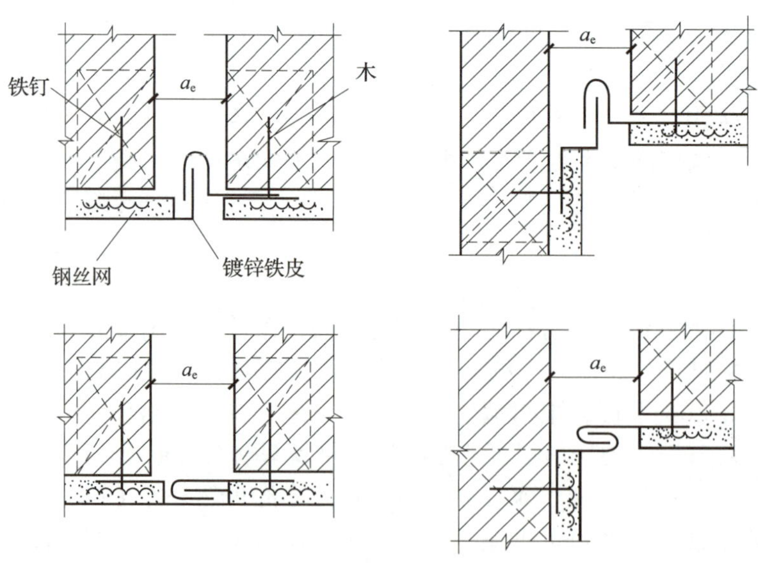

图 2–52　沉降缝的构造

（3）防震缝

为防止建筑物的各部分在地震作用时相互撞击造成变形和破坏而设置的变形缝称为防震缝。为了建筑物抵抗地震作用时具有一定的整体性，设置防震缝时基础不断开，而其他构件全部断开。防震缝的缝宽一般取 50 ~ 70 mm，且为平缝。外墙缝处常用 M 形或 V 形镀锌铁皮遮盖，以防止风雨影响，其构造如图 2–53 所示。

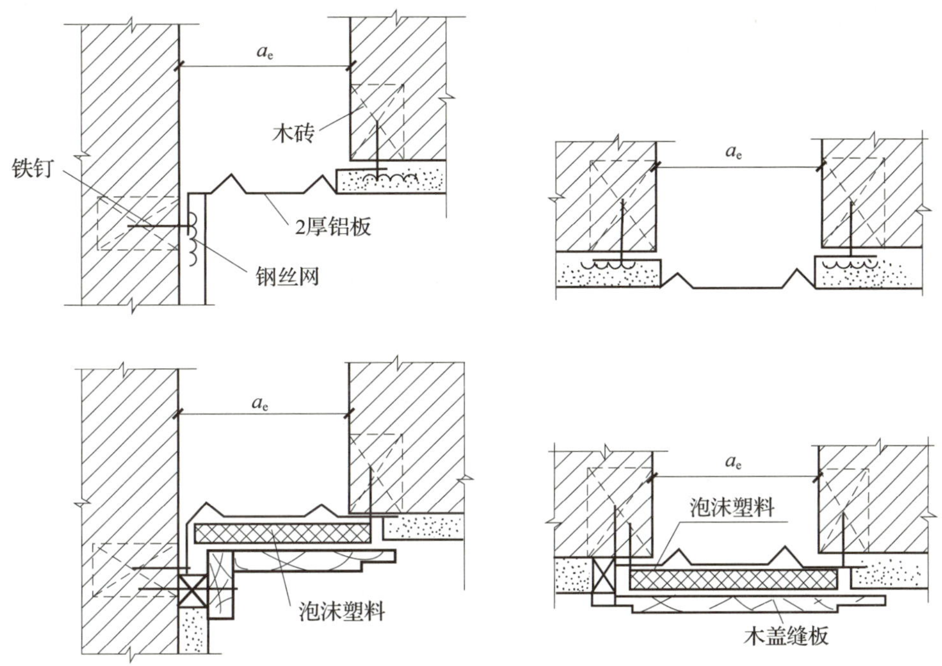

图 2–53　防震缝的构造

四、隔墙

建筑物中分隔室内空间的非承重墙称为隔墙。隔墙应尽量满足轻、薄、隔声、防潮、防火和易于安装与拆卸的要求。

隔墙的类型很多，按构造方式不同可分为三类：砌筑隔墙、骨架隔墙和板材隔墙。

1. 砌筑隔墙

砌筑隔墙通常采用普通砖、多孔砖、空心砖和各种轻质砌块，用砂浆砌筑而成，其取材方便，耐久性、隔声性、防水防潮性和防火性强，但自重大，砌筑工作繁重，拆卸不方便。

（1）普通砖隔墙

普通砖隔墙是采用普通砖合顺式砌筑的半砖墙，墙体厚度为 120 mm，砂浆强度不低于 M5。因墙体较薄，所以当墙体高度大于 3 m，长度超过 5 m 时，沿高度方向每 10 ~ 15 皮砖在水平灰缝中加入 1 ~ 2 根 ϕ6 mm 钢筋与承重墙拉结，加强隔墙的整体稳定性。为防止上部梁、板等构件受力变形，向下压坏隔墙，隔墙与梁和楼板相接处应采用立砖斜砌，或留 30 mm 缝隙并抹灰封口。隔墙上开设门窗时，应在墙内留设预埋

铁件或防腐木砖安装。普通砖隔墙构造如图 2–54 所示。

（2）砌块砖隔墙

为了降低隔墙自重，也常采用轻质砌块（如加气混凝土砌块、水泥矿渣空心砖、粉煤灰硅酸盐砌块等）砌筑隔墙，墙体厚度一般为 90 ~ 120 mm，其自重小、隔声好、隔热保温性能好，砌筑工程量比普通砖隔墙小，但吸水性较大。因此，这种隔墙的根部应先采用水泥砂浆砌筑普通砖 3 ~ 5 皮，起到防水防潮作用。砌块砖隔墙的加固构造基本同普通砖隔墙，其构造如图 2–55 所示。

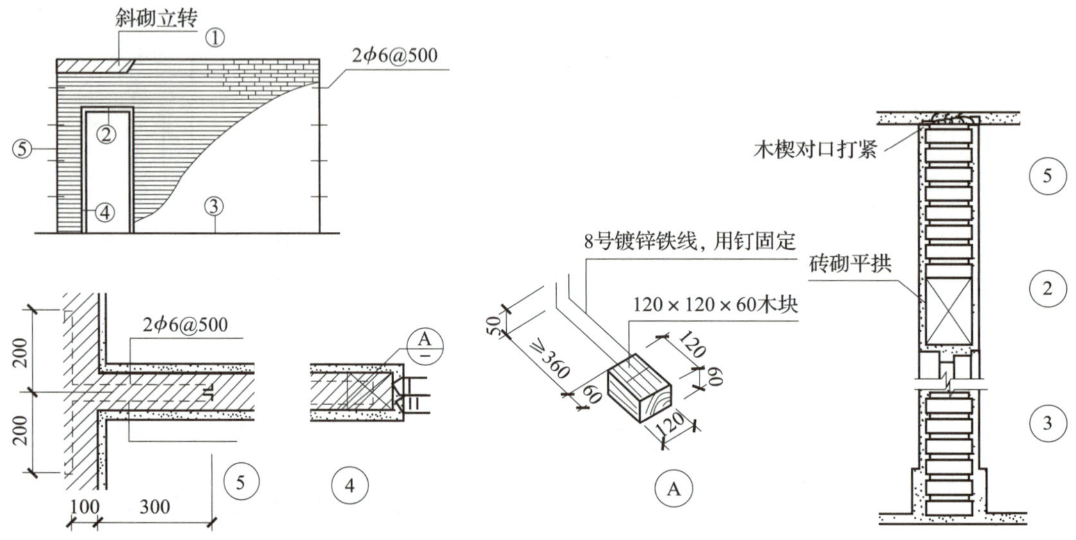

图 2–54　普通砖隔墙构造

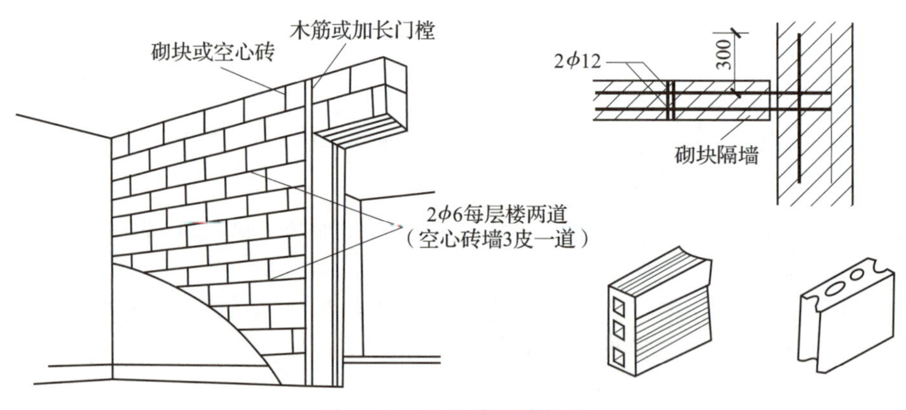

图 2–55　砌块砖隔墙构造

2. 骨架隔墙

骨架隔墙是在房屋内的楼地面之间固定骨架，将轻质面板或面层材料固定在骨架两侧而成的一种隔墙，又称立筋隔墙，常见的有板条抹灰隔墙、立筋面板隔墙等。

（1）板条抹灰隔墙

这种隔墙应先采用普通砖和水泥砂浆在楼地面上砌筑 3 ~ 5 皮砖作为防潮防水处

理，然后用木龙骨制成由上槛、下槛、立柱和斜撑组成的骨架，并在两侧钉长 800 ~ 2 000 mm、宽 24 ~ 45 mm、厚 6 ~ 9 mm 的木质灰板条，在其上抹灰而成。也可在灰板条外再钉上钢丝网片后抹灰，就是钢丝网抹灰隔墙。板条抹灰隔墙因为施工方法落后，防火、防水、防潮、隔声性能较差，目前已很少采用。

（2）立筋面板隔墙

立筋面板隔墙是由木龙骨或轻钢龙骨形成骨架，在两侧铺钉面板而成的隔墙。面板目前常用的有纸面石膏板、纤维石膏板、胶合板、纤维板等。这种隔墙自重小，施工方便、快捷，安装、拆卸方便，造价低，其构造如图 2–56 所示。

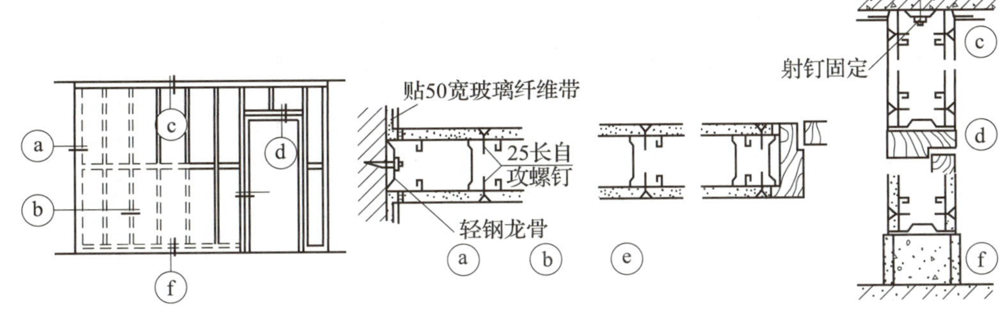

图 2–56　立筋面板隔墙构造

3. 板材隔墙

板材隔墙是指采用单板高度等于房屋净高，面积较大，不依赖骨架而直接装配而成的隔墙。这种隔墙安装方便，施工速度快，可减少现场湿作业，工业化程度高。常用的板材有加气混凝土空心板、石膏空心板、水泥玻璃纤维空心板、泰柏板等。

（1）加气混凝土空心板

加气混凝土空心板是由水泥、石灰、砂、矿渣、粉煤灰加入铝粉作为发气剂而制成的板，长度为 2 700 ~ 6 000 mm，宽度为 600 mm，厚度为 125 ~ 250 mm，采用黏结剂固定板材，板缝刮腻子，其构造如图 2–57 所示。

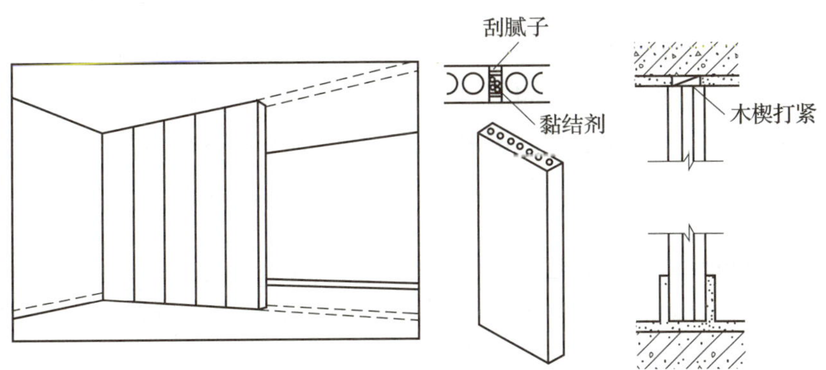

图 2–57　加气混凝土空心板构造

（2）石膏空心板和水泥玻璃纤维空心板

长度为 2 400 ~ 3 000 mm，宽度为 600 mm，厚度为 60 ~ 80 mm，板侧设成企口缝相互拼接。安装和固定时采用黏结砂浆和专用黏结剂进行黏结，构造形式基本同加气混凝土空心板材隔墙。

（3）泰柏板

泰柏板是由点焊 14 号钢丝网笼和可发性聚苯乙烯泡沫塑料板组合而成的墙体材料，长度为 2 140 ~ 4 200 mm，宽度为 1 200 mm，厚度为 70 mm。这种板材质轻，可现场切割和拼接加长，安装方便，施工强度低，保温、隔热性能好，钢丝网上抹水泥砂浆保护层后防水性能较好。但因聚苯泡沫塑料高温时会散发有毒气体，所以在使用部位上有一定要求。泰柏板安装时采用 L 形钢板固定件和膨胀螺栓直接与楼地面、顶棚或其他承重构件连接，表面抹面罩面，其构造如图 2–58 所示。

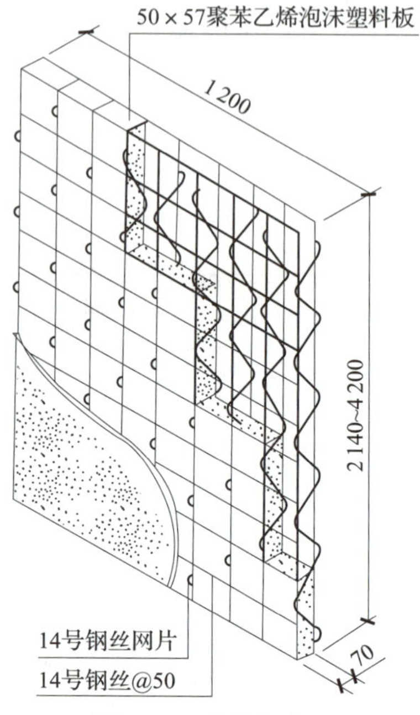

图 2–58 泰柏板构造

五、设备管线敷设与墙的构造处理

建筑物中设置的供热通风、给水排水及电气工程的各种管线在布置时必须沿墙敷设，并且经常穿过墙体，应考虑采用合理的构造措施，处理管线与墙体之间的关系，满足其耐久性、安全性和美观性等方面的要求。

1. 管线沿墙设置构造处理

管线沿墙设置时按安装方法不同有明装和暗装两种。

（1）明装

明装是指管线暴露在墙体外，由固定支架或卡件直接固定在墙面上。这种方法构造简单，安装及维修比较方便，但影响室内美观，一般用于无装修要求的房屋中，如设备间等。

（2）暗装

暗装是指管线不暴露在墙体外的敷设方式，其构造做法有两种类型：一种是施工时，在建筑物内设置集中的管道井，所有管线通过管道井分向各楼层，如图 2–59 所示；另一种是在墙体上开设管槽，槽内布置管线后抹灰。这种做法会因开设管槽而减小墙体厚度，影响墙体强度，只适用于直径较小的管线分散敷设。

2. 管线穿墙构造处理

当有管线穿越墙体时，考虑墙体受力变形或振动会引起构造处失去防水、防潮能力或管线破坏，在构造上可采用固定式穿墙管或活动式穿墙管两种做法，使管线安全、可靠地穿越墙体，满足正常使用时的耐久性和安全性要求。

电缆穿墙时，除可采用上述构造做法外，还可采用刚柔结合的穿墙做法，如图 2–60 所示。

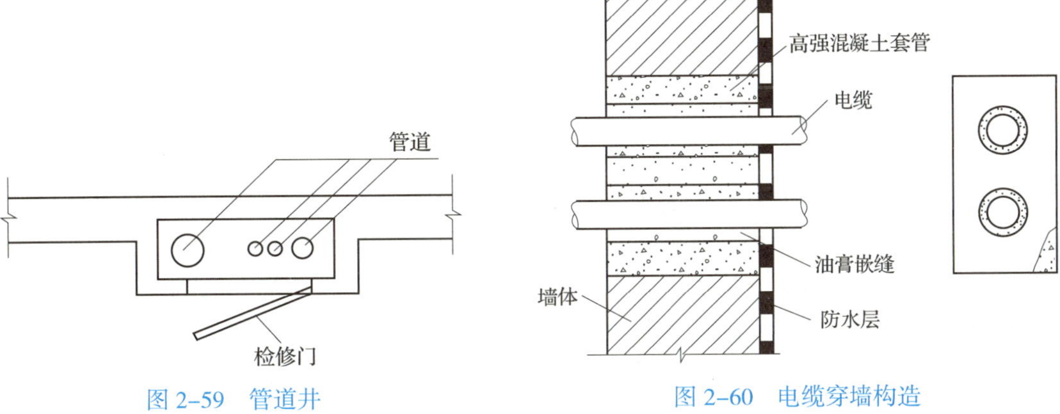

图 2-59　管道井　　图 2-60　电缆穿墙构造

第五节　楼地层

楼地层是地层、楼板层和地面的统称。地层是指最底层房间与土壤相交接处的水平构件，楼板层是指楼房建筑中的水平构件，而地面则是指楼板层和地层的面层部分。它们各处在不同的部位，但关系密切。本节将分别介绍地层和楼板层的构造。

一、地层

地层和楼板层是房屋的重要组成部分，其承受作用在底层地面上的全部荷载，并将这些荷载均匀地传给地基。

1. 地层的组成

为满足一定的耐久性和使用要求，地层的基本组成有面层、垫层和基层。地层的构造层次如图 2-61 所示。

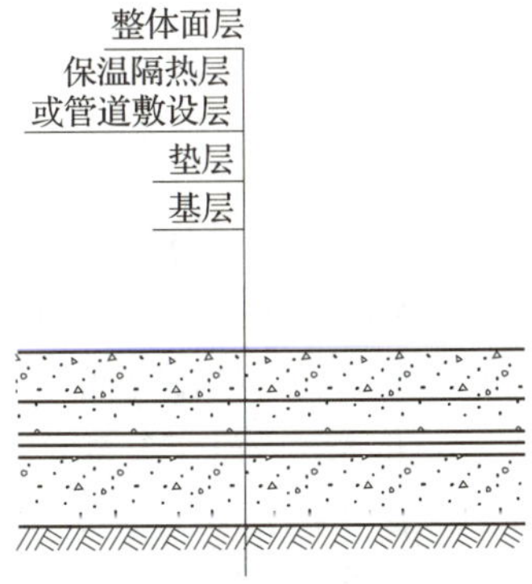

图 2-61　地层的构造层次

2. 构造层次的具体做法

（1）面层

面层按材料和施工方法的不同分为整体面层和块材面层两种。地面名称通常是以面层所用材料的名称和施工工艺命名的。面层直接承受物理作用和化学作用，并对装饰性和耐久性方面起主要作用。

（2）垫层

垫层位于面层与基层之间，为承重层，是承受面层荷载并均匀传递给基层的构造层。根据所用的垫层材料在受力时的变形特性不同分，垫层有刚性垫层和柔性垫层两类。常用的刚性垫层有低强度素混凝土、三合土等，柔性垫层有砂、碎石、炉渣等。

（3）基层

基层是楼地面承重的结构层。楼层的基层为楼板，地面基层为夯实土层。土质较差时，应进行人工处理才能使用。

二、楼板层

1. 楼板层的作用、组成与楼板的分类

（1）楼板层的作用

楼板层是建筑物中最重要的水平分隔及承重构件。楼板层将房屋沿垂直方向分隔为若干层，以满足人们的使用要求；同时承受楼层上的全部荷载并安全可靠地传给梁、柱或墙体；楼板层还对墙体起到水平支撑作用，增加了建筑物的整体刚度，使其抵抗由风和地震引起的水平力的能力提高；此外，为了满足人们的正常使用要求，楼板层还应有防火、防水、防腐、防潮、保温隔热、隔声、美观等作用。

（2）楼板层的组成

楼板层的主要构造层次由面层、垫层、结构层和顶棚四部分组成。如有一些功能要求时，还可增设防水层、隔声层、保温层、管道敷设层等附加层。楼板层的构造层次如图 2-62 所示。

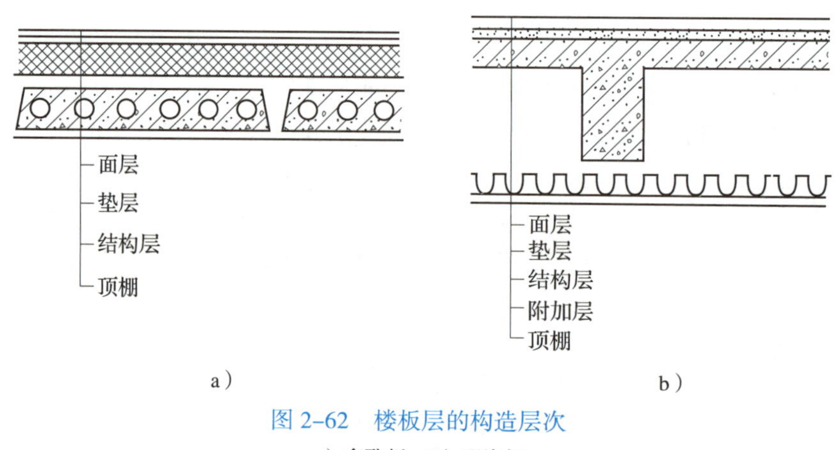

图 2-62　楼板层的构造层次

a）多孔板　b）现浇板

（3）楼板的分类

根据所采用的材料不同，楼板可分为砖拱楼板、木楼板、钢筋混凝土楼板和压型钢板等类型，如图 2-63 所示。

砖拱楼板施工复杂，抗震性能差，楼板层过高并且自重大、跨度小，顶棚不平整，目前很少采用。

木楼板构造简单、自重小、保温好，但其防火、防水、隔声、防腐、防虫性能差，除房屋内设有轻质阁楼或需一定装饰效果以外极少被采用。

钢筋混凝土楼板强度高、刚度大，耐久性、耐火性和防水性好，可现场浇筑各种形状和尺寸，也可预制拼装，因而被广泛采用。

压型钢板施工过程中无须大量模板，施工周期短、强度大、刚度大、整体性好，便于管线敷设，但耗钢量大、成本高，故目前只在大空间或高层钢结构建筑中采用较多。

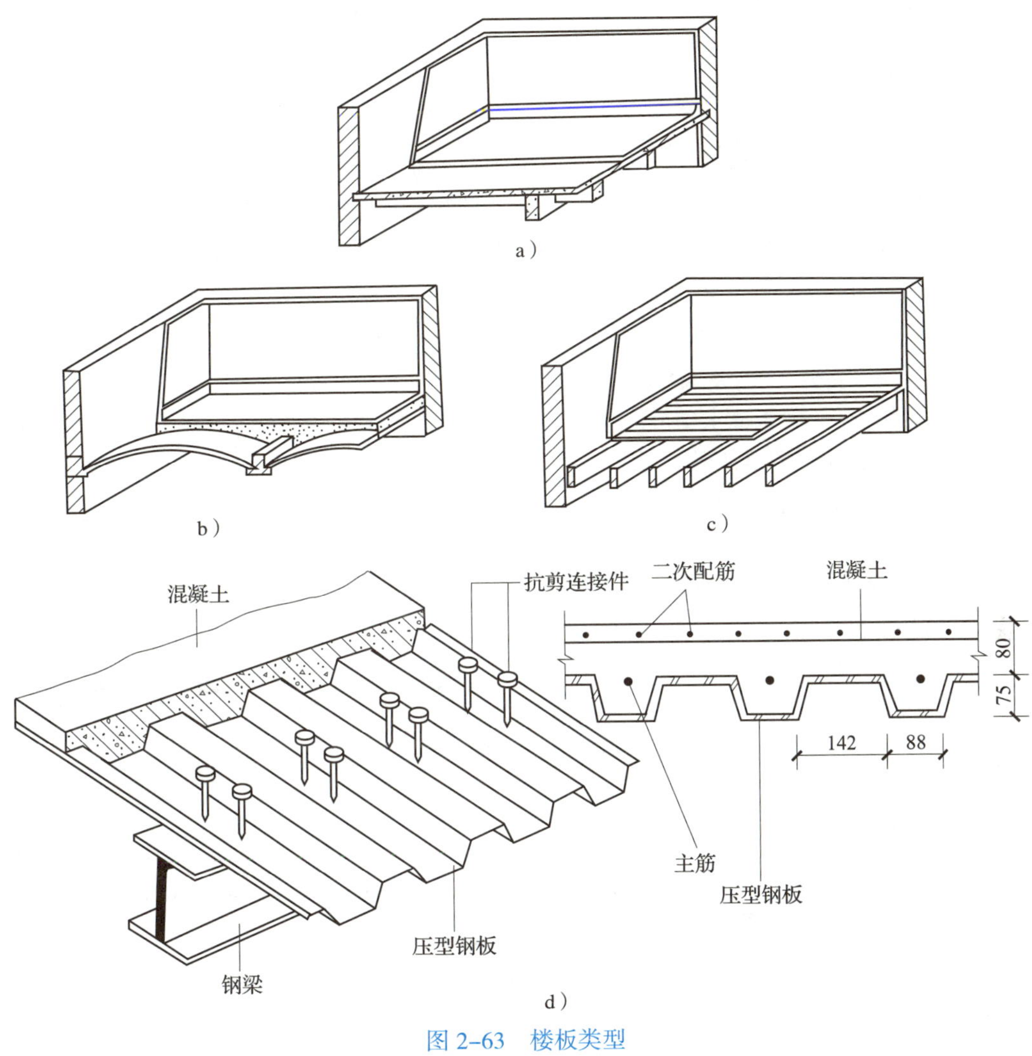

图 2-63　楼板类型

a）钢筋混凝土楼板　b）砖拱楼板　c）木楼板　d）压型钢板组合楼板

2. 现浇式钢筋混凝土楼板

现浇式钢筋混凝土楼板是房屋墙体或柱施工到楼板底面结构标高后，现场支设模板、绑扎钢筋、浇捣混凝土，经养护达到施工规范规定的强度后拆模而形成的楼板。这种楼板成型自由、整体性好、抗震性强、防水性能优良，并且设备管道留洞、设置埋件及暗铺电路套管较为方便。但施工过程中模板及支撑的用量大、工期长，为湿作业，故工人劳动强度大，且施工时受季节、环境温湿度和施工人员技能水平等因素影响，工程质量易产生波动。

现浇式钢筋混凝土楼板根据其结构形式和传力情况分为板式楼板、梁板式楼板、无梁式楼板和压型钢板组合楼板。

（1）板式楼板

当房屋承重墙间距不大时，将板直接搁置在墙上，板内不设梁，这种楼板称为板式楼板。这种楼板具有施工支撑方便简单，板底平整美观等优点，但板的跨度超过一定范围时不经济，因而其多用于小跨度房间，如厨房、卫生间、走廊等。板式楼板的经济跨度为 2 ~ 3 m，厚度为 70 ~ 80 mm。

（2）梁板式楼板

梁板式楼板也称肋形楼板，是现浇楼板中最常见的一种形式，由梁、板组合而成。根据梁的构造情况，梁板式楼板可分为单梁式楼板、复梁式楼板和井式楼板。

1）单梁式楼板。当房间尺寸不大时，可仅在一个方向设梁，梁直接支撑在墙上，称为单梁式楼板，适用于教学楼、办公楼等民用建筑，如图 2–64 所示。

2）复梁式楼板。复梁式楼板是由板、次梁和主梁组成的梁板式楼板，适用于房间面积较大的建筑。主梁一般沿房间短跨度布置，由墙或柱支撑，经济跨度为 5 ~ 8 m，梁高为跨度的 1/14 ~ 1/8，梁宽为梁高的 1/3 ~ 1/2；次梁垂直于主梁方向布置，由主梁支撑，截面尺寸比主梁小，经济跨度为 4 ~ 6 m，梁高为跨度的 1/18 ~ 1/12，梁宽为梁高的 1/3 ~ 1/2，板支撑在次梁上，跨度一般为 1.7 ~ 2.7 m，板的厚度不小于 60 mm，如图 2–65 所示。

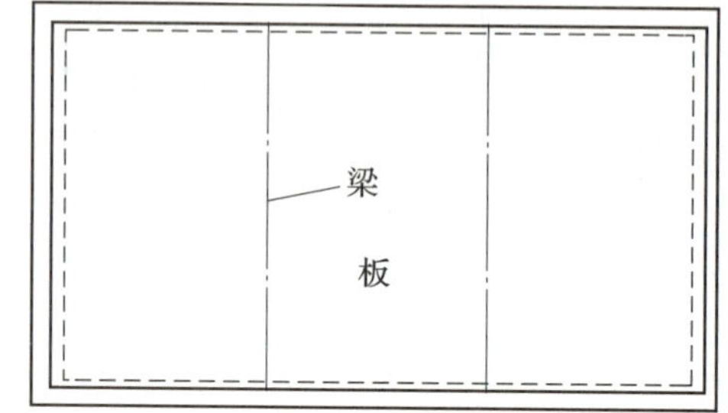

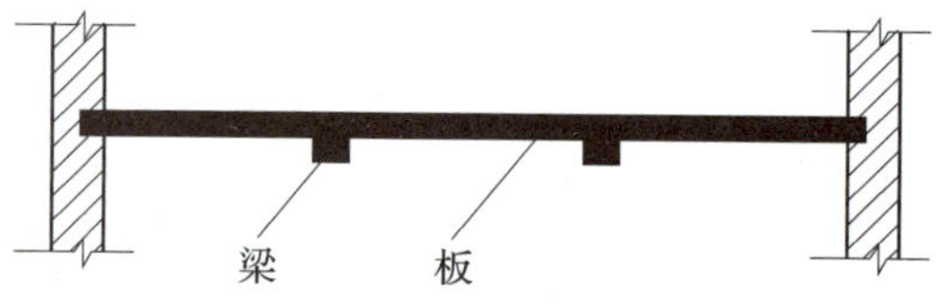

图 2–64　单梁式楼板

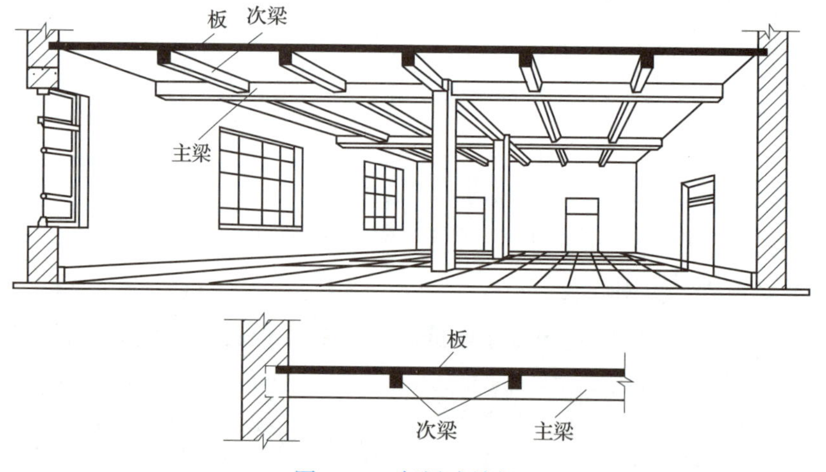

图 2–65　复梁式楼板

3）井式楼板。井式楼板是梁板式楼板的一种特殊形式，其板下布置两个方向的等距离、等截面梁，无主次梁之分，形成井格式梁板结构；中部不设柱，常用于跨度 10 m 左右，长短边之比小于 1 的类似方形公共建筑的门厅、大堂等处。因为其板底的梁格整齐划一，较为美观，所以也具有一定的装饰效果，如图 2–66 所示。井式楼板的梁高为跨度的 1/35 ~ 1/30，梁宽为 80 ~ 100 mm，梁间距为 2.5 m，板的厚度不小于 40 mm。

井式楼板的布置方式有正井式和斜井式两种，如图 2-67 所示。

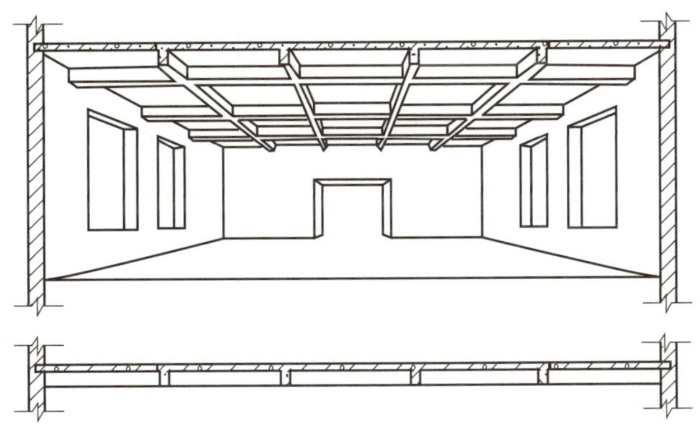

图 2-66 井式楼板

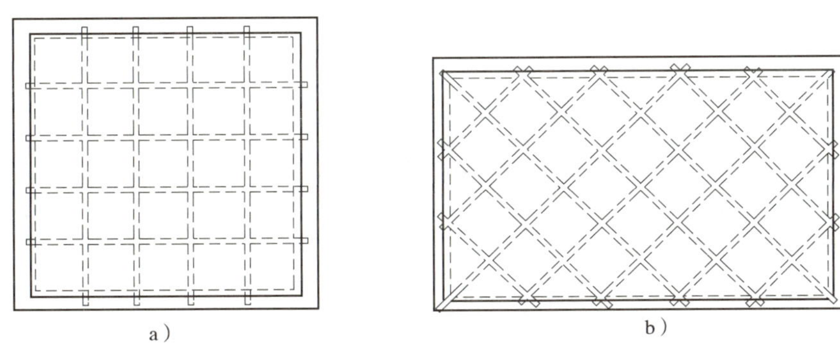

图 2-67 井式楼板的布置方式

a）正井式 b）斜井式

（3）无梁式楼板

无梁式楼板为等厚的平板直接支撑在带有柱帽的柱上，板下不设梁。无梁式楼板的板底平整美观，有利于采光、通风，便于安装管道和布置电路，易于保证足够的房间净高。但其结构刚度小，不适用于承受较大集中荷载。无梁式楼板柱网多为方形，经济柱距为 6 m，板的厚度不宜小于 120 mm，如图 2-68 所示。

（4）压型钢板组合楼板

压型钢板组合楼板由钢梁、压型钢板、现浇混凝土、连接件等几部分组成，其构造做法是用截面为凹凸形的钢板作为底衬永久性模板，由抗剪栓钉将压型钢板和钢梁组合成整体，上现浇钢筋混凝土面层，从而形成整体性强的楼板结构。钢梁的间距即楼板的跨度为 1.5 ~ 4 m，经济跨度为 2 ~ 3 m。

3. 预制装配式钢筋混凝土楼板

预制装配式钢筋混凝土楼板是将楼板层分为板和梁等若干构件，由预制厂生产或现场预制好，然后使用吊装机械现场进行安装拼合而成的楼板，其优点是可节省模板和支撑，无较多湿作业，改善了工作条件，加快了施工进度，便于组织工厂化、机械

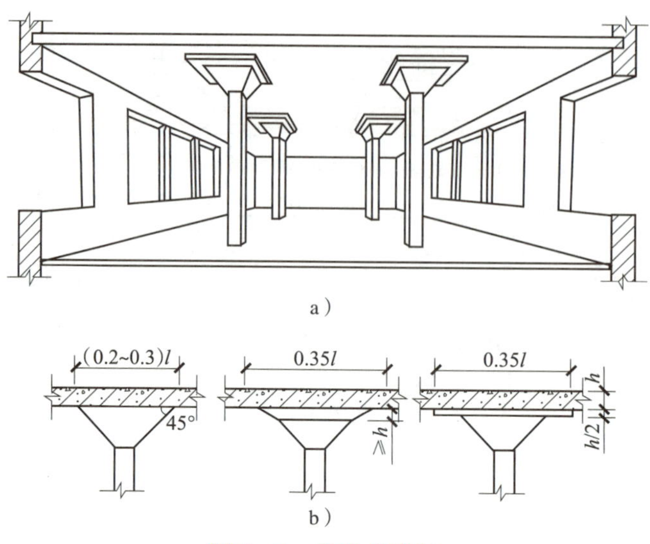

图 2–68　无梁式楼板

a）无梁式楼板透视　b）柱帽形式

化施工。和现浇楼板相比其用钢量较少，构件质量波动不大，强度易于保证。但这种楼板的整体性、防震性能和刚度不如现浇楼板好，防水性能差，不宜在厨房、卫生间等对防水要求较高的建筑部位使用。

预制装配式楼板常见类型有实心平板、空心板、槽形板等。

（1）实心平板

实心平板预制简单，节约模板。但因为自重较大，实心平板只适用于跨度不大的建筑部位，如走廊、平台板、阳台栏板、地沟盖板等。实心平板的厚度一般为 50 ~ 80 mm，宽度为 400 ~ 900 mm，经济跨度≤ 2.4 m，如图 2–69 所示。

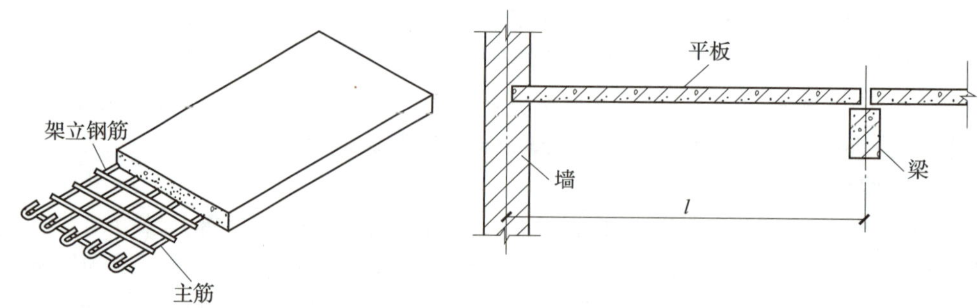

图 2–69　实心平板

（2）空心板

空心板是在制作时采用板腹抽孔的方法，在混凝土浇捣完毕后将预埋管立即抽芯，经养护而成的楼板。孔的形状有方孔、椭圆孔和圆孔等，以圆孔最为常见，如图 2–70 所示。

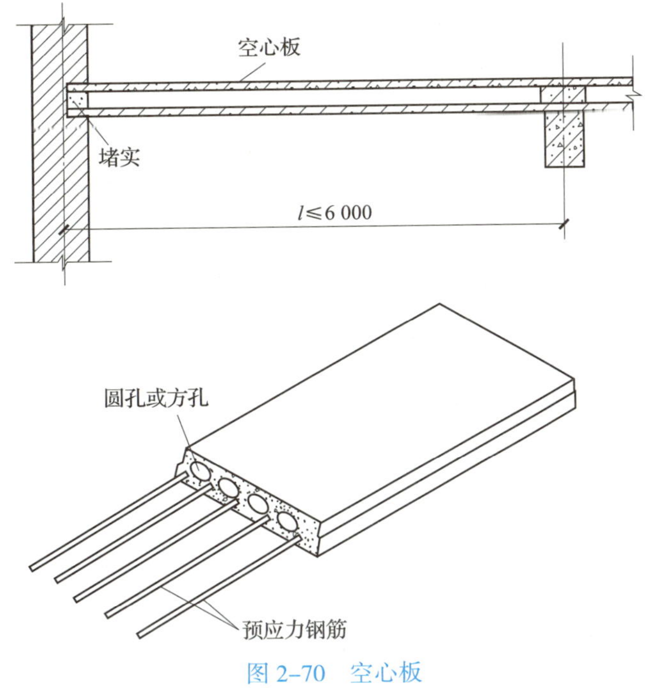

图 2–70　空心板

空心板上下板面平整，隔声、隔热效果好，节省材料，自重小，跨度较大。板的两侧做成斜面或凹口形状，板拼装后的侧缝形成 V 形、U 形或凹形缝，如图 2–71 所示，灌以细石混凝土后可增加楼板整体性，并防止出现板缝漏水的现象。当板缝宽度大于 20 mm 时，应在缝内设纵钢筋。板在制作时也可加入预应力钢筋，增加跨度，减少材料用量。

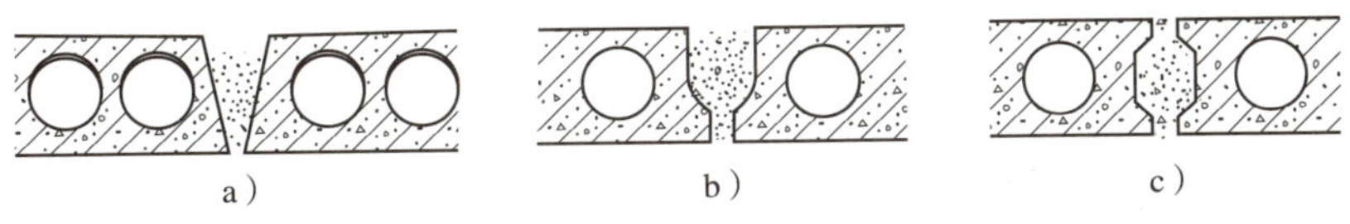

图 2–71　楼板侧缝的接缝形式

a）V 形缝　b）U 形缝　c）凹形缝

空心板厚度有 120 mm、150 mm、180 mm、240 mm 等，宽度有 500 mm、600 mm、900 mm、1 200 mm 等，跨度一般为 2.4 ~ 6 m，应用时可直接采用各省市标准图集。

（3）槽形板

槽形板是一种梁板合一的构件，板肋起到梁的作用，楼面荷载由板面传给板肋，再由板肋传到墙或梁上，受力合理，并且板肋也大大提高了板的刚度，因此，槽形板面板很薄，厚度仅为 25 ~ 30 mm，板肋高度为 150 ~ 300 mm，板跨也比其他预制板大，一般为 3 ~ 7.2 m，当板超过 6 m 时，每隔 1 000 ~ 1 500 mm 增设横肋一道，以提高刚度。

槽形板按槽口的朝向不同分为正槽板和反槽板两种。正槽板槽口向下，受力合理，板面留洞方便，但板底不平整；反槽板槽口向上，板底平整，槽可填轻质材料，隔声、保温效果比正槽板好，但受力不合理，如图 2–72 所示。

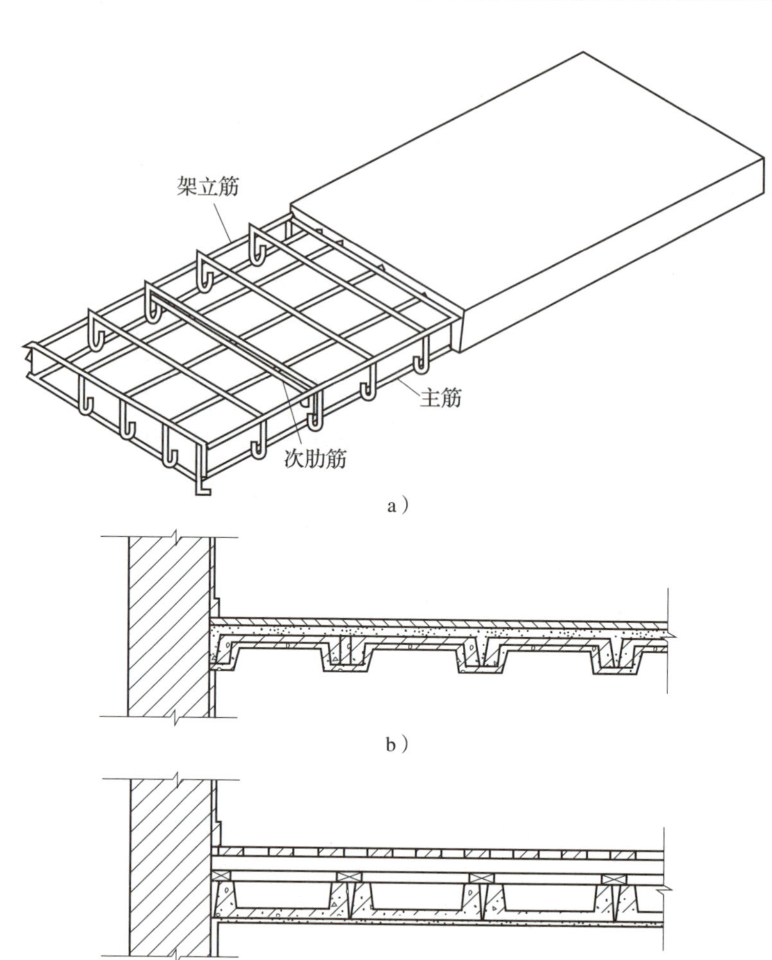

图 2–72　槽形板

a）槽形板结构　b）正槽板　c）反槽板

4. 钢筋混凝土梁

在小开间房屋中承重墙的间距不大时，预制楼板可直接搁置在承重墙上，但在大开间房屋中，承重墙间距过大，预制楼板跨度不满足要求时，可按需要在房间内增设梁来支撑楼板。钢筋混凝土梁的常见断面形式有矩形梁、T 形梁、花篮梁、十字梁等，如图 2–73 所示。

5. 顶棚

顶棚是楼板层或屋顶下面的装修层，又称天棚或天花板，其构造做法有直接式顶棚和悬吊式顶棚两种。

（1）直接式顶棚

直接式顶棚是指在楼板下直接抹灰、喷刷涂料或粘贴饰面材料所形成的顶棚。室内装饰要求不高的大量性建筑中，可在板底稍做修补抹灰后直接喷刷涂料；室内装饰要求较高或有保温、隔热、吸声要求时，可在板底粘贴壁纸、墙布或装饰板材。直接式顶棚的常见做法如图 2–74 所示。

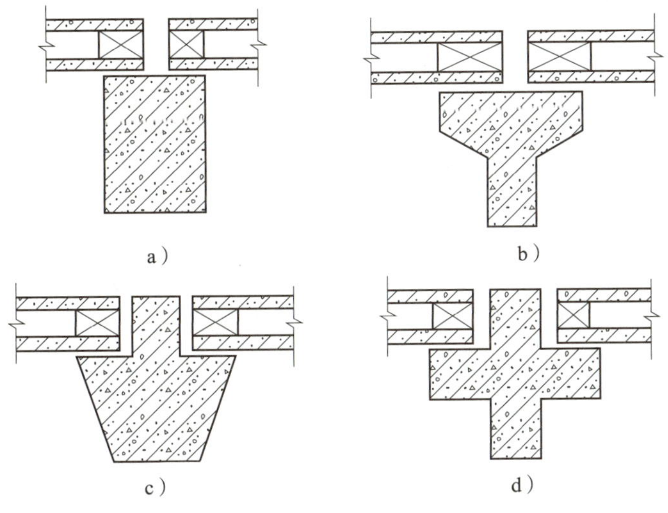

图 2-73　钢筋混凝土梁的常见断面形式

a）矩形梁　b）T 形梁　c）花篮梁　d）十字梁

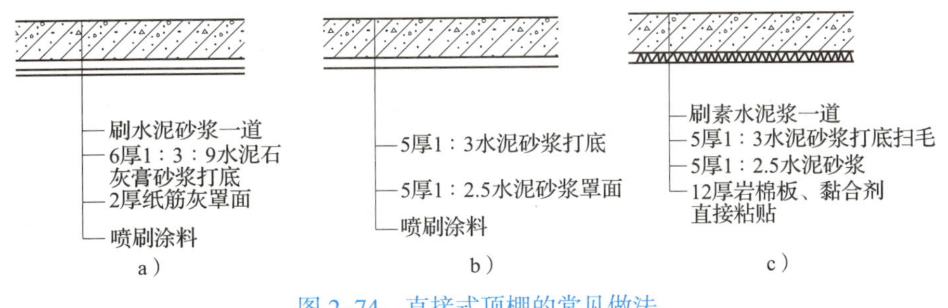

图 2-74　直接式顶棚的常见做法

a）抹灰顶棚　b）喷刷顶棚　c）粘贴顶棚

（2）悬吊式顶棚

悬吊式顶棚也称吊顶，是指悬挂在屋顶或楼板下，由骨架和面板所组成的顶棚。吊顶构造复杂、施工麻烦、造价较高，一般用于装修标准较高而楼板底部不平或楼板下面敷设管线的房间及有特殊要求的房间。

吊顶由龙骨和面板组成。龙骨用来固定面板并承受其重力，一般由主龙骨（又称主格栅）和次龙骨（又称次格栅）两部分组成。主龙骨通过吊筋与楼板相连，一般单向布置；次龙骨固定在主龙骨上，其布置方向和间距视面层材料和顶棚外形而定。主龙骨按所用材料不同分为木龙骨和金属龙骨两种。为节约木材、减小自重及提高防火性能，现多采用薄钢带或铝合金制作的轻型金属龙骨。面板有木质板、石膏板和铝合金板等。

1）木龙骨吊顶。木龙骨吊顶的主龙骨截面一般为 50 mm × 70 mm 方木，中距为 900 ~ 1 200 mm，用 ϕ8 mm 螺栓钢筋或 ϕ6 mm 钢筋与钢筋混凝土楼板固定，如图 2-75 所示。次龙骨截面为 40 mm × 40 mm 方木，间距根据面板规格而定，一般为 400 ~ 500 mm，通过吊木垂直于主龙骨单向布置。

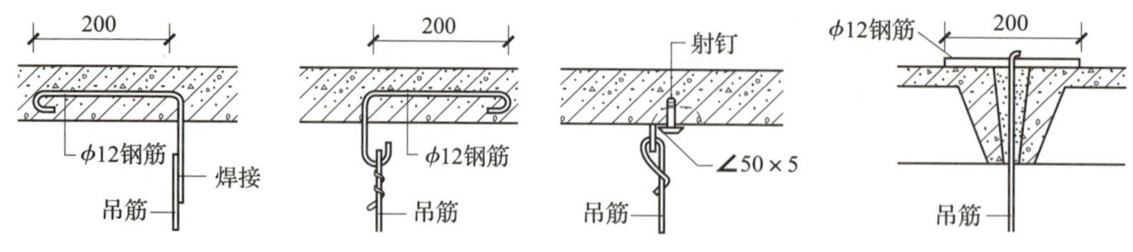

图 2–75　吊顶与楼板的固定方式

当面板采用板条抹灰时，可直接在次龙骨上钉板条，再抹灰，即形成传统的板条抹灰顶棚，如图 2–76a 所示。这种顶棚造价较低，但抹灰湿作业量大，面层易出现龟裂，甚至破坏脱落，且防火性能差。若在板上加钉一层钢板网再抹灰，即形成板条钢板网抹灰吊顶。这种吊顶可防止抹灰层的开裂脱落，防火性能好，适用于要求较高的建筑，如图 2–76b 所示。

2）金属龙骨吊顶。金属龙骨吊顶一般以轻钢或铝合金型材做龙骨，具有自重小、刚度大、防火性能好、施工安装快、无湿作业等特点，应用较为广泛。

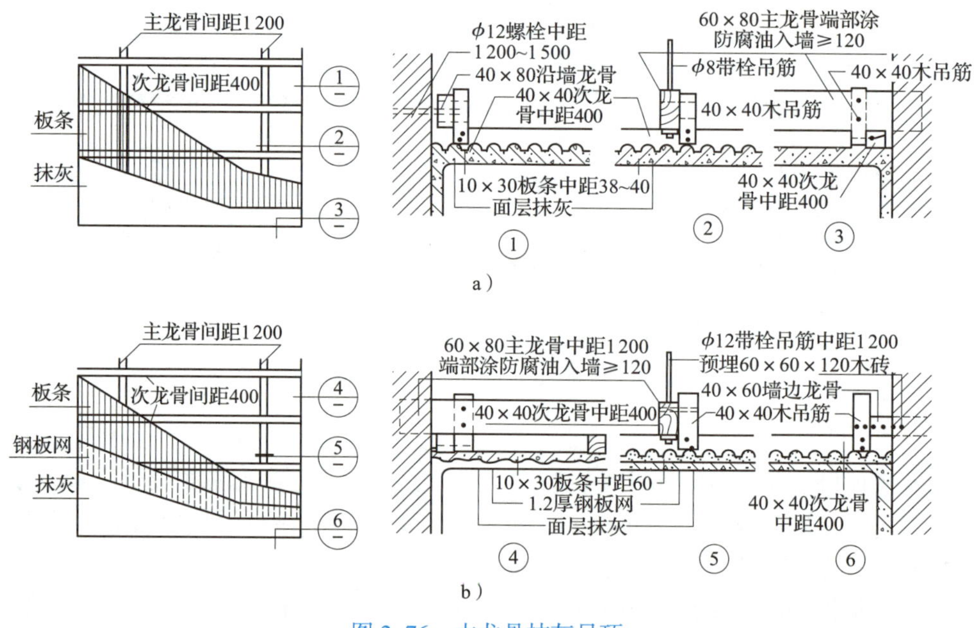

图 2–76　木龙骨抹灰吊顶

a）板条抹灰吊顶　b）板条钢板网抹灰吊顶

三、地面

1. 地面的构造要求

地面是人们在房屋中接触最多的部分，其质量直接影响房屋的使用。地面除了有改善房屋的使用环境和增加美观的作用外，还对楼板层、地层的承重层有重要的保护作用。因此，地面在构造上应有以下要求：

（1）具有足够的坚固性，不易破坏和磨损。

（2）具有一定的弹性，行走舒适。

（3）具有良好的保温性，冬季不感到地面冰冷。

（4）具有良好的隔声性、吸声性，减小楼层之间的噪声传播。

（5）有特殊要求的部位应具有一定的防水、防腐、防静电等要求。

（6）具有较好的装饰性和经济性。

2. 常见地面的构造

（1）块材地面构造

块材地面是用胶结材料将各种块材铺贴而成的，耐磨损、易清洁、装饰效果好，但造价高，施工效率低。常见的有天然石材（花岗岩等）地面、陶瓷地砖地面、预制水磨石板材地面、木地面等，如图 2–77 所示。

（2）整体地面构造

整体地面是现场整体浇筑而成的。整体地面造价低，施工简便，具有一定的装饰效果。常见的有水泥砂浆地面、细石混凝土地面、水磨石地面、菱苦土地面等，如图 2–78 所示。

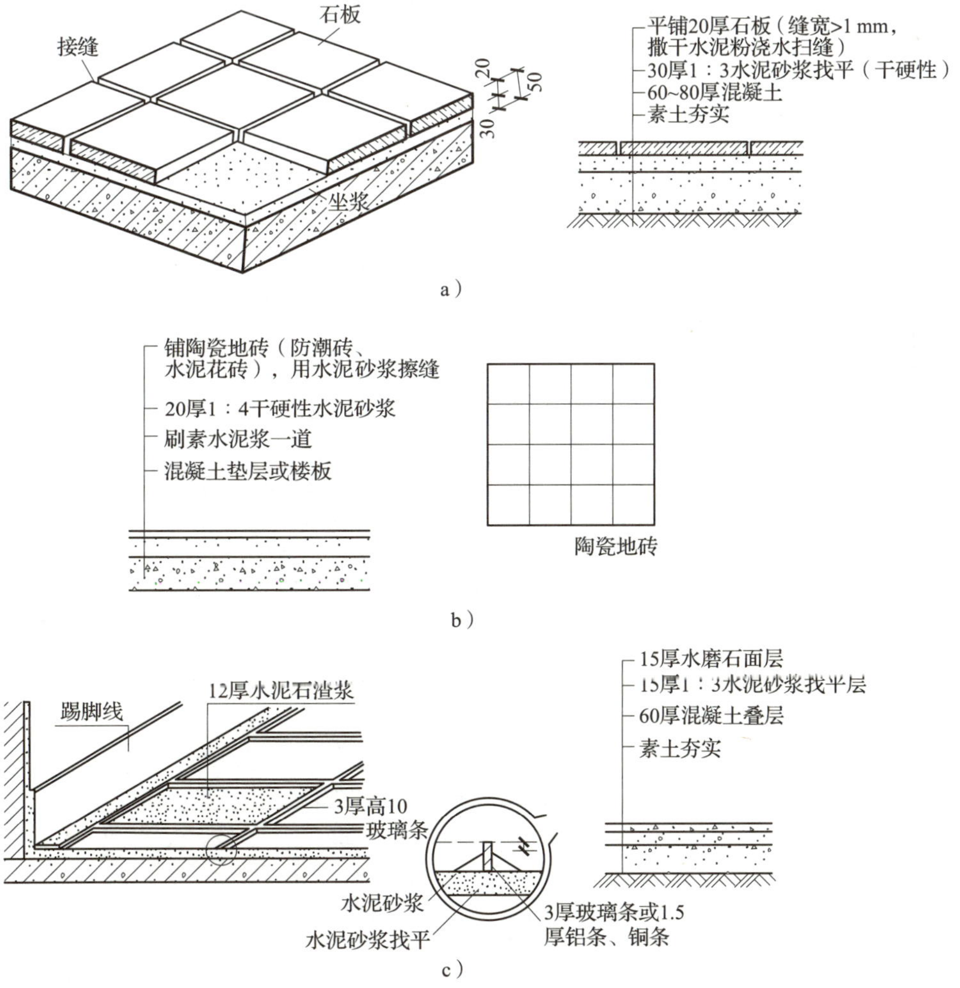

石板
接缝
20
50
30
坐浆
平铺20厚石板（缝宽>1 mm，撒干水泥粉浇水扫缝）
30厚1：3水泥砂浆找平（干硬性）
60~80厚混凝土
素土夯实

a）

铺陶瓷地砖（防潮砖、水泥花砖），用水泥砂浆擦缝
20厚1：4干硬性水泥砂浆
刷素水泥浆一道
混凝土垫层或楼板
陶瓷地砖

b）

踢脚线
12厚水泥石渣浆
3厚高10玻璃条
水泥砂浆
水泥砂浆找平
3厚玻璃条或1.5厚铝条、铜条
15厚水磨石面层
15厚1：3水泥砂浆找平层
60厚混凝土叠层
素土夯实

c）

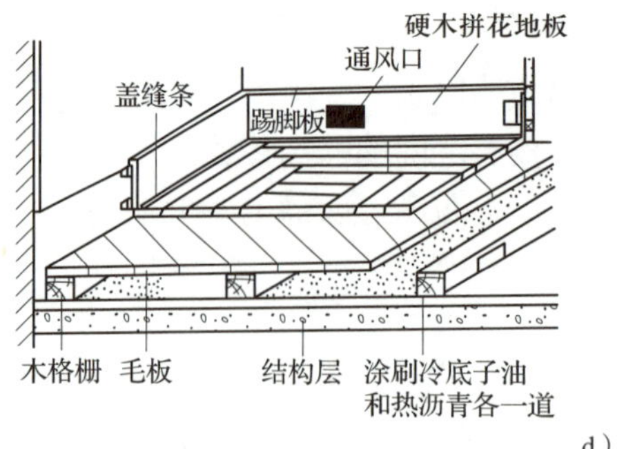

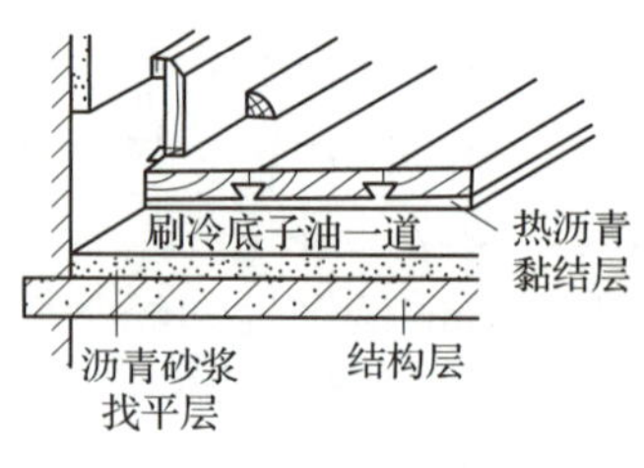

d）

图 2–77　块材楼地面构造

a）花岗岩地面　b）陶瓷地砖地面　c）预制水磨石板材地面　d）木地面

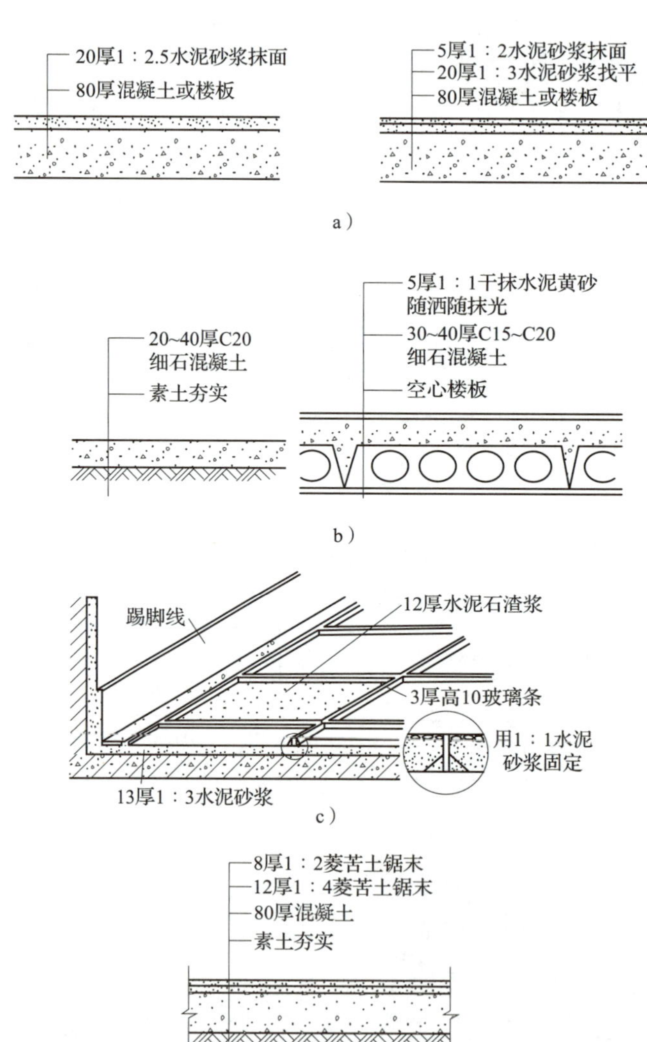

图 2–78　整体楼地面构造

a）水泥砂浆地面　b）细石混凝土地面　c）水磨石地面　d）菱苦土地面

（3）木地面

木地面是以木地板为面层，经铺钉和粘贴而成的，面层有普通木地板、硬（软）木条地板和拼花木地板三种。按构造形式木地面又分为实铺式、架空式两种形式，如图 2-79 所示。

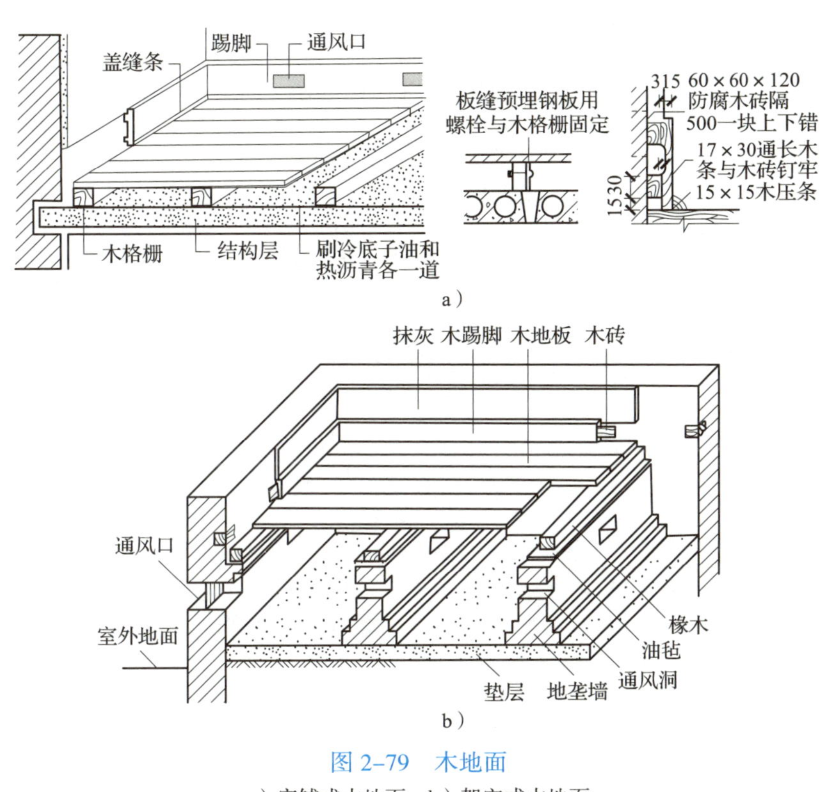

图 2-79　木地面

a）实铺式木地面　b）架空式木地面

四、阳台与雨篷

1. 阳台

（1）阳台的分类

阳台是多层及高层居住建筑中供人们室外活动的平台。

1）按其功能要求分为生活阳台和服务阳台两种。

生活阳台主要供人们休息、活动、晾晒衣物等，常与卧室、客厅、内廊等相连。服务阳台主要供人们从事家务活动或储放杂物用，常与厨房或洗衣间相连。

2）按阳台与外墙立面的相对位置关系分为凸阳台、凹阳台、半凸半凹阳台、转角阳台等，如图 2-80 所示。

3）按施工方法分为现浇式钢筋混凝土阳台和预制式钢筋混凝土阳台两种。

现浇式钢筋混凝土阳台的整体性好，成形自由，因此常用于抗震设防要求高和阳台形状特殊的建筑中。现浇式钢筋混凝土阳台的结构形式有挑板式、压梁式和挑梁式等，如图 2-81 所示。

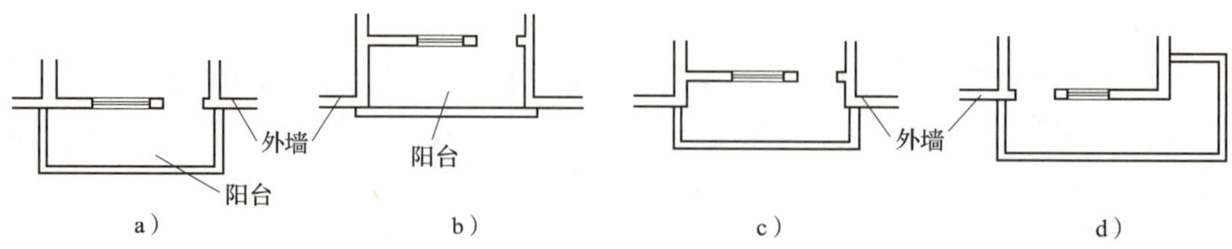

图 2-80　阳台的分类

a）凸阳台　b）凹阳台　c）半凸半凹阳台　d）转角阳台

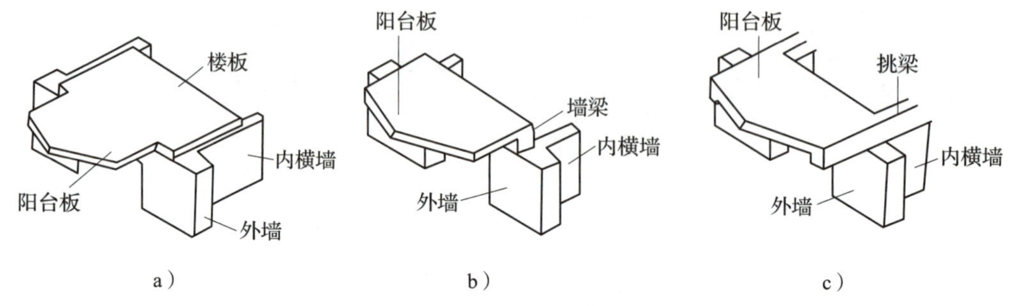

图 2-81　现浇式钢筋混凝土阳台

a）挑板式　b）压梁式　c）挑梁式

预制式钢筋混凝土阳台的整体性较差、成形不自由，因此常用于抗震防设要求不高的低层或多层预制装配式混合结构建筑中。预制式钢筋混凝土阳台的结构类型常见的有楼板外伸式、楼板压重式、挑梁式、抗倾覆式等，如图 2-82 所示。

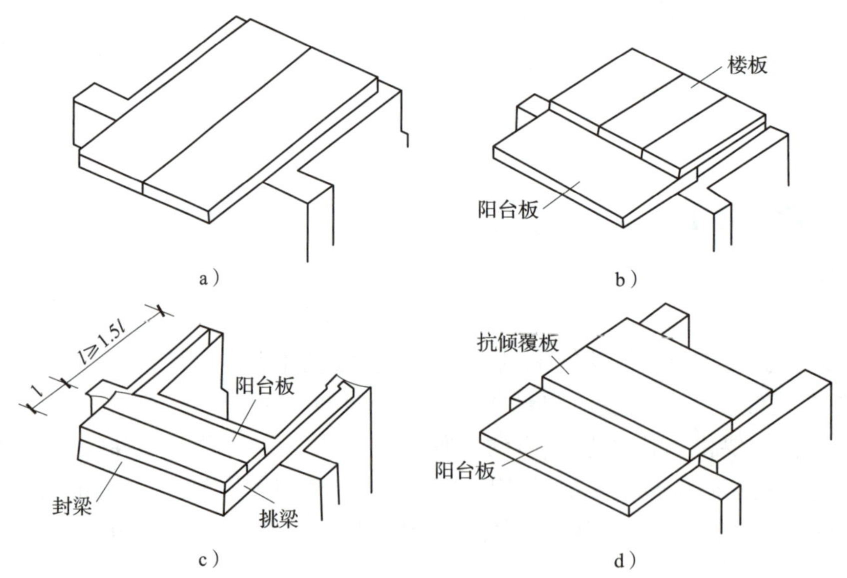

图 2-82　预制式钢筋混凝土阳台

a）楼板外伸式　b）楼板压重式　c）挑梁式　d）抗倾覆式

（2）阳台的组成及构造

阳台由阳台板、梁、栏杆或栏板、扶手、隔板、排水口等组成，如图 2-83 所示。

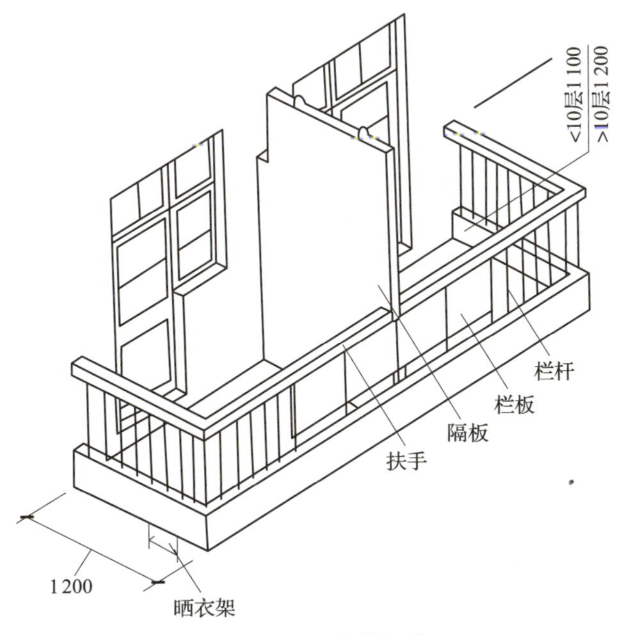

图 2-83　阳台的组成

栏杆（栏板）为安全配件，要坚固可靠，同时应美观、舒适，高度为 1.05 ~ 1.2 m。在高层或严寒地区不宜采用栏杆，应设置为实体栏板。栏板做法常有砖砌栏板、钢筋混凝土栏板等，如图 2-84 所示。

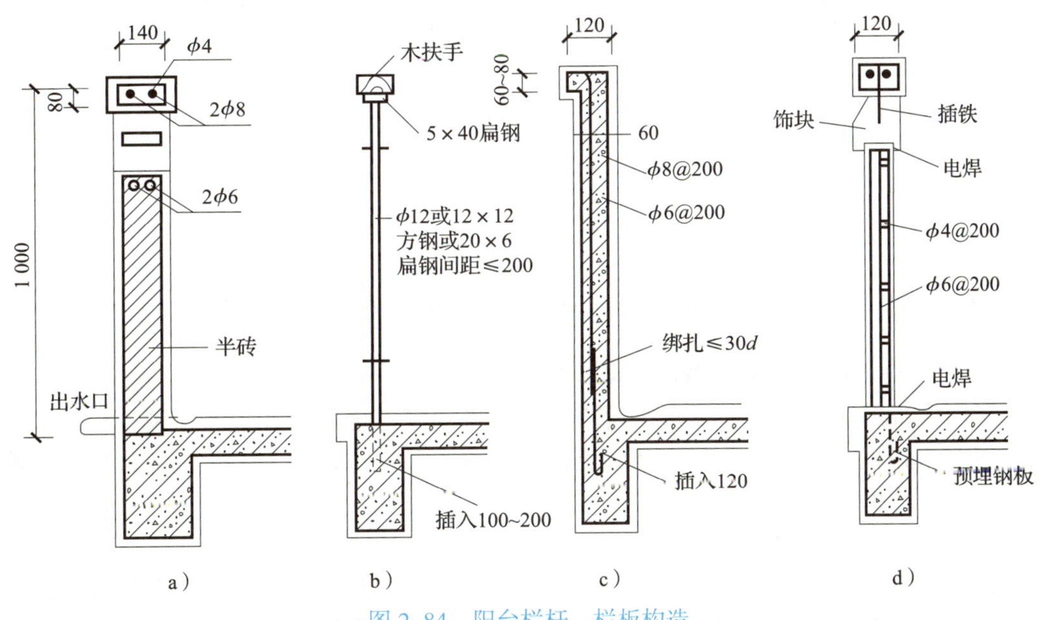

图 2-84　阳台栏杆、栏板构造

a）砖砌栏板　b）金属栏杆　c）现浇式钢筋混凝土栏板　d）预制式钢筋混凝土栏板

排水口一般设在阳台一侧或两侧，以排除阳台积水。阳台地面应向排水口做 1% ~ 2% 的排水坡度。排水口处可埋设 ϕ40 ~ ϕ50 mm 的钢管或 U-PVC 硬质塑料管，外挑 80 mm 形成水舌；在高层建筑中的阳台或服务阳台中设地漏并与污水管相连时可不设水舌，如图 2–85 所示。

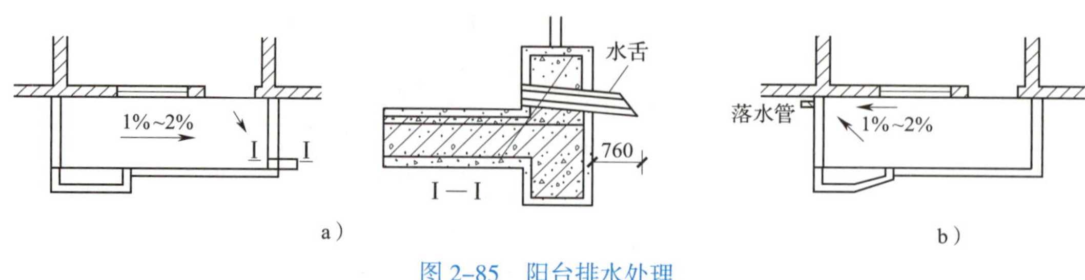

图 2–85　阳台排水处理

a）排水管排水　b）落水管排水

2. 雨篷

雨篷是设在建筑物出入口处用于遮挡雨雪、保护外门的构件，通常为钢筋混凝土结构和钢结构等。钢筋混凝土雨篷一般由雨篷梁、雨篷板组成，其构造如图 2–86 所示。

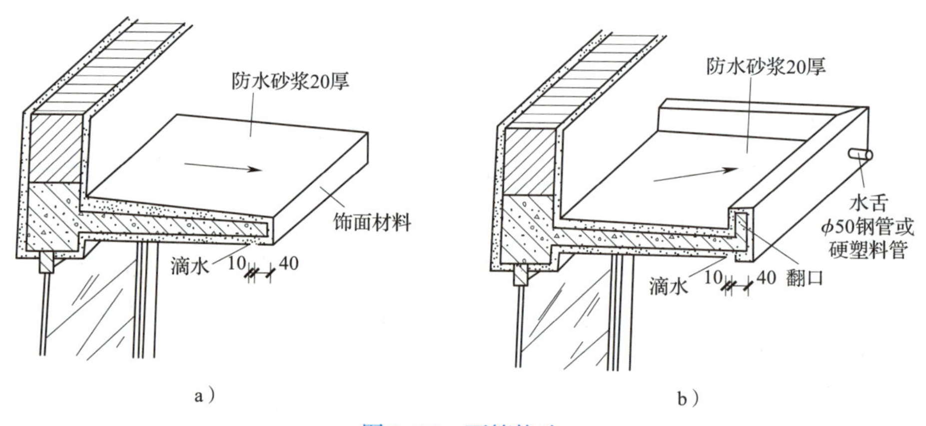

图 2–86　雨篷构造

a）自由落水雨篷　b）有翻口有组织排水雨篷

五、设备管线、管道敷设与楼地面的构造处理

1. 立管穿过钢筋混凝土楼板构造

房屋内部的采暖管、通风管、给排水管等都要穿过楼板。在板面预留孔洞或开孔时应着重考虑板面空洞处的防水和管道安装要求，并且严格要求不得破坏楼板的承载力和刚度，防止出现结构安全事故。

（1）楼板开孔

1）预制板开孔。当楼板为空心板时，只能在板孔部分开孔，并不得截断板底预应力钢筋。当孔径小于等于 300 mm 时，可将板的受力钢筋绕过洞口，不必加固；当孔径大于 300 mm 时，并有钢筋截断时，应在洞口四周加设 ϕ10 mm 钢筋，形成井字形布置，加强板面。

当楼板为槽形板时，只能在板内开孔，不得损伤板两侧的板肋。

2）现浇板预留孔洞。现浇板预留孔洞是指在混凝土浇筑前，根据设计要求，预埋套管并与钢筋骨架固定，浇筑混凝土后形成的预留孔洞，其防水性能优良，并且对楼板的承载力和刚度的影响也很小，是目前主要的施工做法。

（2）楼板上孔洞构造及尺寸要求

孔洞尺寸一般比管道直径大一倍左右，安装管道时并不把管道与楼板浇筑在一起。为了维修方便，管道外应加设镀锌金属套管，套管高出地面 10 ~ 20 mm，防止积水渗漏，套管下部与楼板底面取平，如图 2–87 所示。

对不同管径，管外皮距墙面距离及留孔尺寸见表 2–4。

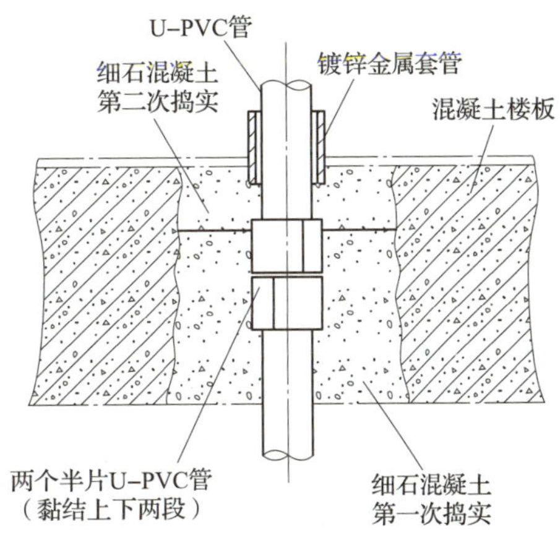

图 2–87　管道穿越楼板构造

表 2–4　管外皮距墙面距离及留孔尺寸

管径 /mm	≤ 32	32 ~ 50	75 ~ 100	125 ~ 150
管外皮距墙面距离 /mm	25 ~ 35	30 ~ 50	50	60
留孔尺寸 /（mm × mm）	80 × 80	100 × 100	200 × 200	300 × 300

2. 水平管道布置与楼板构造

（1）采暖管路铺设与楼板构造

可以在结构层上加设垫层，将管道设置在垫层内，上层做地面层。当地面层为多层实木地板，采用低温热水地板辐射采暖时，木地板与结构层之间由主龙骨架空形成空腔，结构层表面先铺设一层隔热膜，上铺多孔保温层，将采暖管路铺设在保温层上，如图 2–88 所示。

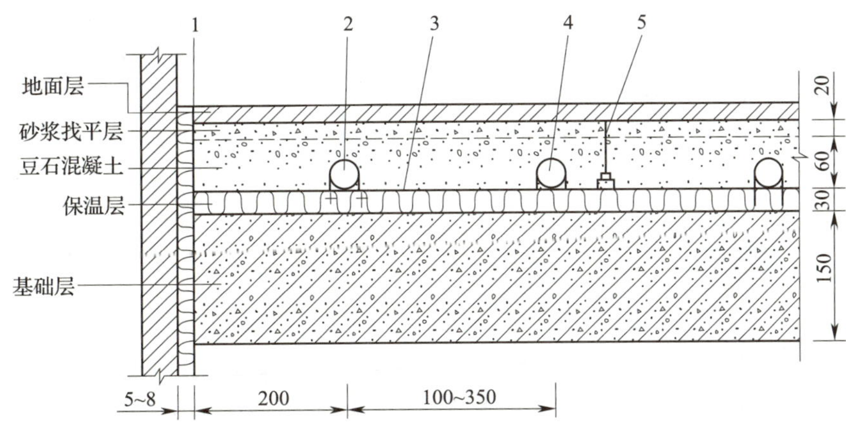

1—弹性保温材料；2—塑料固定卡钉（间距为直管段 50 mm、弯管段 250 mm）；
3—铝箔；4—塑料管；5—膨胀带。

图 2–88　低温热水木地板辐射采暖管路铺设

（2）电气设备线路布置与楼板构造

电气设备线路布置有明敷和暗敷两种形式。

明敷线路可采用绝缘子配线、线槽配线、导管配线等方法，直接在已施工完毕的楼板底面抹灰层上采用瓷线夹、铝卡子、套管及卡钉固定，一般用于工业建筑、简易建筑或新增加的线路。

暗敷线路是在楼板施工中灯线盒与套管预埋在楼板内，建筑施工完毕后再进一步敷设的布线方法，是建筑物内线路敷设的主要方法，其构造如图 2–89 所示。

（3）管道悬吊铺设与楼板构造

水平管道可采用吊架通过吊杆与楼板下底面固定后水平悬吊铺设。此方法适用于较粗的给排水及暖通管道在有吊顶的民用建筑和工业建筑中铺设安装。吊架的构造如图 2–90 所示。吊架上的吊杆与楼板的连接固定方法基本同悬吊式顶棚吊杆连接。

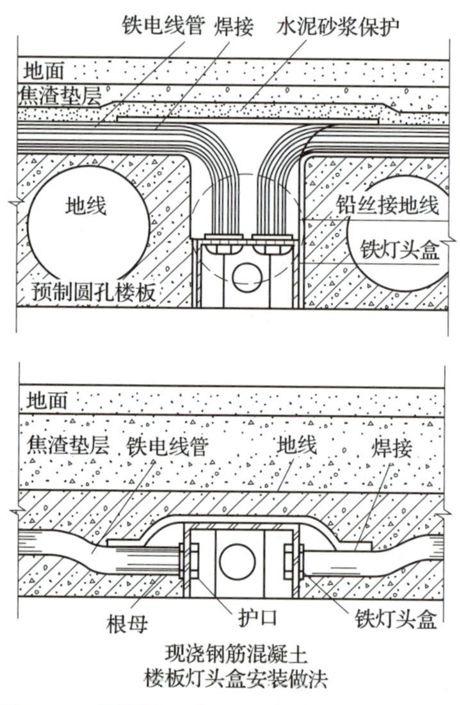

图 2–89　预制空心板、现浇板内暗敷线路布置

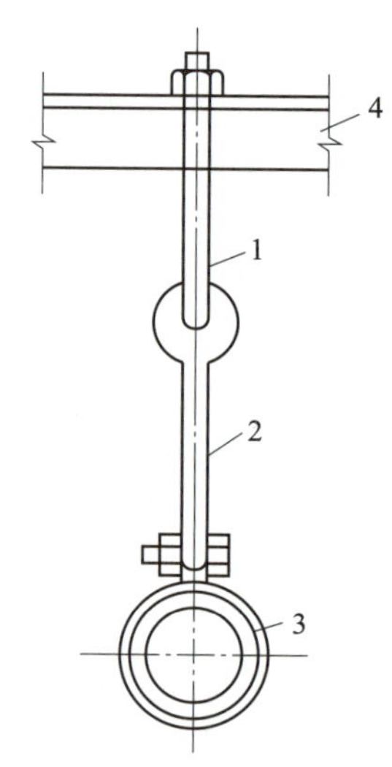

1—升降螺栓；2—吊杆；3—吊环；4—横梁。

图 2–90　吊架的构造

第六节　楼梯

在各类建筑物中，凡是二层以上的建筑物都需要设置联系上下层的垂直交通设施，如楼梯、电梯、自动扶梯、台阶和坡道等，其中楼梯的使用最为广泛。楼梯经常有大量人流通过，所以要求有足够的坚固性和耐久性，还应考虑一定的疏散和防火能力、抗震能力。

一、楼梯的分类

1. 按楼梯的用途可分为主要楼梯、辅助楼梯、安全疏散楼梯、室外消防检修梯、工作爬梯等。

2. 按楼梯所在位置可分为室内楼梯和室外楼梯。

3. 按结构材料可分为钢筋混凝土楼梯、木楼梯和钢楼梯等。

4. 按施工方式可分为现浇整体式钢筋混凝土楼梯和预制装配式钢筋混凝土楼梯。

5. 按楼梯的平面布置方式可分为单跑直楼梯、双跑直楼梯、双跑平行楼梯、三跑楼梯、双分平行楼梯、双合平行楼梯、直角楼梯、双分直角楼梯、交叉楼梯、剪刀楼梯、螺旋楼梯、弧形楼梯等，如图 2–91 所示。

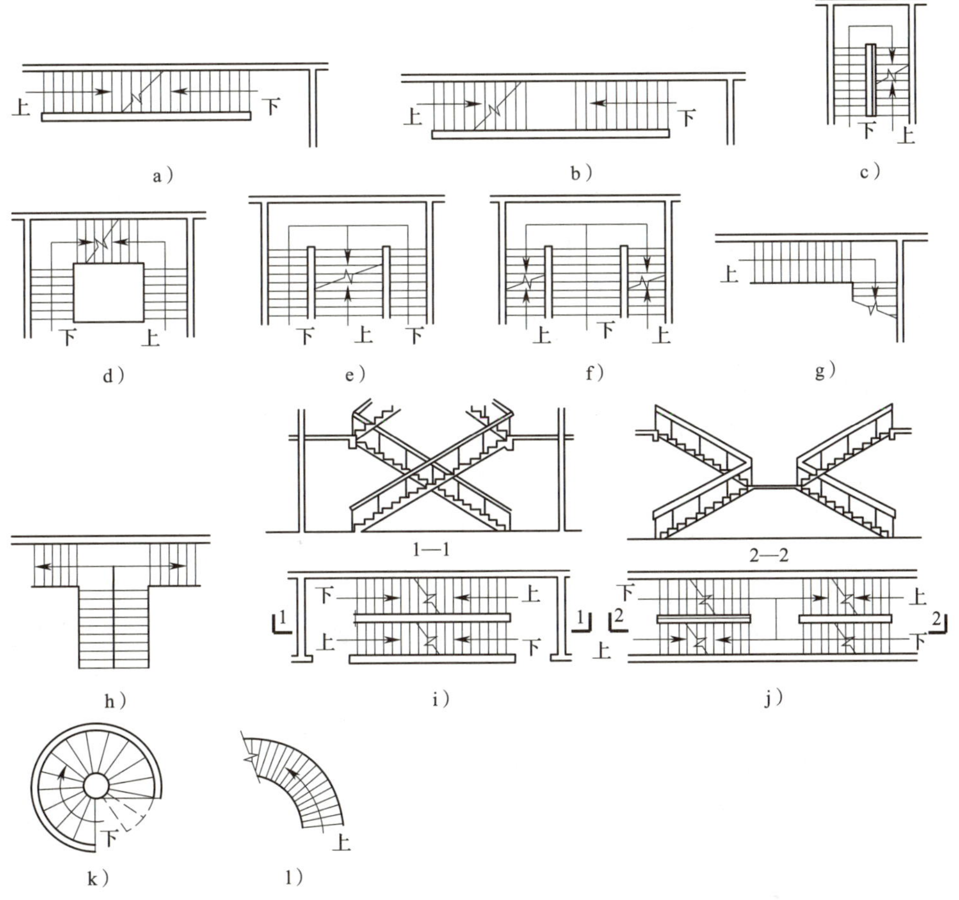

图 2–91　楼梯的平面布置方式

a）单跑直楼梯　b）双跑直楼梯　c）双跑平行楼梯　d）三跑楼梯　e）双分平行楼梯　f）双合平行楼梯　g）直角楼梯　h）双分直角楼梯　i）交叉楼梯　j）剪刀楼梯　k）螺旋楼梯　l）弧形楼梯

二、楼梯的组成及主要尺度

楼梯一般由楼梯段、楼梯平台、栏杆（板）和扶手等部分组成，如图 2–92 所示。

1. 楼梯段

楼梯段是楼梯的主要组成部分，是由若干个踏步构成的倾斜构件，它连接楼层和中间的休息平台。踏步数量不宜小于 3 级，也不宜多于 18 级。每个踏步供人们踏脚行走的水平面称为踏面，与踏面垂直的平面称为踢面。

楼梯段的宽度大小取决于通过楼梯的人流量大小和安全疏散的要求。一般单人通行时楼梯段宽度不小于 900 mm，双人通行时楼梯段宽度为 1 100 ~ 1 400 mm，三人通行时楼梯段宽度为 1 650 ~ 2 100 mm。

楼梯段的坡度是指楼梯段沿水平面倾斜的角度。一般情况下，在人流量大而且集中的建筑中坡度适当大一些。楼梯的允许坡度为 23° ~ 45°。楼梯、爬梯、台阶与坡道的坡度如图 2–93 所示。

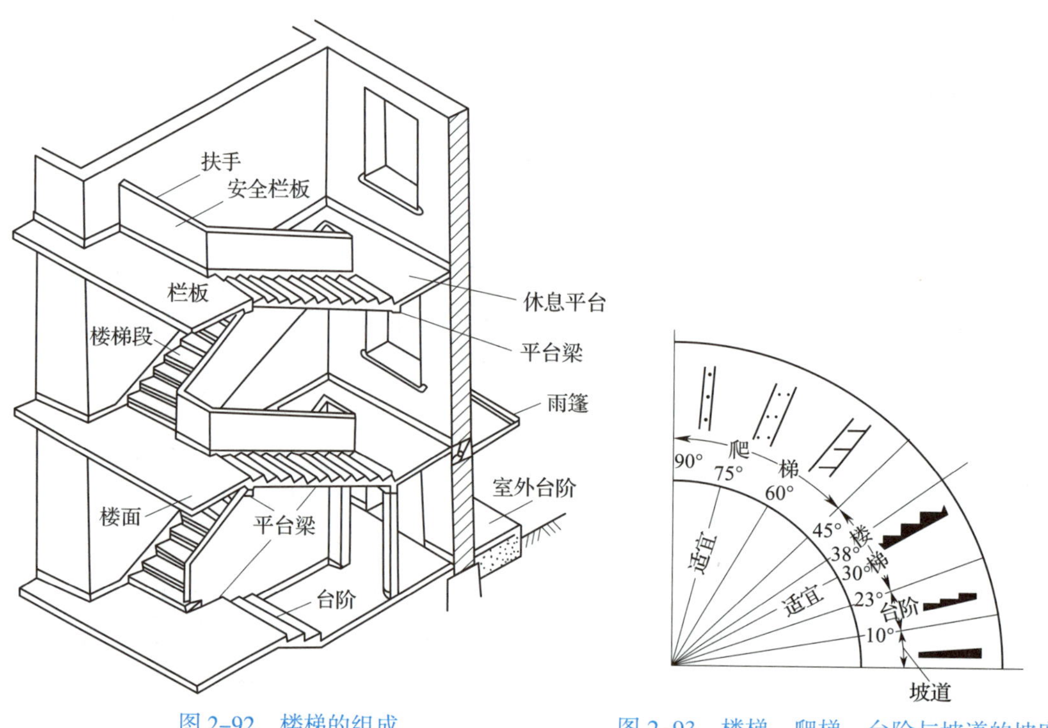

图 2–92 楼梯的组成

图 2–93 楼梯、爬梯、台阶与坡道的坡度

楼梯的踏步尺寸要根据人体的尺度面确定。一般踏面宽度为 300 mm 时，行走较为舒适。踢面高度与踏面宽度有关，因为两者确定了楼梯的坡度值，并且两者数值之和还应与人的跨步长度相吻合。

两者的关系可由经验公式确定：

$$2h+b=600 \sim 630\ \text{mm}$$

$$\text{或}\ h+b=450\ \text{mm}$$

式中，h——踏步踢面高度，mm；

b——踏步踏面宽度，mm。

在居住类建筑中，踏面宽度 b 取值为 250 ~ 300 mm；学校及办公楼等人流量大的

公共建筑中，踏面宽度 b 取值为 280 ~ 340 mm。踏面边缘处常突出 20 mm，或向外倾斜 20 mm 形成斜面。踏步尺寸如图 2–94 所示。

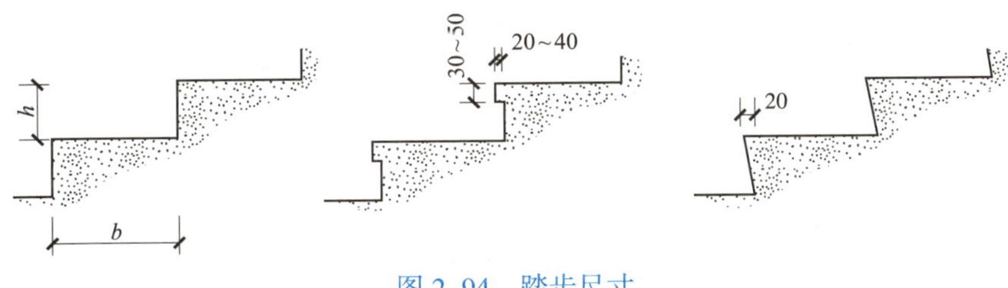

图 2–94 踏步尺寸

踏步面层常用材料有水泥砂浆、水磨石、铺砌地面砖或天然石材等。为防止行人滑倒，发生危险，应在踏面前缘设置防滑构造，如防滑条、防滑槽或防滑包角等。踏步防滑构造如图 2–95 所示。

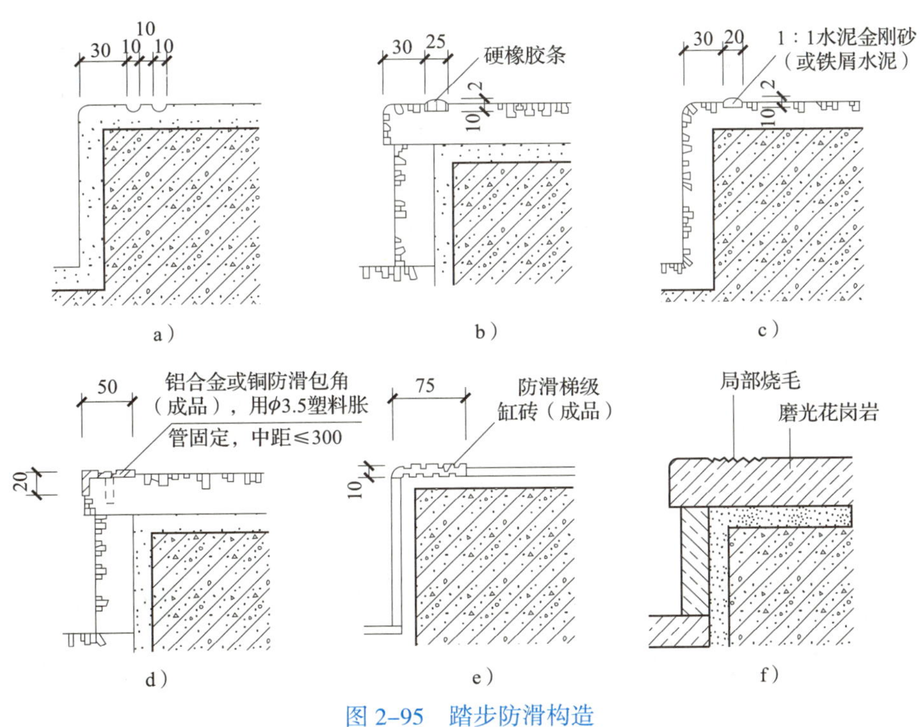

图 2–95 踏步防滑构造

a）水泥砂浆踏步留防滑槽 b）硬橡胶防滑条 c）水泥金刚砂防滑条 d）铝合金或铜防滑包角 e）缸砖面踏步防滑砖 f）花岗岩踏步烧毛防滑条

2. 楼梯平台

楼梯平台是位于两个楼梯段之间，连接两个楼梯段的水平构件，主要是解决楼梯段的转折，并与楼层连接，同时也供人们上下楼时稍做休息之用。与楼层标高一致的平台称为楼层平台；位于两个楼层之间的平台称为中间平台，也称休息平台。为了使楼梯内搬运家具和人流通行顺畅，设计时应考虑楼梯平台的宽度和楼梯的净空高度两个尺度的取值。楼梯平台的宽度不应小于楼梯段的宽度，并且不应小于 1 100 mm。楼梯净空高度包括平台过道处净空高度和楼梯段处的净空高度，如图 2–96 所示。

3. 栏杆（板）和扶手

栏杆（板）是设置在楼梯段和平台临空一侧边缘处的安全围护构件，也是建筑中装饰性较强的构件。栏杆（板）上部供人们用手扶持的部分称为扶手。

栏杆是通透构件，常用扁钢、方钢、钢管等型材焊接而成，具有一定装饰图案，如图 2–97 所示。栏杆垂直构件之间的净距不大于 110 mm，并且应与楼梯段之间牢固、可靠地连接，其连接方法较多，构造如图 2–98 所示。

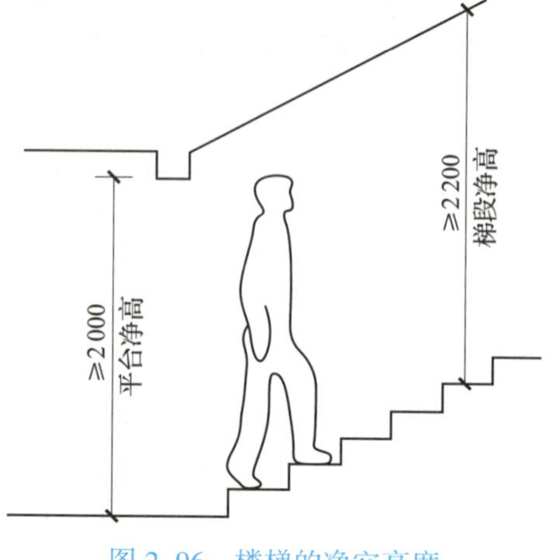

图 2–96　楼梯的净空高度

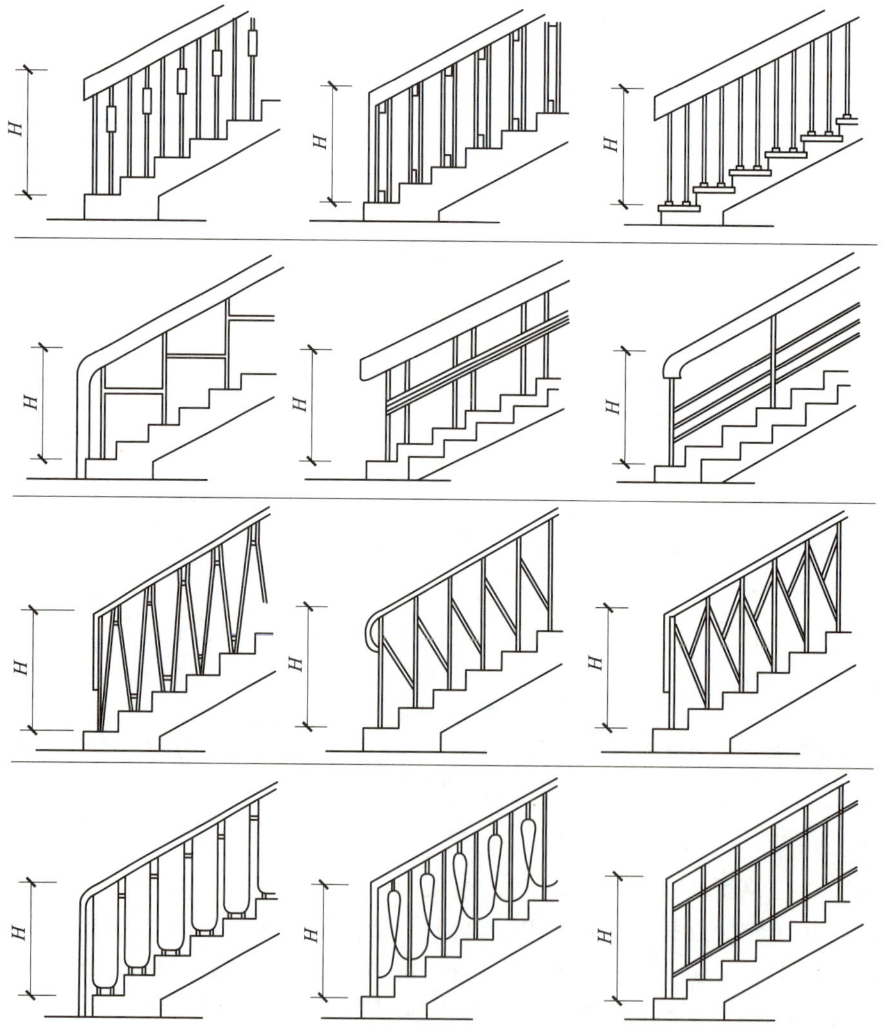

图 2–97　栏杆形式

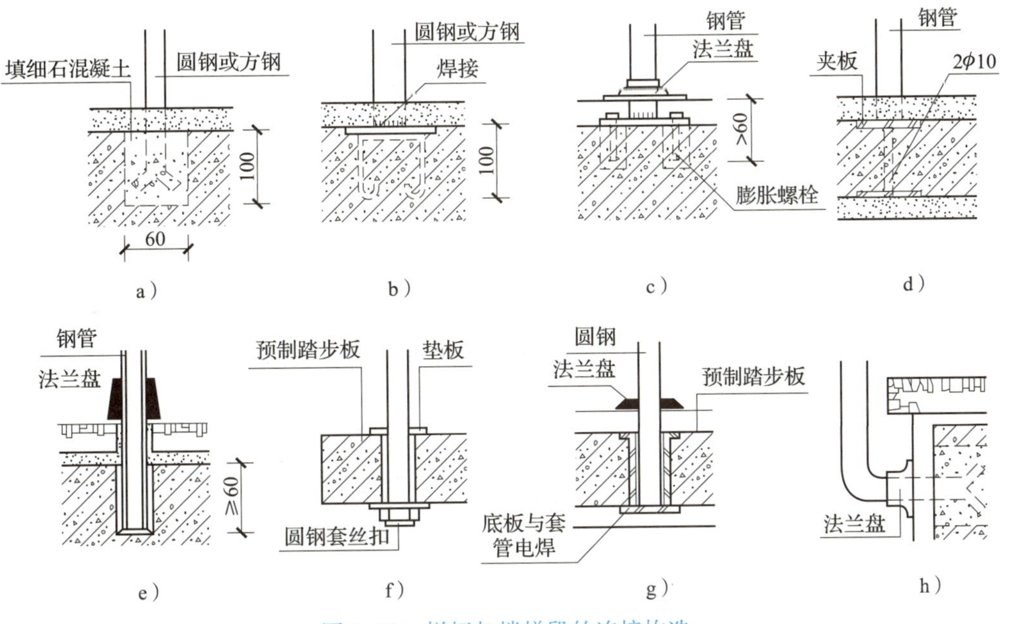

图 2-98　栏杆与楼梯段的连接构造

a）埋入预留孔洞　b）与预埋钢板焊接　c）立杆焊在底板上用膨胀螺栓锚固底板　d）与预埋夹板焊接　e）立杆套丝扣与预埋套管丝扣拧紧　f）立杆穿过预留孔螺母拧固　g）立杆插入套管电焊　h）立杆埋入踏板侧面预留孔洞

栏板是不透空构件，常用钢筋混凝土板、木板、钢化玻璃板等制成，与楼梯段之间直接连接或安装在垂直构件上。栏板构造如图 2-99 所示。

扶手一般采用石材、金属管、塑料、木材等制作，如图 2-100 所示。

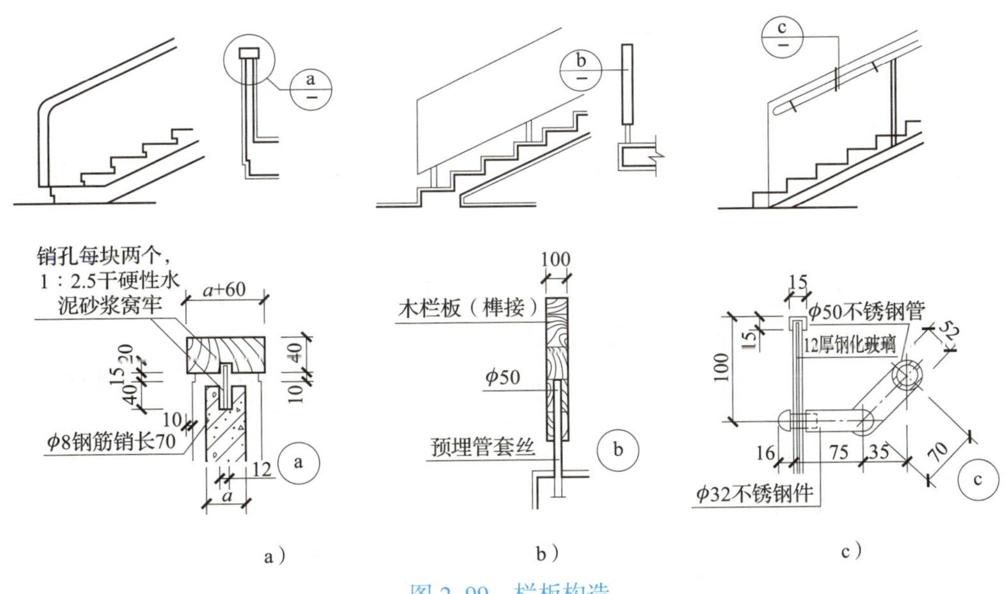

图 2-99　栏板构造

a）钢筋混凝土栏板　b）木栏板　c）钢化玻璃栏板

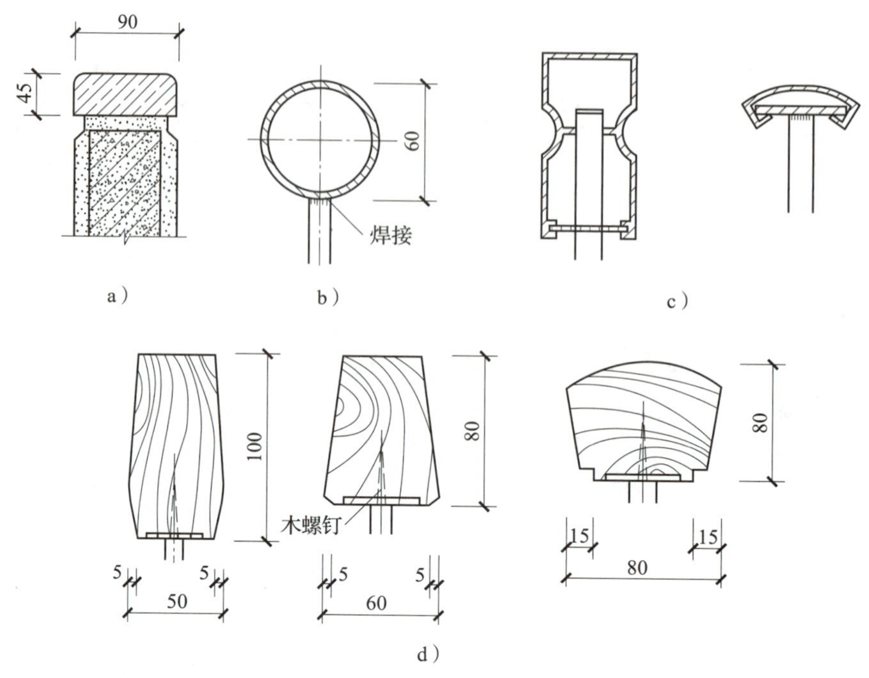

图 2-100　扶手类型

a）石材扶手　b）金属管扶手　c）塑料扶手　d）木扶手

楼梯扶手的高度与楼梯的坡度大小和楼梯的使用要求有关。坡度越大，扶手高度越低，反之则越高。一般情况下，从使用的舒适性和安全性考虑，扶手高度为 900 mm，楼梯平台处和顶层楼层平台处扶手高度不应低于 1 000 mm。

三、钢筋混凝土楼梯的构造

在建筑中使用的楼梯类型很多，以钢筋混凝土楼梯使用最为广泛，具有坚固、耐久、耐磨、防火等优点。这里以钢筋混凝土楼梯为例，介绍楼梯的构造。

钢筋混凝土楼梯根据其施工方式不同，有现浇式钢筋混凝土楼梯和预制装配式钢筋混凝土楼梯两大类。

1. 现浇式钢筋混凝土楼梯

现浇式钢筋混凝土楼梯是在施工现场就地支模板、绑扎钢筋骨架，将平台、楼梯段整体浇筑，经养护而制成的。钢筋混凝土楼梯具有很好的整体性，刚度大，坚固耐久，尺寸灵活，成形自由多样，抗震性能优良。但施工时湿作业多，此类楼梯需使用大量的模板及支撑，施工速度慢，并且因施工条件和施工技术水平的不同，其质量波动较大，多用于楼梯构造复杂，形状和尺寸多变，或对抗震有严格要求的建筑中。现浇式钢筋混凝土楼梯根据结构形式不同，有板式楼梯和梁板式楼梯两种。

（1）板式楼梯

板式楼梯相当于一块斜放在平台梁上的板，板面上做成踏步，平台梁支撑在楼梯间的承重墙上。板式楼梯的构造形式简单，施工方便，板底平整美观，但自重较大，

耗用材料多，所以其跨度不能做得过大。板式楼梯适用于荷载较小、楼梯段跨度不大的楼梯，构造如图 2–101 所示。

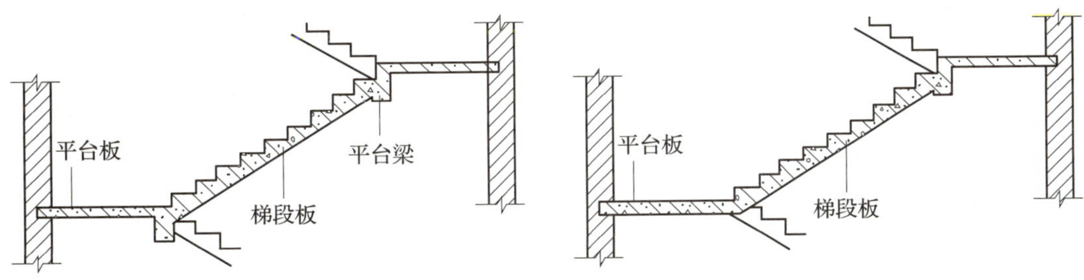

图 2–101　板式楼梯的构造

（2）梁板式楼梯

梁板式楼梯是指在楼梯段中设有斜梁，由斜梁支撑踏步板的楼梯。斜梁的两端支撑在平台梁上，平台梁由墙体支撑。梁板式楼梯受力性能好，承载能力高于板式楼梯，自重较小，耗用材料较少，但其构造复杂，适用于楼梯段跨度较大、荷载较大的楼梯。

梁板式楼梯的斜梁一般有两根，也有使用单根斜梁的，分别称为双梁和单梁。根据斜梁与踏步之间的位置关系不同，梁板式楼梯又可分为明步楼梯和暗步楼梯两种。梁板式楼梯的构造如图 2–102 所示。

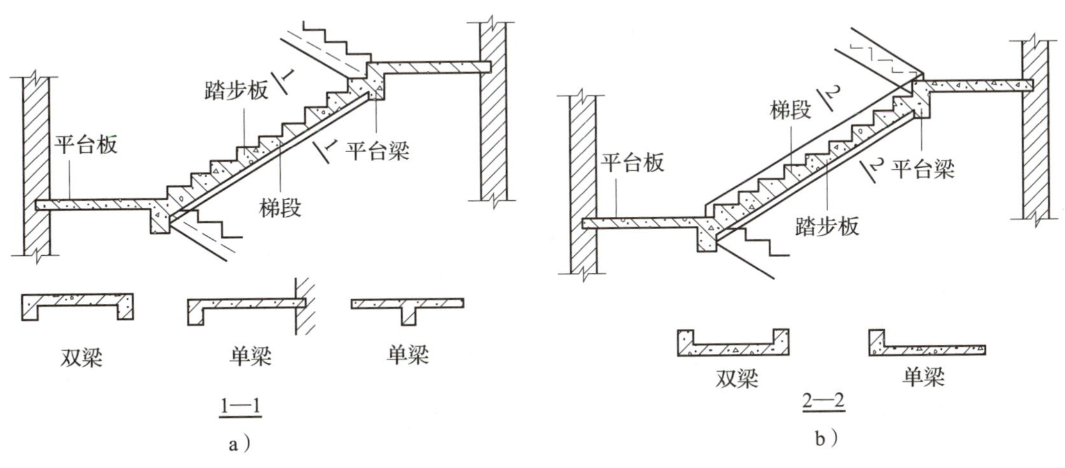

图 2–102　梁板式楼梯的构造

a）明步楼梯　b）暗步楼梯

2. 预制装配式钢筋混凝土楼梯

预制装配式钢筋混凝土楼梯是将楼梯分成若干个构件，在预制构件厂或施工现场成批预制，施工时利用起重机械设备现场吊装就位，连接固定而成的楼梯。预制装配式钢筋混凝土楼梯工业化程度高、施工速度快、经济效益好、施工现场湿作业少，但是构件的形状、尺寸变化受到限制，楼梯的整体性较差，抗震性能不如板式楼梯，施工时需要相适应的起重吊装设备。

预制装配式钢筋混凝土楼梯根据预制构件尺寸不同，可分为小型构件装配式楼梯、大中型构件装配式楼梯两大类。

(1)小型构件装配式楼梯

小型构件装配式楼梯是将踏步、斜梁、平台梁、平台板分别预制，装配而成的楼梯。根据构造和受力特点不同，此类楼梯可分为墙承式楼梯、梁承式楼梯和悬挑式楼梯三种。

1)墙承式楼梯。这种楼梯是用小型踏步板直接砌筑在楼梯的承重墙上。双跑楼梯则在楼梯间中间砌一道 240 mm 厚的承重墙，搁置上下两段踏步板。踏步板有一字形和 L 形两种。楼梯间中间的墙体挡住了上下人流的视线，可在墙体上开设漏窗，以利于行人观察避让。墙承式楼梯的构造如图 2-103 所示。

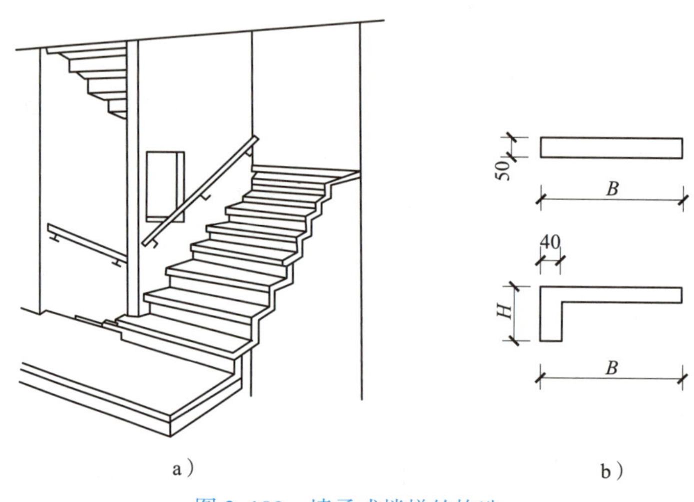

图 2-103　墙承式楼梯的构造

a)直观图　b)踏步板的类型

2)梁承式楼梯。梁承式楼梯是预制踏步搁置在斜梁上而形成楼梯段，斜梁搁置在平台梁上，平台板搁置在平台梁和楼梯间墙体上而形成的楼梯。这种楼梯适用于楼梯段宽度大、跨度大、荷载较大的建筑中。踏步板形式有三角形、正 L 形、倒 L 形和一字形。斜梁断面形式有矩形、L 形和锯齿形三种。梁承式楼梯的造构如图 2-104 所示。

斜梁与平台梁的连接固定方式有插铁连接和预埋铁件焊接两种，如图 2-105 所示。

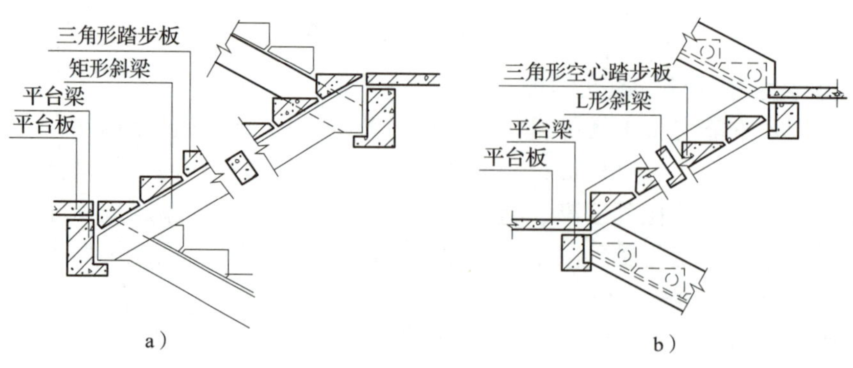

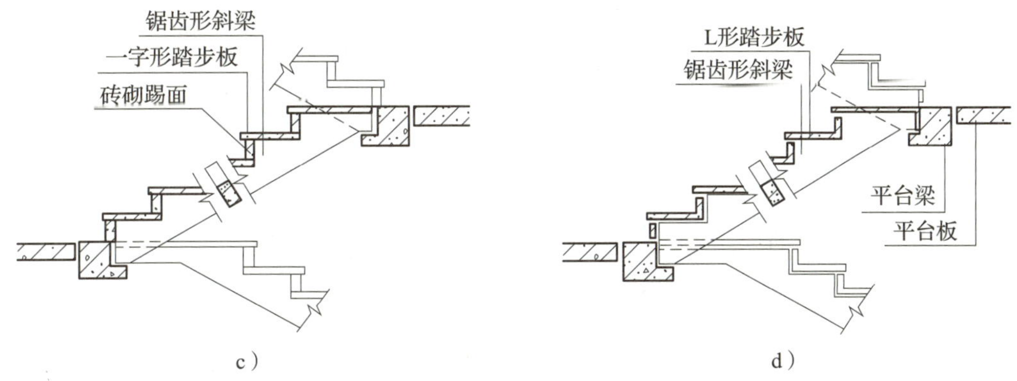

图 2–104　梁承式楼梯的构造

a）三角形踏步板矩形斜梁　b）三角形踏步板 L 形斜梁
c）一字形踏步板锯齿形斜梁　d）L 形踏步板锯齿形斜梁

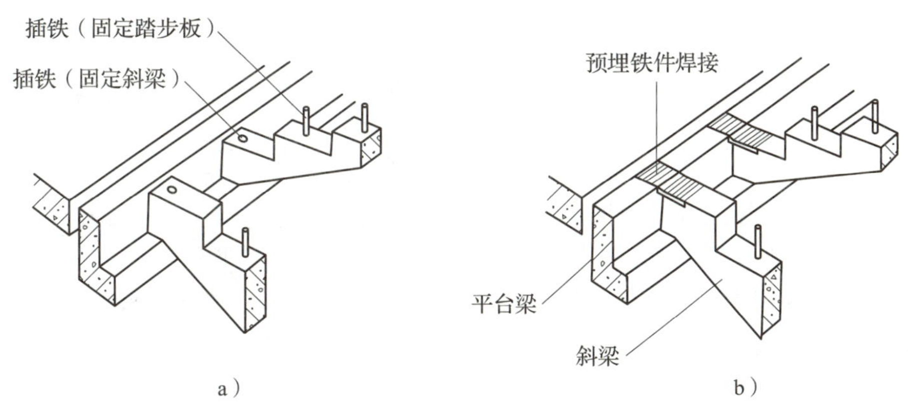

图 2–105　斜梁与平台梁的连接

a）插铁连接　b）预埋铁件焊接

3）悬挑式楼梯。悬挑式楼梯又称悬臂踏板楼梯，是由小型踏步板一端直接砌筑在楼梯间的承重墙上，另一端悬臂挑空而成的楼梯。悬挑式楼梯的构造如图 2–106 所示。因为是悬挑构件，所以楼梯段宽度不宜大于 1.5 m，因其抗震性能较差，地震区不宜采用。

（2）大中型构件装配式楼梯

大中型构件装配式楼梯是将楼梯段做成一个构件，平台梁和平台板合为一个构件，由预制厂生产后经施工现场吊装连接而成的楼梯。因为构件规格和数量少，所以施工效率高、速度快，劳动强度低，但需要大型吊装设备。大中型构件装配式楼梯按其构造形式不同有板式和梁板式两种。板式装配楼梯为减小自重，可将踏步做成空心。梁板式装配楼梯的楼梯段常见形式有实心、空心和折板式。大中型构件装配式楼梯的楼梯段和平台梁之间的连接方法有预埋铁件焊接和插筋连接，构造基本同小型构件装配式楼梯中的梁承式楼梯。

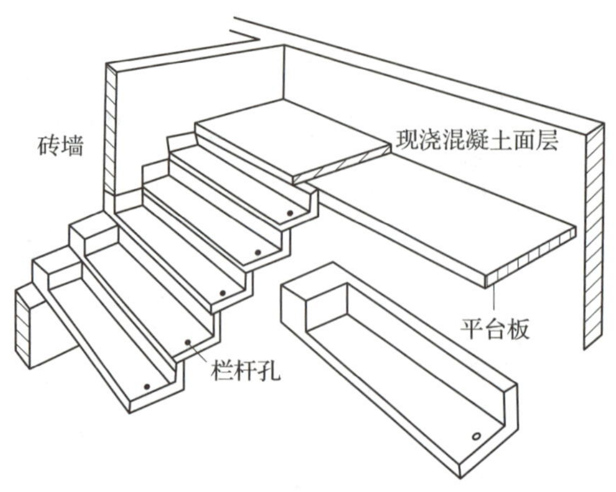

图 2–106　悬挑式楼梯的构造

四、电梯和自动扶梯

1. 电梯

电梯是高层建筑和多层公共建筑中所必需的垂直交通设施，主要解决人流和货物在上下楼时的体力及时间消耗问题。

电梯的类型很多，按使用性质不同分为客梯、客货梯、货梯、病床专用梯、消防电梯和室外观光梯等；按动力拖运方式不同分为交流拖运电梯、直流拖运电梯、液压电梯等；按运行速度快慢不同分为低速电梯、中速电梯和高速电梯等。高速电梯的运行速度可达 4 m/s 以上。电梯的规格一般以其载重来划分，有 400 kg、800 kg、1 000 kg、1 500 kg 和 2 000 kg 等。

电梯由轿厢、井道和机房三部分组成，并由专业安装公司进行安装。

电梯安装在电梯井道内，井道尺寸应按电梯的类型确定，一般采用钢筋混凝土现浇而成，并在每层设出入口。井道内一般不允许布设与电梯运行无关的管线，井道的顶部及底部应设不小于 600 mm × 600 mm 的通风孔。井道底部应设置深度不小于 1.4 m 的底坑，底坑内设置缓冲器，以减缓轿厢停靠时的冲击振动。电梯机房一般设在井道的顶部，也有少数设在井道底层侧面，机房的平面尺寸和内部的净空高度应满足设备安装的要求。为减少电梯机房设备运行时产生的噪声影响，在机房与井道顶部之间应设有隔声层。电梯的构造如图 2–107 所示。

2. 自动扶梯

自动扶梯是目前建筑物楼层间垂直运输效率最高的交通设施，载客量可达 5 000 ~ 10 000 人次 /h，一般用于人流量大的公共建筑中，如火车站、地铁站、航空港、商场、超市（也应同时设置自动坡道）、医院等。自动扶梯的牵引电动机械设备设置在楼板下面，楼板上应留足够的安装洞口，并采用装饰外壳遮盖处理，底层地面应设置地坑，安装电动设备。自动扶梯的坡度一般为 30°，在停机时自动扶梯也可当楼梯使用。自动扶梯在建筑物中是一种装饰性极强的设备，扶手由耐磨橡胶带制成，栏板是钢化玻璃镶嵌而成的。自动扶梯的主要尺寸和构造如图 2–108 所示。

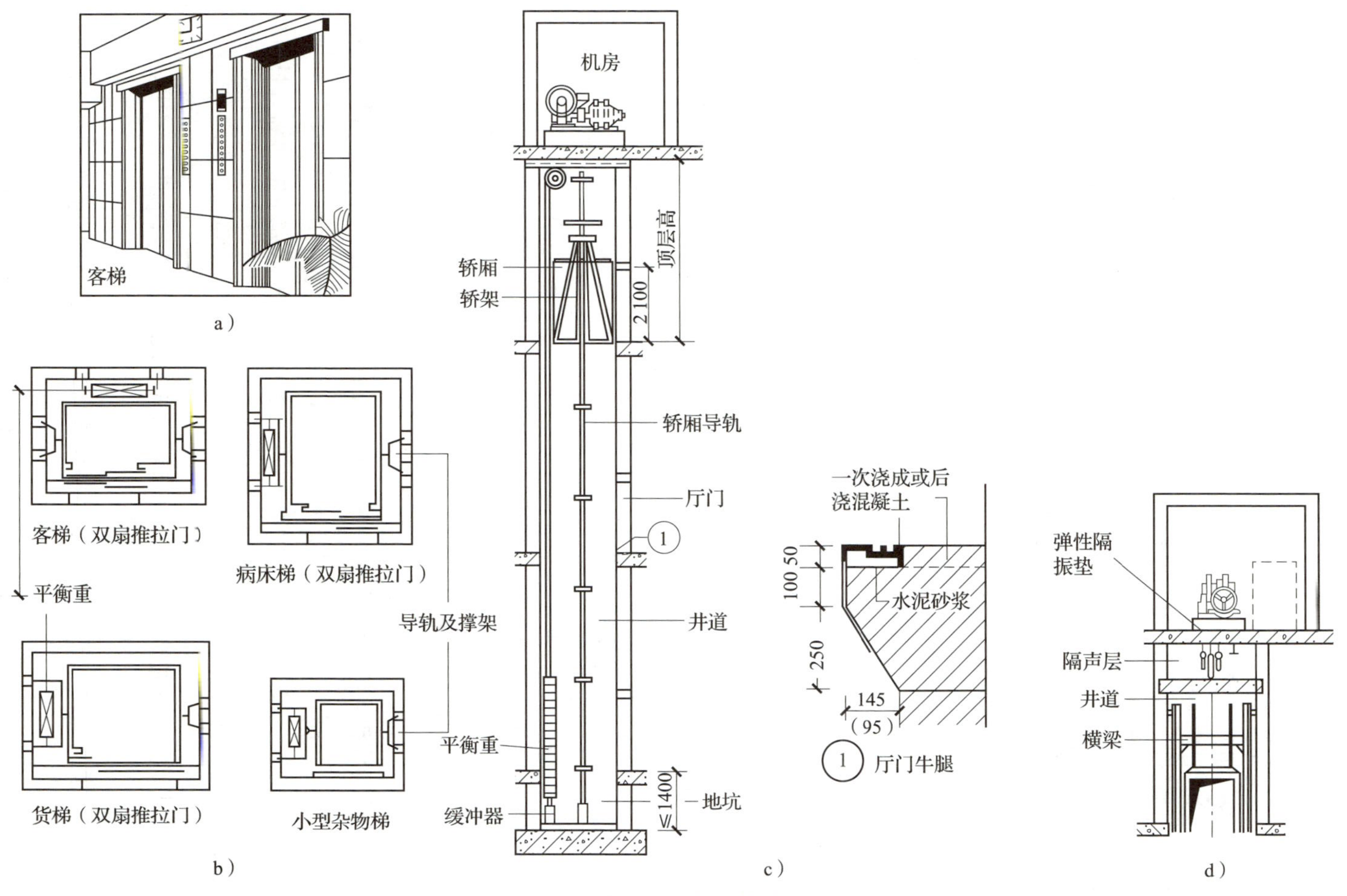

图 2-107　电梯的构造

a）电梯厅门　b）电梯分类与井道平面　c）电梯井道　d）电梯机房防振、隔声处理

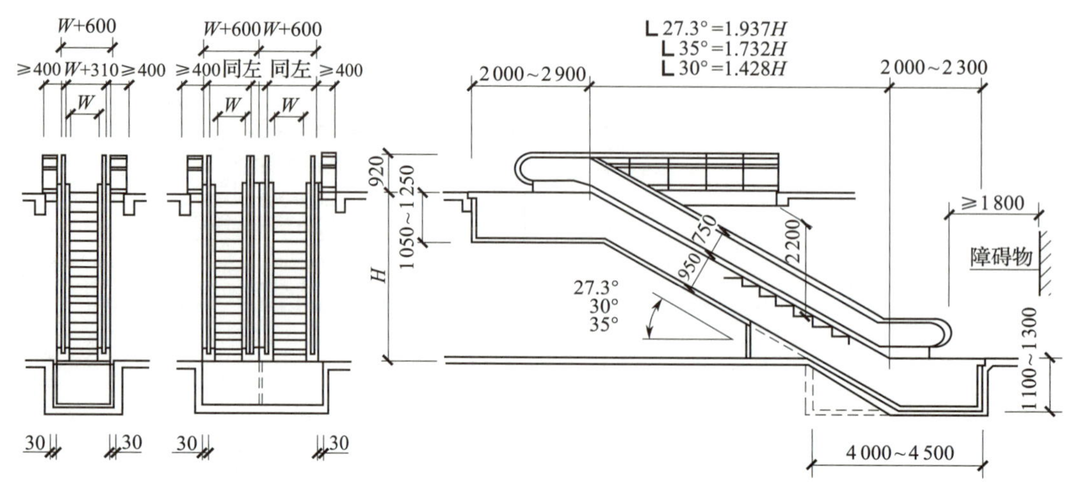

图 2-108　自动扶梯的主要尺寸和构造

第七节　屋顶

一、概述

1. 屋顶的作用、组成及构造要求

屋顶也称屋盖，是建筑物最上层的覆盖构件，其主要作用是阻挡风、雨、雪、太阳辐射，抵御酷热严寒，同时承受自重和作用在屋顶上的风、雪荷载及施工和屋面检修荷载，并将这些荷载传递给房屋的竖向承重构件。屋顶的形式对建筑物的造型有很大影响，是体现建筑风格的重要手段。

屋顶主要由屋面层、承重结构、保温层及顶棚四部分组成，如图 2-109 所示。

屋顶在设计时应满足坚固耐久、防水、排水、保温、隔热、防火、抵抗侵蚀等围护要求，还应保证自重小、构造简单、施工方便、造价经济，同时应采用与周围环境及建筑整体造型协调、美观的形式，体现建筑艺术效果。从正常使用的耐久性和适用性考虑，屋顶的防水、排水最为关键。

2. 屋顶的类型

屋顶的类型繁多，主要根据其结构和布置形式、屋面材料与构造、使用要求等因素进行分类。

（1）根据屋顶的结构和布置形式分为平屋顶、坡屋顶和曲面屋顶三大类，具体如图 2-110 所示。

（2）根据屋面材料与构造分为柔性防水屋顶、刚性材料防水屋顶和瓦屋顶。

（3）根据屋顶保温隔热要求分为保温屋顶、不保温屋顶和隔热屋顶。

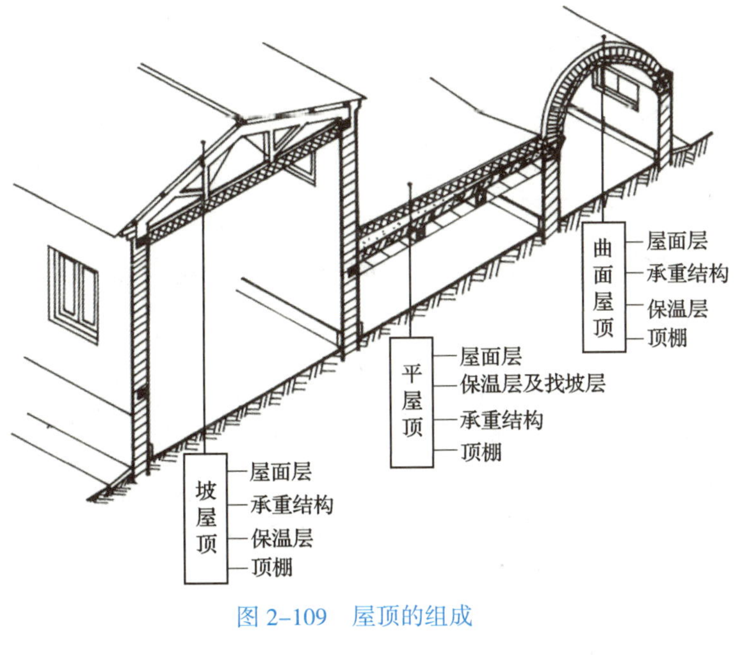

图 2-109　屋顶的组成

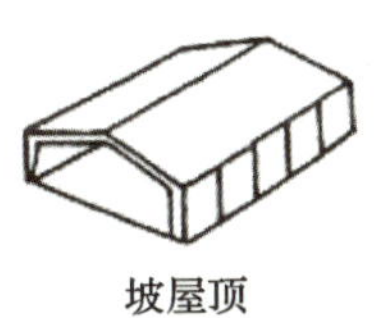

图 2-110　屋顶类型

二、平屋顶的构造

屋面排水坡度不超过 10% 的屋顶称为平屋顶。平屋顶的常用坡度为 2% ~ 3%。平屋顶与其他屋顶相比构造简单、施工方便，可供上人使用，是目前应用最为广泛的一种屋顶类型。

由于平屋顶坡度小、排水慢、屋顶积水后易出现渗漏现象，所以对其防水材料的质量和施工水平要求较高。平屋顶的建筑外观造型不如其他类型屋顶丰富多变，因此近年来，在某些城市已开始限制使用。

1. 平屋顶的组成

平屋顶主要由屋面层、防水层、保温层、隔热层和顶棚组成，为了满足构造要求，常附加找平层、找坡层、隔汽层等，如图 2-111 所示。

平屋顶的承重结构一般采用现浇或预制钢筋混凝土板。承重结构应具有足够的强度和刚度，在承受屋顶荷载的情况下，不能产生较大的变形，以防止发生防水层随其变形而导致渗漏的现象。

根据平屋顶防水材料和做法不同，防水层可分为柔性防水、刚性防水两种。柔性防水是以各种防水卷材铺设而成的防水层；刚性防水是以防水砂浆铺抹或防水细石混

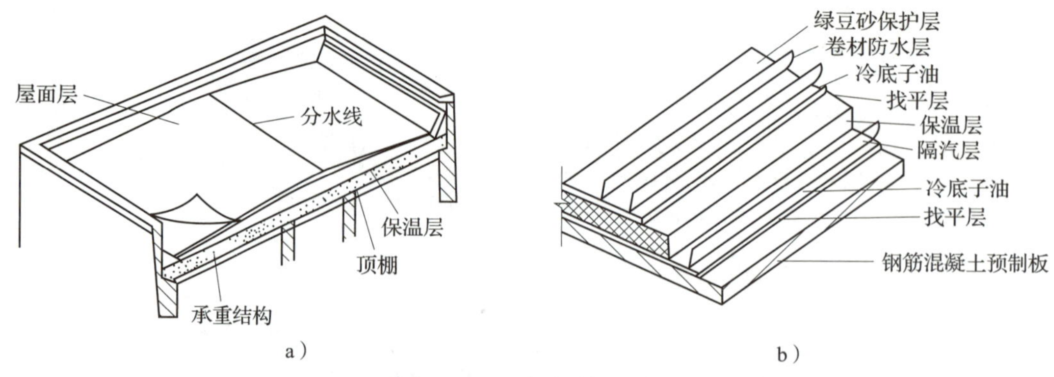

图 2–111　平屋顶的组成

a）平屋顶的组成示意　b）平屋顶的构造层次（防水保温）

凝土浇筑而成的防水层。柔性防水适用于寒冷和湿热地区及结构有较大变形或较大振动的建筑中；刚性防水适用于炎热地区、无保温要求的房屋，结构变形和振动较大的建筑物不得采用，以防止刚性防水材料开裂而渗漏。

为防止冬季室内热量散失，夏季室外热量进入室内，平屋顶应设置保温层和隔热层。保温层一般采用轻质多孔的松散材料，如膨胀珍珠岩、膨胀蛭石、加气混凝土等现浇或制成块材铺砌而成，也可采用聚苯乙烯泡沫塑料板等保温板材铺设而成。

2. 平屋顶的排水

（1）平屋顶的坡度形成

为利于排水，平屋顶屋面应设 1% ~ 5% 的排水坡度。排水坡度的形成方法常见的有材料找坡和结构找坡两种。

1）材料找坡。材料找坡也称为垫置坡度，是在水平搁置的屋顶板上利用轻质多孔的保温层材料，如膨胀珍珠岩、膨胀蛭石或水泥炉渣等铺设成找坡层而形成的。这种方法施工简便，室内顶棚平整，但增加了一部分屋顶自重，目前在民用建筑中被广泛使用。

2）结构找坡。结构找坡也称为搁置找坡，是将屋面板倾斜放置在顶面倾斜的墙或屋面大梁上而形成的。这种方法施工简便，自重小，但室内顶棚不平整，目前常用于工业建筑或设有吊顶的公共建筑中。

平屋顶的坡度形成方法如图 2–112 所示。

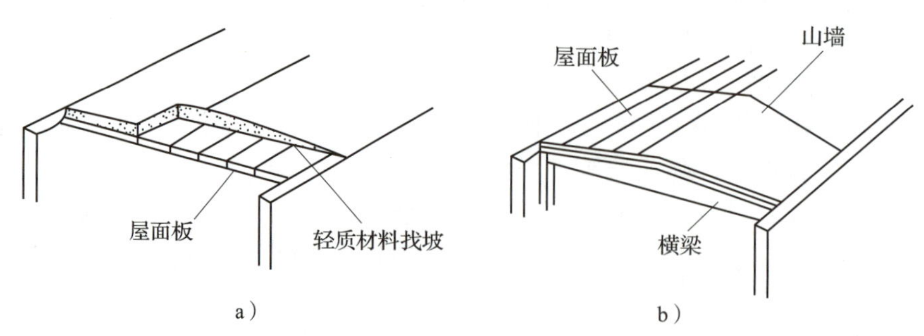

图 2–112　平屋顶的坡度形成方法

a）材料找坡　b）结构找坡

（2）平屋顶的排水方式

平屋顶的排水方式一般分为无组织排水和有组织排水两大类。

1）无组织排水。无组织排水也称为自由落水，是指屋面雨水经屋面挑檐直接自由下落至室外地面的一种排水方式。这种排水方式屋面檐口构造简单，造价低，但是雨水有时因风压作用会污染墙面，溅湿墙脚，一般用于降水量较少地区的低层建筑中，如图 2–113 所示。

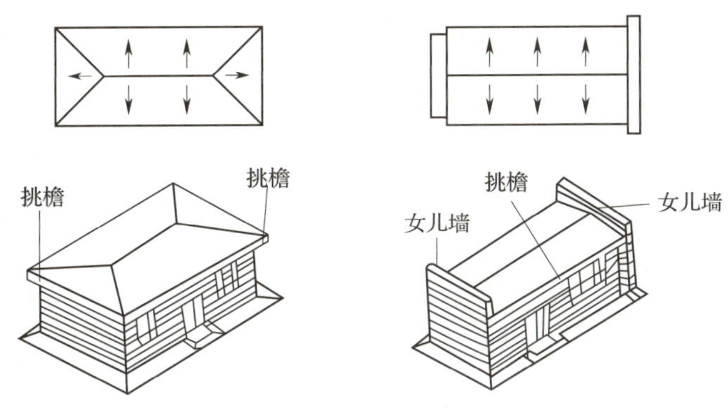

图 2–113　无组织排水

2）有组织排水。有组织排水也称为天沟排水，是将雨水通过屋面排水系统，有组织地排至室外地面。屋面的排水系统是利用屋面所形成的排水坡度，把屋面划分成若干个排水区，使雨水有组织地汇集，并通过檐口设置的雨水口流入雨水斗，经雨水管排走。这种排水方式构造复杂、造价高，但雨水不会冲刷和污染墙面，室外地坪无溅水现象，目前其广泛应用于各类建筑中。有组织排水根据雨水管与外墙位置关系不同，分为外排水和内排水两种形式。

外排水是将雨水管设置在外墙外侧，构造简单、施工方便、造价低，如图 2–114 所示。

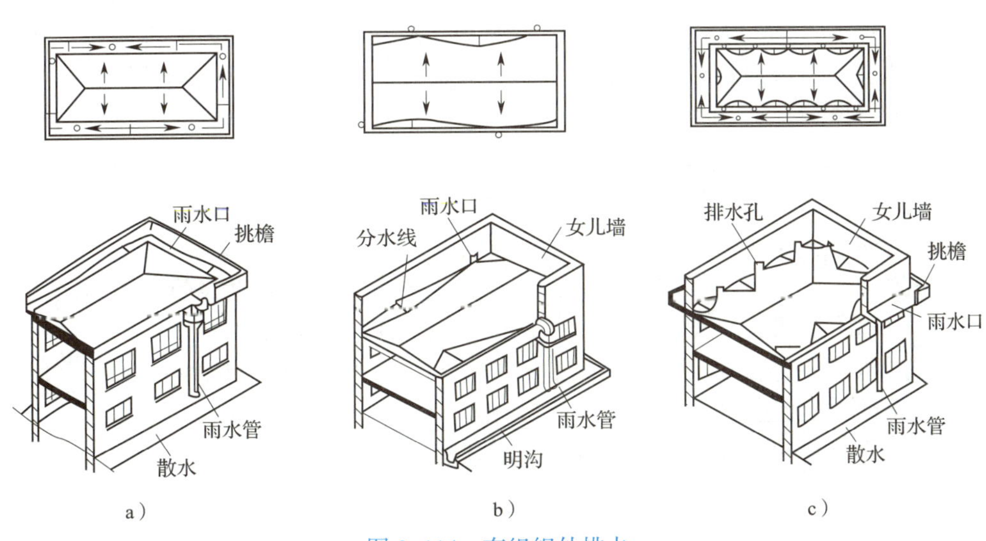

图 2–114　有组织外排水

a）檐沟外排水　b）女儿墙外排水　c）带女儿墙的檐沟外排水

内排水是将雨水管设置在外墙内侧的建筑物内，若考虑美观，可以在墙上设置管道井来布置雨水管。这种方式构造复杂、施工麻烦、造价高，易造成渗漏，维修不便。但雨水管的保温性能好，特别是冬季严寒地区为防止雨水管冻胀而大量使用内排水，目前其在多跨建筑、高层建筑中被广泛使用，如图 2–115 所示。

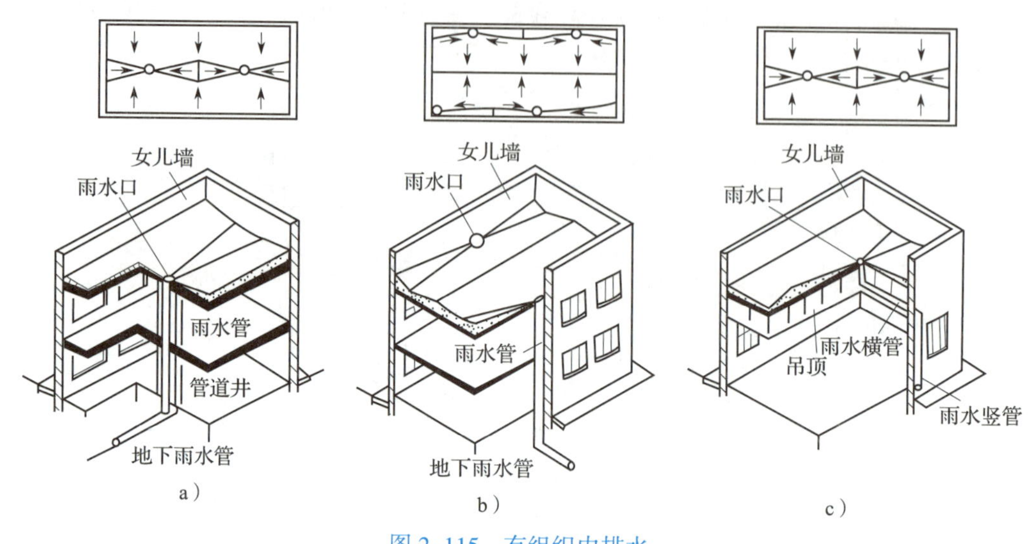

图 2–115　有组织内排水

a）房屋中部内排水　b）外墙内侧内排水　c）内落内排水

3. 平屋顶的防水构造

平屋顶的防水构造根据防水材料和施工做法的不同，可分为柔性防水屋顶和刚性防水屋顶两类。

（1）柔性防水屋顶

柔性防水屋顶也称为卷材防水屋顶，是利用各种柔性防水卷材与黏结剂结合，在屋顶上铺设形成连续的大面积的防水层的屋顶。按功能要求不同，柔性防水屋顶又分为保温屋顶和非保温屋顶，上人屋顶和不上人屋顶，有架空通风隔热层屋顶和无架空通风隔热层屋顶等。

柔性防水屋顶的构造层次有结构层、找平层、结合层、隔汽层、保温层、防水层和保护层等，如图 2–116 所示。

结构层为预制或现浇钢筋混凝土屋面板。

找平层一般设置在结构层和保温层上面，主要是为了防止铺设防水卷材时因基层不平整而引起质量问题，通常采用 1 : 3 水泥砂浆或 1 : 8 沥青砂浆。

结合层是设在卷材与找平层之间的一个层次，主要作用是使卷材与基层之间胶结牢固，防止两者之间分离、空鼓而导致防水能力下降。沥青类卷材采用冷底子油作为结合层，而合成高分子卷材一般采用专用的基层处理剂作为结合层。

隔汽层是设在保温层之下、结构层和找平层之上的一个层次。

在找平层上刷冷底子油一道、热沥青两道，也可采用一毡二油隔汽层。隔汽层的作用是防止室内潮湿空气侵入保温层，导致保温效果下降。

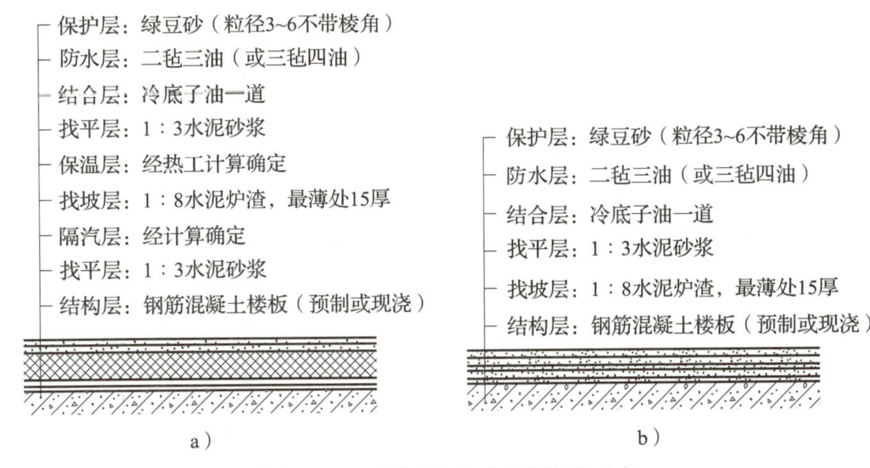

图 2–116　柔性防水屋顶的构造层次

a）柔性防水保温屋面　b）柔性防水非保温屋面

保温层常设于防水层和结构层之间，其厚度需由热工计算确定。

防水层目前使用的卷材有高聚物改性沥青防水卷材、合成高分子防水卷材等。高聚性改性沥青防水卷材施工简便，性能优良，使用年限较长，目前在各种建筑中被广泛采用。高聚物改性沥青卷材常用的有 SBS 和 APP 两种。合成高分子防水卷材使用年限长、施工简便、低污染，其耐老化性、耐低温性、耐化学腐蚀性都优于其他类型防水卷材，并且具有抗拉强度高、延伸率大、质量轻等优点，但遇有机溶液时宜溶胀，且造价较高。常用的合成高分子防水卷材品种有三元乙丙橡胶防水卷材、氯丁橡胶防水卷材、聚氯乙烯防水卷材等。

保护层设置在防水层之上，用来保护防水，延长其使用寿命。保护层的做法有以下几种：

1）不上人屋面。沥青防水卷材屋顶宜采用直径 3 ~ 6 mm 的绿豆砂炒热铺撒在卷材上，或采用铝银粉涂料涂抹而成。高聚物改性沥青卷材及合成高分子卷材可用铝箔面层、彩砂或涂料做保护层。

2）上人屋面。在防水上浇筑厚 30 ~ 40 mm 的 C20 细石混凝土，也可做沥青胶或水泥砂浆铺砌厚度为 25 mm 的 300 mm × 300 mm 的预制细石混凝土板形成上人屋面面层并兼作保护层。细石混凝土板的板缝内应灌沥青胶。

3）架空保护层。利用架空隔热层兼做保护层，其构造做法将在隔热层构造中介绍。

（2）刚性防水屋顶

刚性防水屋顶的主要构造层次有结构层、找平层、隔离层和防水层。

结构层为现浇或预制钢筋混凝土屋面板。

找平层是在屋面板为预制钢筋混凝土板时，因其表面不够平整而设置的构造层次，采用 1 : 3 水泥砂浆铺抹 20 mm 厚而成。

隔离层是采用黏土砂浆、石灰砂浆、水泥砂浆或油毡等隔离材料，铺设在防水层与基层（现浇屋面板或找平层）之间的构造层次。设置隔离层是为了防止结构层变形时影响防水层，导致刚性防水层开裂。

刚性防水层的做法有两种：一种是采用 1∶3～1∶2 的防水砂浆（水泥砂浆中掺入水泥用量 3%～5% 的防水剂）铺抹两道而成，另一种是采用大于等于 C20 强度等级的细石混凝土整体浇筑 35～40 mm 厚而成。为防止细石混凝土开裂而失去防水效果，应在混凝土中配双向 ϕ4 @ 100～200 mm 的钢筋网片。

刚性防水屋顶的构造做法如图 2–117 所示。

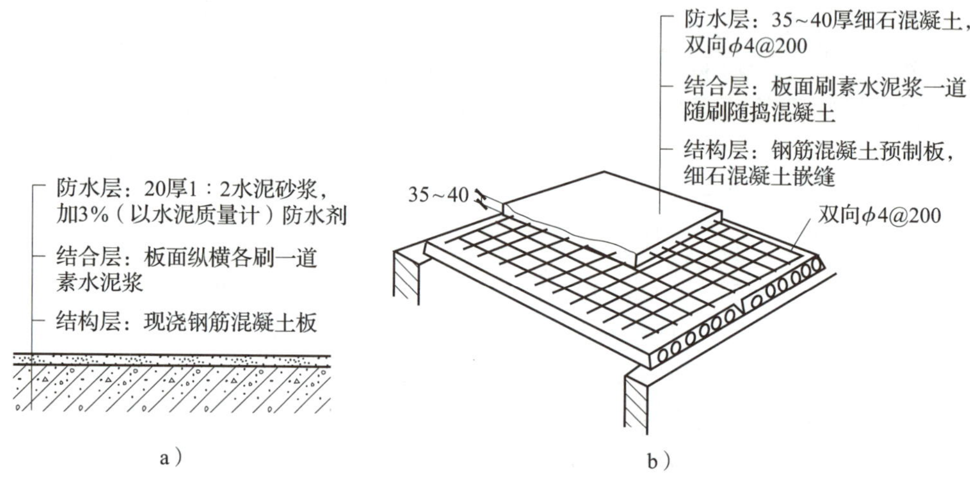

图 2–117　刚性防水屋顶的构造做法

a）砂浆防水屋面　b）细石混凝土防水屋面

除了配制钢筋网片来防止细石混凝土防水层开裂外，在结构变形敏感的屋面部位及温度变形允许的范围以内，应设置刚性防水层的分格缝。分格缝常设置在预制板的支座处、预制板搁置方向的变化处、现浇板与预制板相交处等部位，其纵横向间距不宜大于 6 m，缝中的钢筋网片必须断开。刚性防水屋顶分格缝的构造如图 2–118 所示。

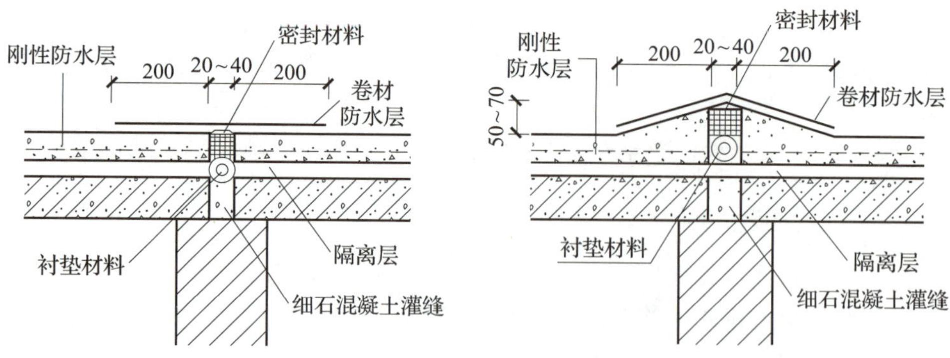

图 2–118　刚性防水屋顶分格缝的构造

4. 平屋顶的细部构造

平屋顶的细部构造主要包括泛水、檐口和变形缝。

（1）平屋顶的泛水构造

泛水是指屋面与垂直墙面交接处的防水构造，如女儿墙与屋面、烟囱或管道与屋面、上人屋面楼梯间墙体与屋面、屋面消防水箱或设备间墙体与屋面、变形缝泛水等。泛水是屋面防水构造中的薄弱环节，应认真处理。平屋顶女儿墙泛水构造如图 2–119 所示，平屋顶管道泛水构造如图 2–120 所示。

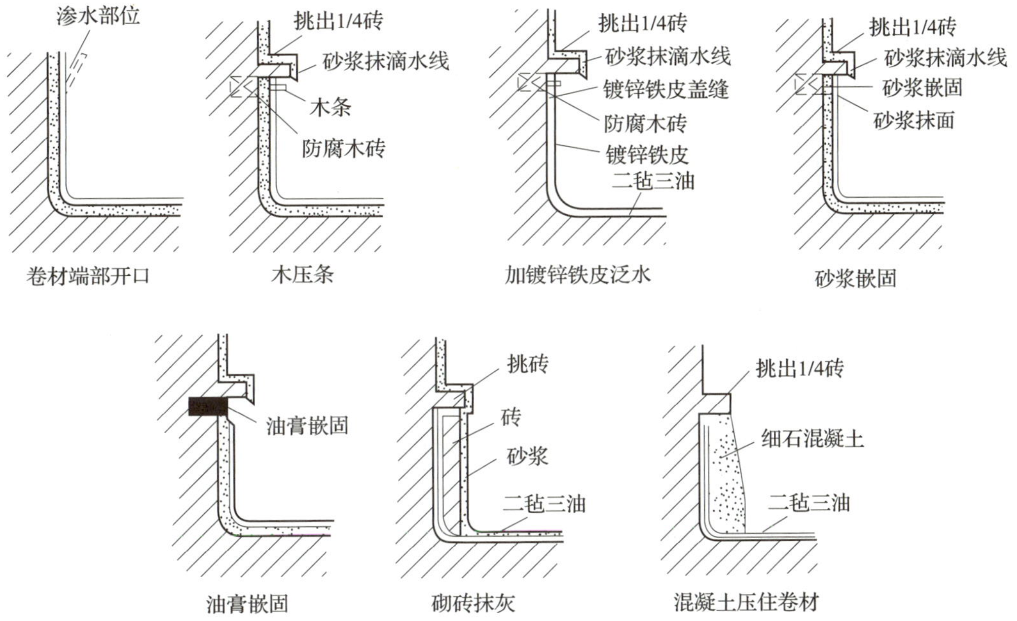

卷材端部开口　　木压条　　加镀锌铁皮泛水　　砂浆嵌固

油膏嵌固　　砌砖抹灰　　混凝土压住卷材

a）

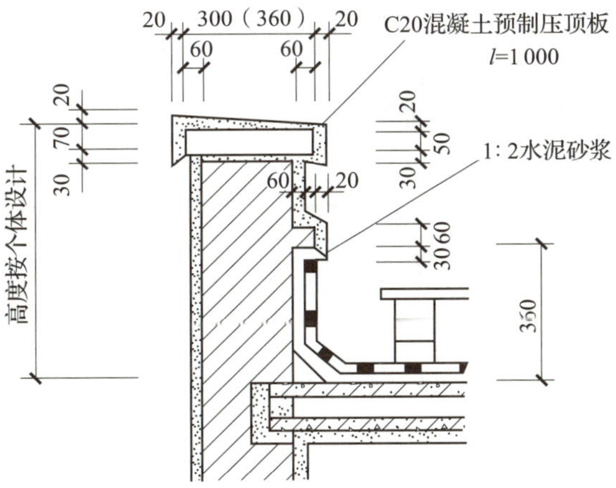

b）

图 2–119　平屋顶女儿墙泛水构造

a）平屋顶柔性防水女儿墙泛水构造　b）平屋顶刚性防水女儿墙泛水构造

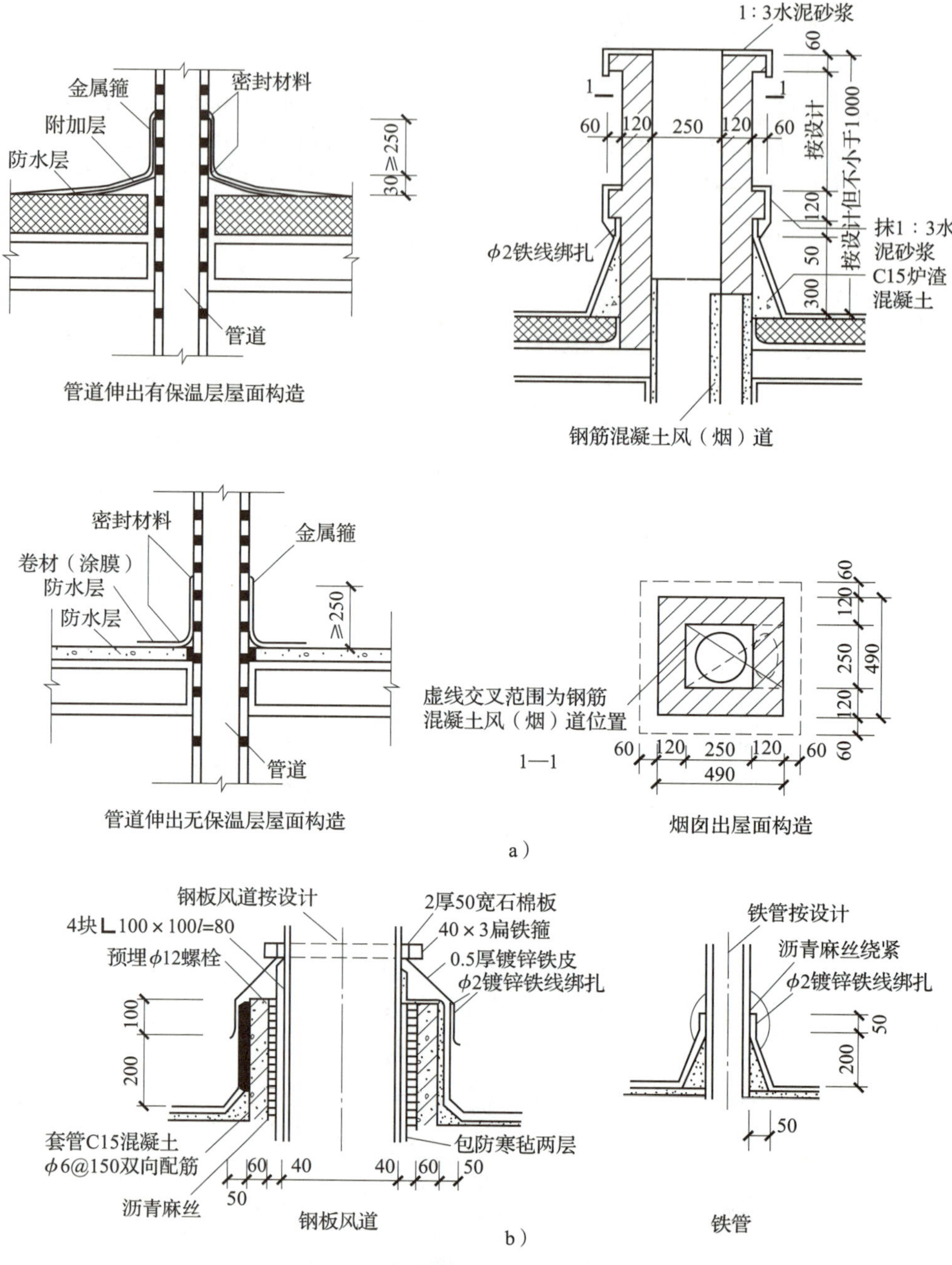

图 2–120 平屋顶管道泛水构造

a）平屋顶柔性防水管道泛水构造 b）平屋顶刚性防水管道泛水构造

（2）平屋顶的檐口构造

平屋顶柔性防水屋面的檐口有自由落水檐口、挑檐沟檐口、女儿墙内檐沟檐口和女儿墙外檐沟檐口四种常见形式，平屋顶刚性防水屋面的檐口有自由落水檐口和挑檐沟檐口两种形式，其构造如图 2–121 ~ 图 2–126 所示。

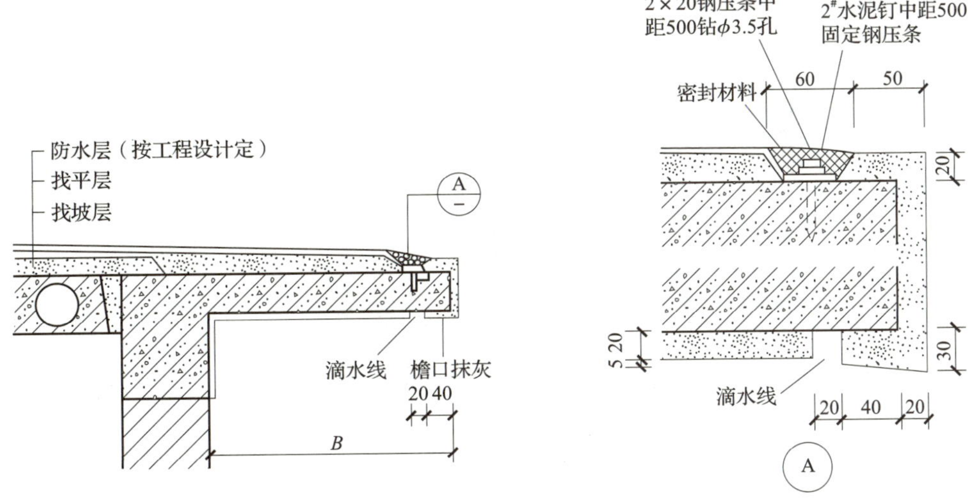

图 2-121　平屋顶柔性防水屋面自由落水檐口构造

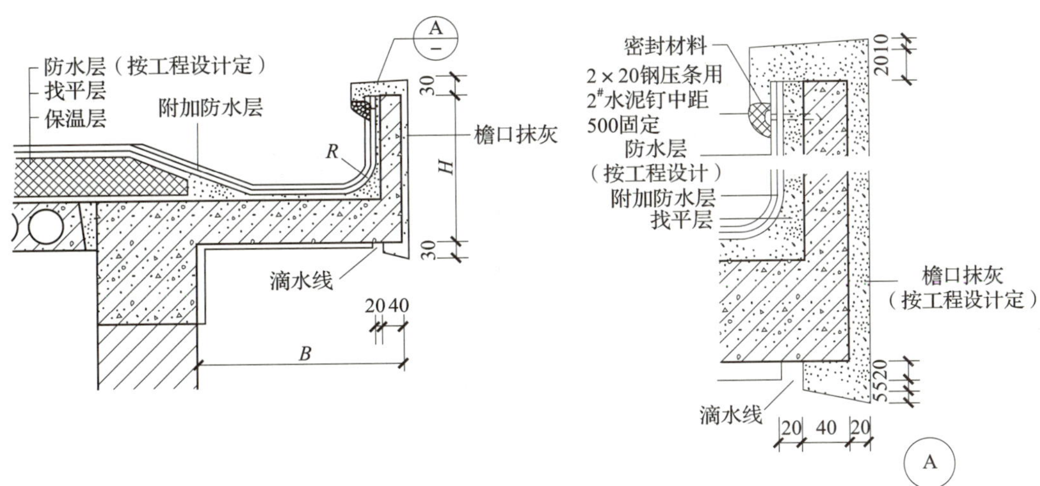

图 2-122　平屋顶柔性防水屋面挑檐沟檐口构造

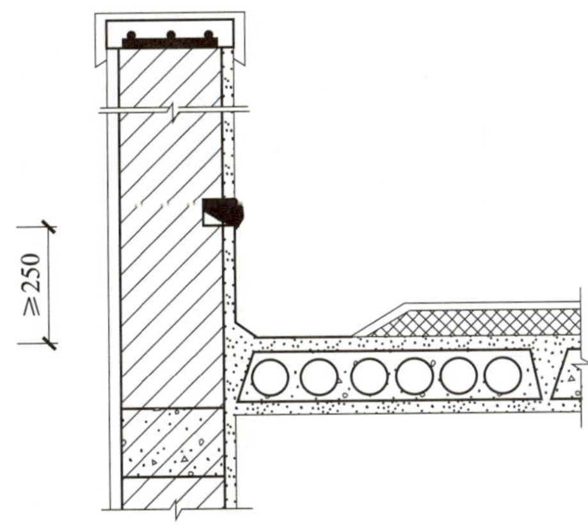

图 2-123　平屋顶柔性防水屋面女儿墙内檐沟檐口构造

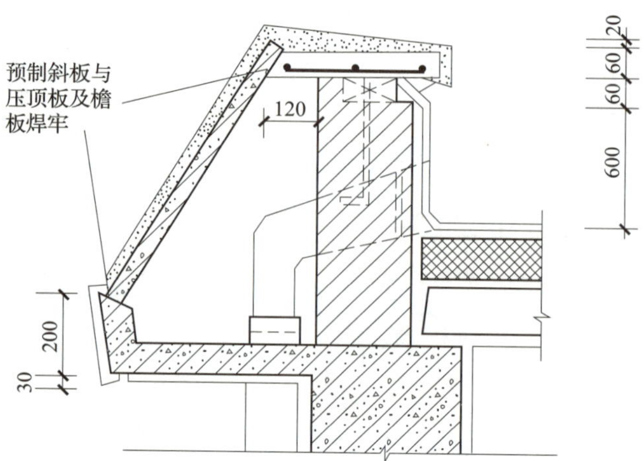

图 2-124　平屋顶柔性防水屋面女儿墙外檐沟檐口构造

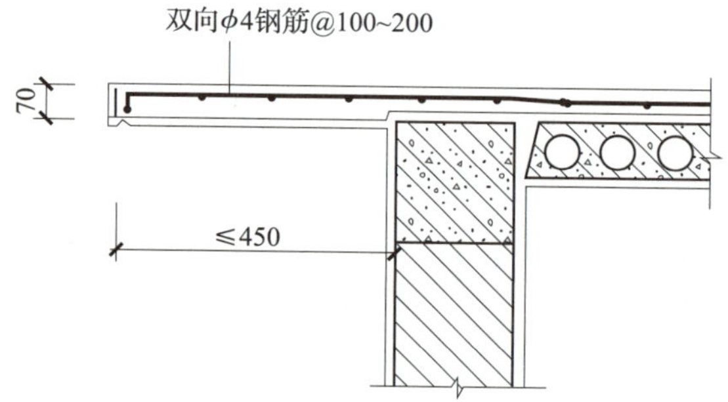

图 2-125　平屋顶刚性防水屋面自由落水檐口构造

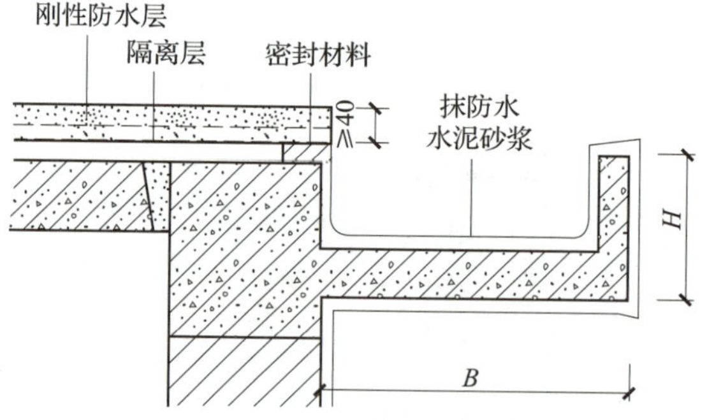

图 2-126　平屋顶刚性防水屋面挑檐沟檐口构造

（3）平屋顶的变形缝构造

房屋结构设置的三种变形缝均应断开屋顶。屋顶断开处的变形缝防水处理是否得当，直接影响屋顶能否正常使用和其耐久性。平屋顶的变形缝防水构造如图 2-127 所示。

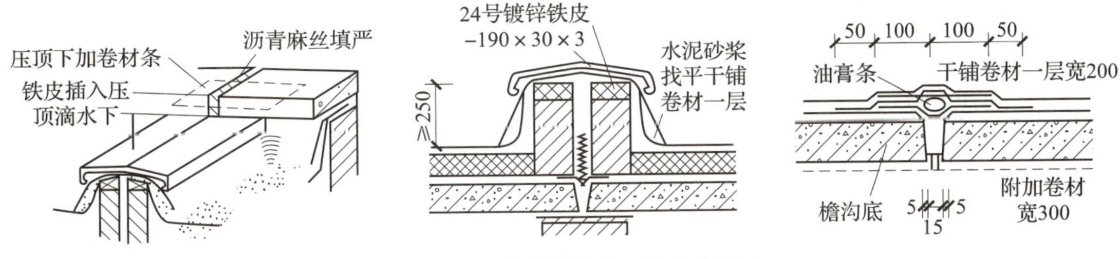

图 2–127　平屋顶的变形缝防水构造

5. 平屋顶的保温与隔热

（1）平屋顶的保温

为防止室内热量由屋顶向室外散失，在冬季严寒地区或安装有空调的建筑中应采用保温屋顶。

屋顶保温材料有三种类型：一是松散保温材料，如膨胀珍珠岩、膨胀蛭石、矿棉、岩棉、玻璃棉等；二是用水泥或沥青等胶凝材料将松散保温材料拌和浇筑而成的整体保温材料，如水泥膨胀珍珠岩、水泥炉渣、沥青膨胀珍珠岩等；三是板块状保温材料，如加气混凝土板、泡沫混凝土板、矿棉板、聚苯乙烯泡沫塑料板等。各种保温材料应根据建筑物的使用要求、工程造价及保温材料所在位置和构造不同而合理选择。

根据保温层在屋顶中的构造层次位置的不同，保温屋顶可分为正置式和倒置式两种。

1）正置式保温层应设在防水层之下、结构层之上。正置式保温层对防水层的要求较高，应确保保温层不会因受潮而失去保温效果。同时在结构层与保温层之间加设隔汽层，以防止室内潮气侵入保温层。正置式保温屋顶的构造层次如图 2–128a 所示。

2）倒置式保温层是将自身具有憎水性质的保温材料设置在防水层之上，倒置式保温层同时也是防水层的保护层，常见材料如聚苯乙烯泡沫塑料板和聚氨酯泡沫塑料板。倒置式保温屋顶的构造层次如图 2–128b 所示。

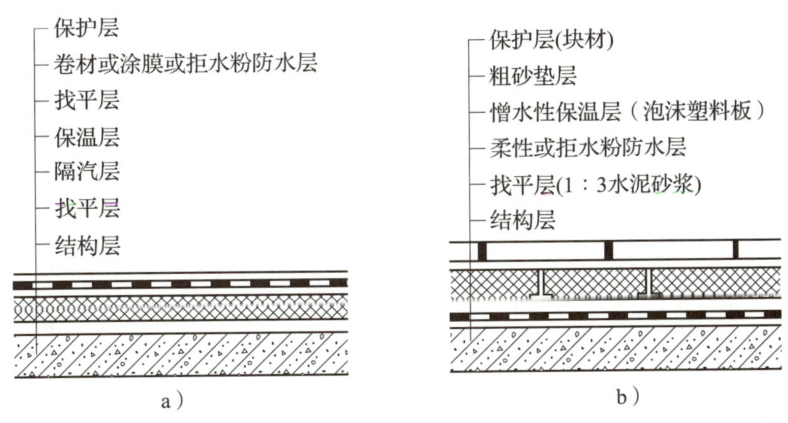

图 2–128　平屋顶保温构造层次

a）正置式保温屋顶　b）倒置式保温屋顶

（2）平屋顶的隔热

为防止室外热量侵入室内而影响室内的舒适度，在夏季炎热地区的建筑物屋顶应设置隔热层。平屋顶常见的有通风隔热屋顶、反射隔热屋顶、种植隔热屋顶、蓄水隔热屋顶等。

1）通风隔热屋顶。通风隔热屋顶是设置通风空气间层，利用空气的流动散发部分热量的一种隔热屋顶。根据通风空气间层所在位置不同，通风隔热屋顶可分为吊顶通风隔热屋顶和架空通风隔热屋顶两种类型。

吊顶通风隔热屋顶是在屋面板下设置吊顶，檐墙开设通风口的一种隔热屋顶，如图 2–129 所示。

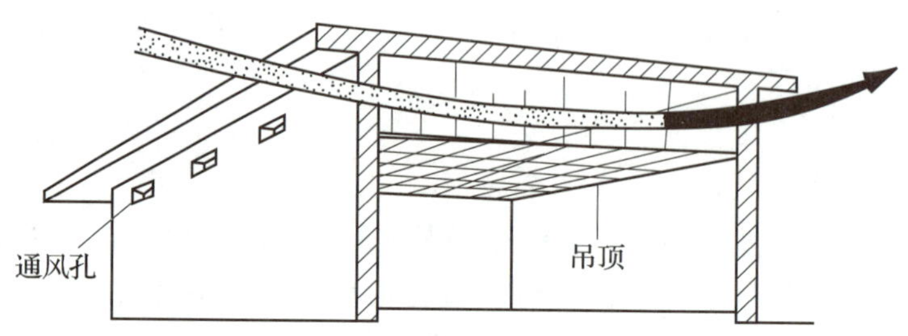

图 2–129　吊顶通风隔热屋顶

架空通风隔热屋顶是在屋面防水层之上砌筑砖墩作为支座，上支大阶砖或预制混凝土板而形成架空通风空气间层的一种隔热屋顶，如图 2–130 所示。

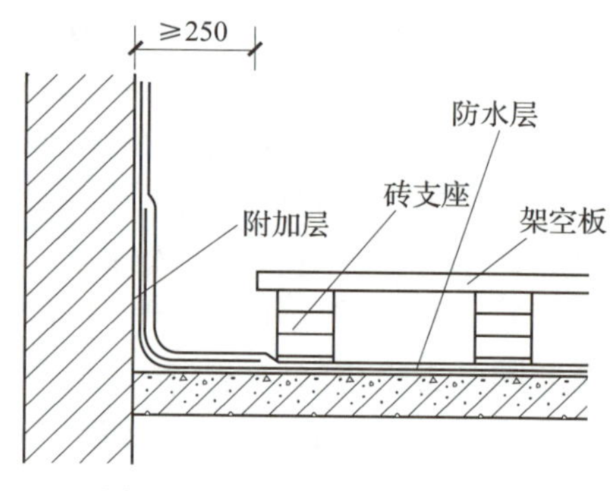

图 2–130　架空通风隔热屋顶

2）反射隔热屋顶。反射隔热屋顶是在屋顶铺设浅色光滑材料，反射热量以达到隔热降温作用的一种隔热屋顶。先在防水层上铺设浅色豆石或大阶砖作为保护层，刷银粉涂料，或采用铝箔面油毡防水卷材直接铺设而成。

3）种植隔热屋顶。种植隔热屋顶是在屋面防水层上铺设种植土，利用植被作为隔热层的一种隔热屋顶，如图 2–131 所示。

4）蓄水隔热屋顶。蓄水隔热屋顶是在现浇钢筋混凝土刚性防水屋顶长期蓄水而成的一种隔热屋顶。长期浸在水中的混凝土可避免碳化、开裂，提高耐久性，但对防水层的质量要求较高，在冬季结冰和沉降、变形、振动较大的建筑物中不得采用，如图 2–132 所示。

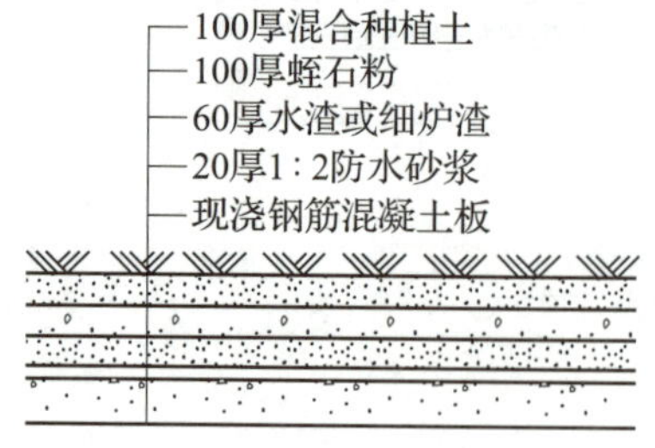

图 2–131　种植隔热屋顶

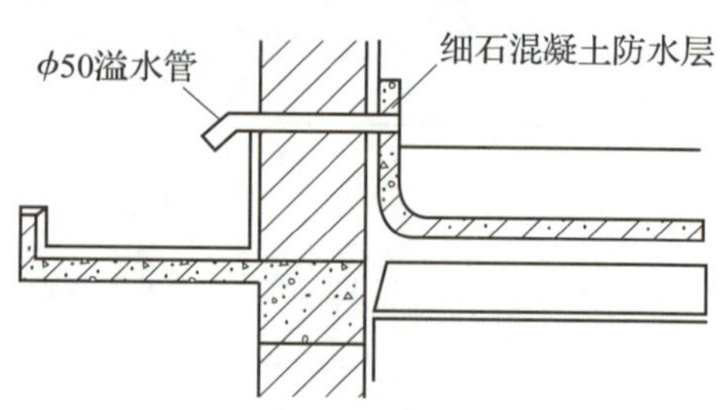

图 2–132　蓄水隔热屋顶

三、坡屋顶的构造

屋面排水坡度大于 10% 的屋顶称为坡屋顶。坡屋顶是我国传统的建筑屋顶形式，造型丰富，可体现不同的建筑风格。

坡屋顶与平屋顶相比，构造组成有明显不同，主要由承重结构和面层两部分组成。根据房屋的使用要求，还可设置保温层、隔热层及顶棚等构造层次。

1. 坡屋顶的承重结构

坡屋顶的承重结构与平屋顶截然不同，常见的结构形式有砖墙承重结构、屋架承重结构和钢筋混凝土梁板式承重结构。

（1）砖墙承重结构

砖墙承重结构也称为硬山搁檩。当房屋中的内横墙间距较小时，可将其上部砌筑成三角形，直接搁置檩条以承受屋顶荷载，这种做法构造简单、施工方便、造价低，适用于房屋开间较小的建筑。檩条有木檩条、钢檩条和钢筋混凝土檩条三种，如图 2–133 所示。

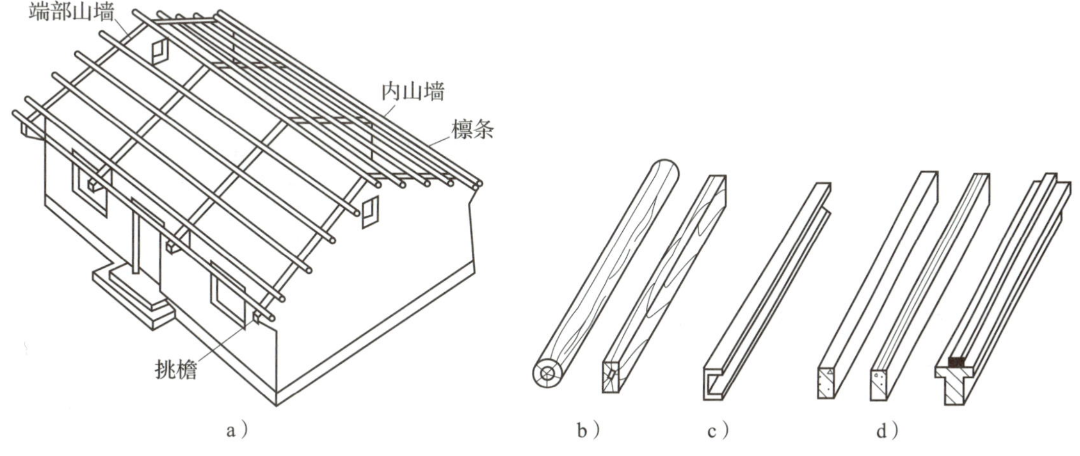

图 2–133　砖墙承重结构

a）砖墙承重结构示意图　b）木檩条　c）钢檩条　d）钢筋混凝土檩条

（2）屋架承重结构

当房屋需要较大空间时，应减少横墙的数量，可采用屋架直接搁置在房屋纵墙或排架承重柱上，由屋架承受屋顶荷载，这种结构形式称为屋架承重结构。屋架承重结构根据屋架之间是否设置檩条又分为有檩体系和无檩体系两种类型。有檩体系是在屋架间搁置檩条用于承受屋顶荷载，并将其传递给屋架，如图 2–134 所示；无檩体系是屋架间不设檩条，将跨度等于两屋架间距的钢筋混凝土屋面板直接搁置在两榀屋架之上。

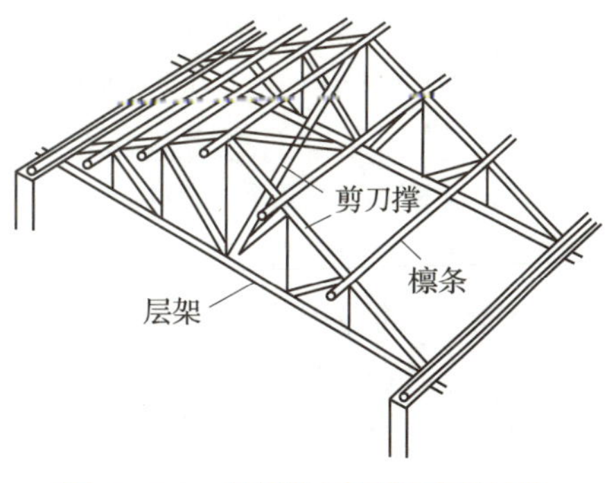

图 2–134　有檩体系屋架承重结构

（3）钢筋混凝土梁板式承重结构

该结构是将预制式或现浇式钢筋混凝土屋面板直接搁置在两个山墙或屋架上作为屋顶的承重结构，是无檩体系中的一种类型，其构造如图 2–135 所示。

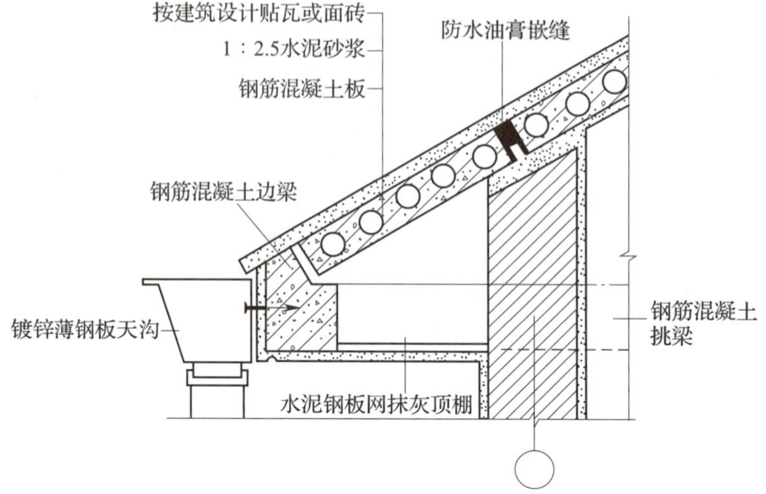

图 2–135　钢筋混凝土梁板式承重结构的构造

2. 坡屋顶的面层

坡屋顶的面层是由支撑在屋面承重基层上的各种瓦材组成的，采用的瓦材有平瓦、小青瓦、波形瓦、油毡瓦和金属压型板等。屋面承重基层是指檩条上支撑屋面瓦材的构造层，如椽条、挂念瓦条、屋面板等。

（1）平瓦屋面

平瓦是由黏土烧制而成的瓦材，每片尺寸为 400 mm × 230 mm，平瓦屋面的构造如图 2–136 所示。平瓦屋面常见的有冷摊平瓦屋面、屋面板平瓦屋面和挂瓦板平瓦屋面等。

（2）波形瓦屋面

波形瓦屋面是在檩条上采用螺栓将波形瓦铺挂而成的屋面。根据使用要求的不同，也可在波形瓦下设置望板。常用的波形瓦有石棉水泥瓦、玻璃纤维水泥瓦、聚氯乙烯波形瓦和聚丙烯波形瓦、玻璃钢瓦和彩钢瓦等。

波形瓦在檩条上铺挂时应上下瓦缝搭接不小于 100 mm，沿主导风向左右搭接至少一波。挂瓦螺栓钉孔应在波峰位置，并铺设油毡垫片防水，每块瓦应至少固定在三根檩条上。波形瓦屋面的构造如图 2–137 所示。

3. 坡屋顶的保温与隔热

（1）坡屋顶的保温

坡屋顶的保温可分为屋面保温和顶棚保温两种类型。屋面保温是将保温材料铺设在瓦材与屋面板之间，也可设在檩条之间铺钉的保温板材内。顶棚保温是在檩条下面铺挂吊顶，吊顶板上设油毡隔汽层和保温材料而成的。常用的保温材料有木屑、膨胀珍珠岩、矿棉、玻璃棉和聚苯乙烯泡沫塑料板等。坡屋顶的保温层构造如图 2–138 所示。

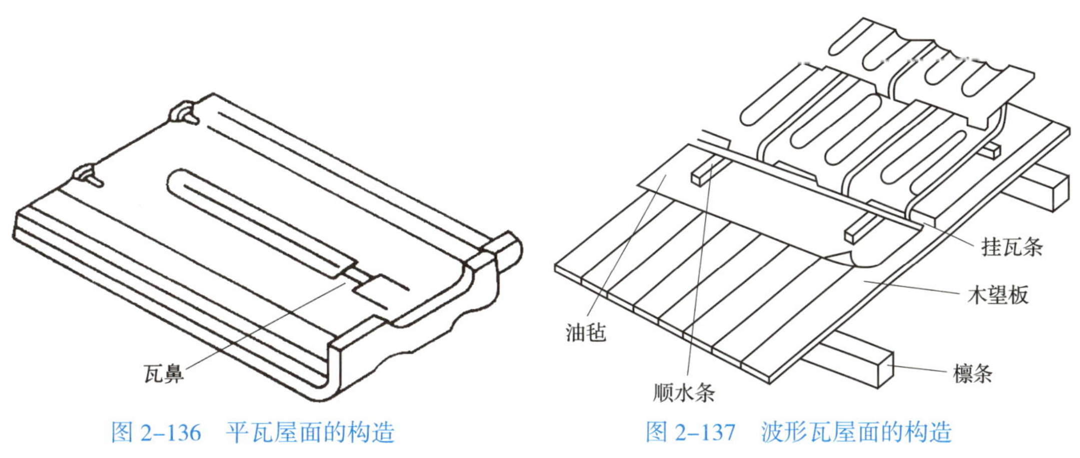

图 2–136　平瓦屋面的构造　　图 2–137　波形瓦屋面的构造

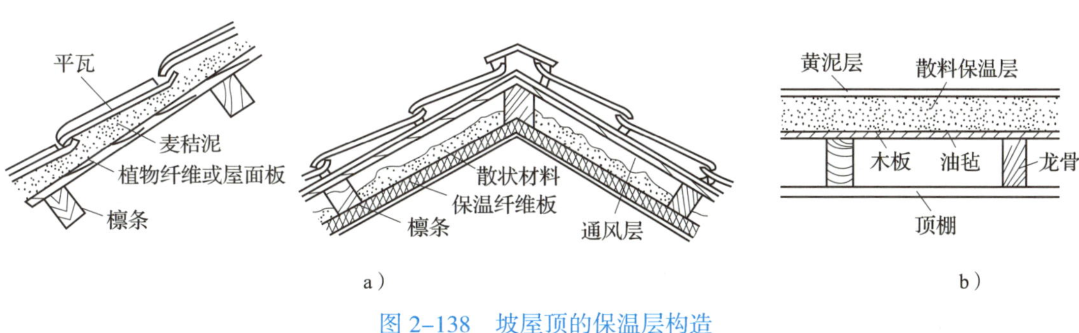

图 2–138　坡屋顶的保温层构造

a）屋面保温　b）顶棚保温

（2）坡屋顶的隔热

坡屋顶的隔热除了依靠屋面瓦材自身实体材料隔热外，也可采用更有效的其他隔热构造做法，如设置通风屋面、采用吊顶通风等。坡屋顶的隔热构造如图 2–139 和图 2–140 所示。

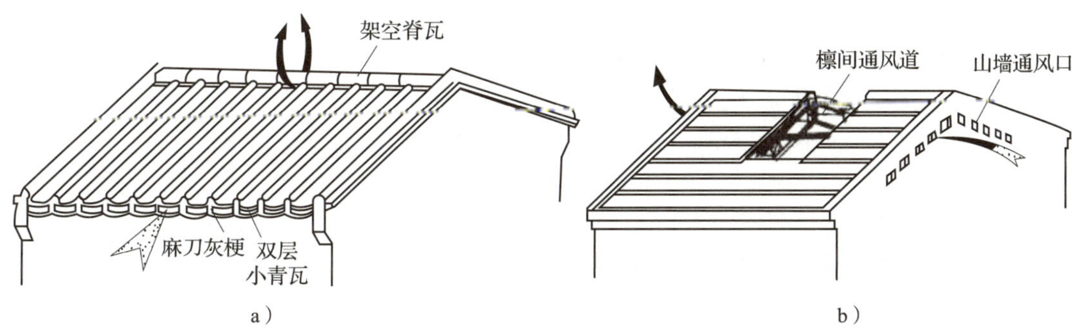

图 2–139　坡屋顶通风屋面隔热构造

a）双层瓦通风屋面　b）檩间通风屋面

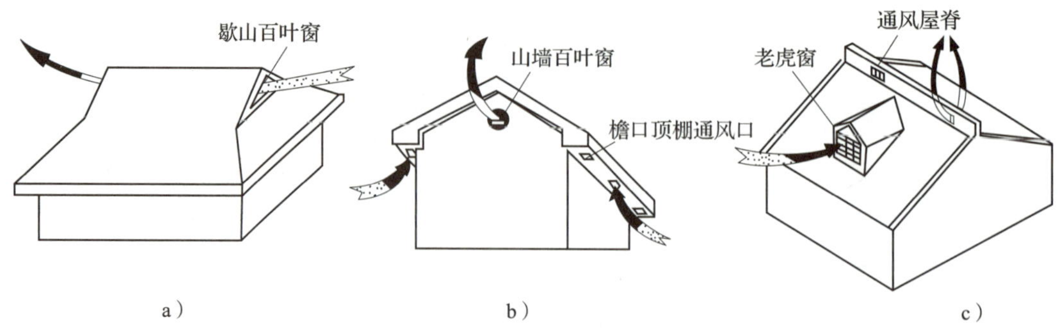

图 2-140　坡屋顶吊顶通风隔热构造

a）歇山百叶窗　b）山墙百叶窗和檐口顶棚通风口　c）老虎窗与通风屋脊

4. 坡屋顶的细部构造

（1）平瓦屋面斜沟与戗角构造

平瓦屋面的斜沟处是防水处理的一个重要环节，构造方法或施工不当易造成渗漏，在瓦材下应铺设镀锌铁皮天沟，伸入瓦内每侧不小于 150 mm。斜沟构造如图 2-141a 所示。

戗角处的瓦材下面构造同斜沟，但戗角上部应采用灰泥窝脊瓦，其构造如图 2-141b 所示。

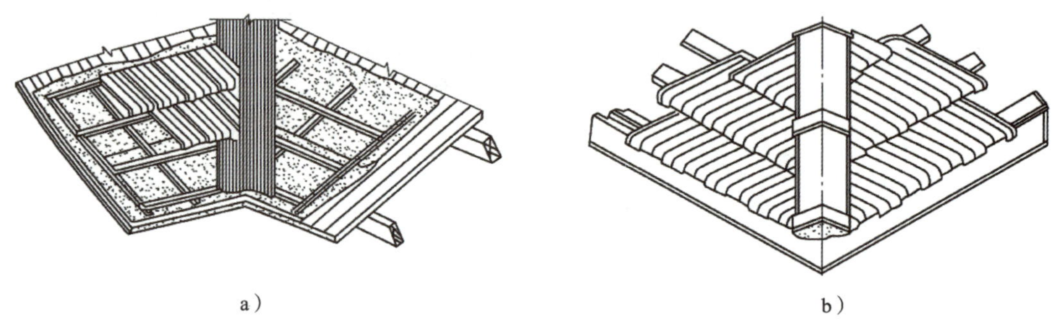

图 2-141　平瓦屋面斜沟与戗角构造

a）斜沟　b）戗角

（2）坡屋顶山墙泛水构造

坡屋顶当山墙为硬山时，山墙突出屋面，烟囱或排气管道伸出屋面，屋面设有老虎窗时，均应做泛水。烟囱泛水一般采用水泥石灰麻刀砂浆或水泥砂浆铺抹而成，铺抹高度不小于 250 mm，其构造如图 2-142 所示。

管道泛水根据坡屋顶承重基层类型不同，有穿钢筋混凝土屋面板和穿瓦屋面两种做法，其构造如图 2-143 所示。

山墙泛水常见的做法有镀锌铁皮踏步泛水和小青瓦泛水两种，其构造如图 2-144 所示。

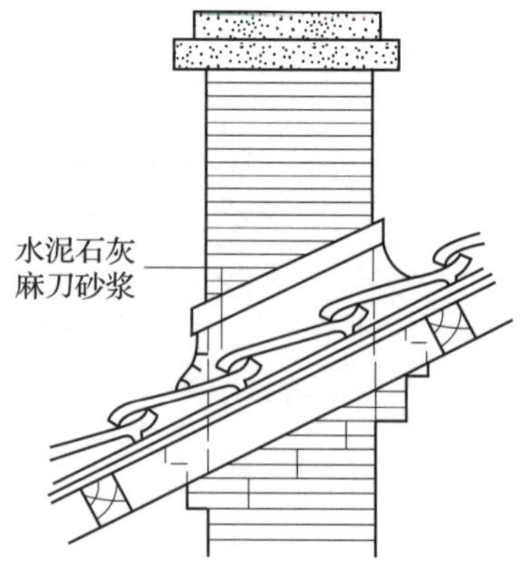

图 2-142　烟囱泛水的构造

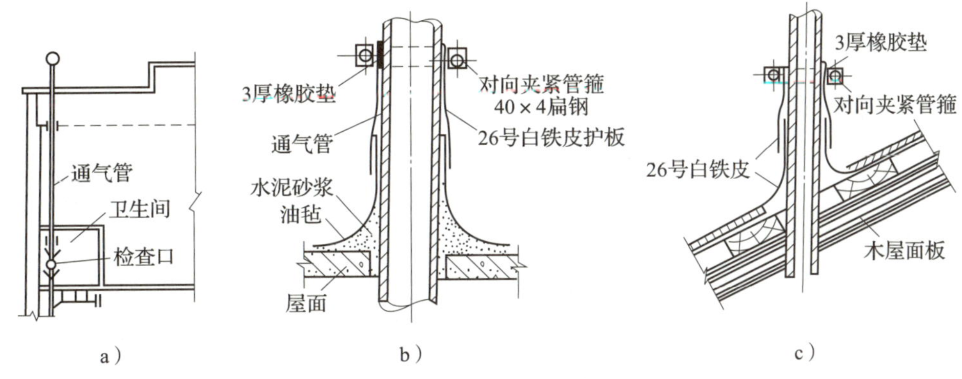

图 2–143　管道泛水的构造

a）室内排水立管示意图　b）穿钢筋混凝土屋面　c）穿瓦屋面

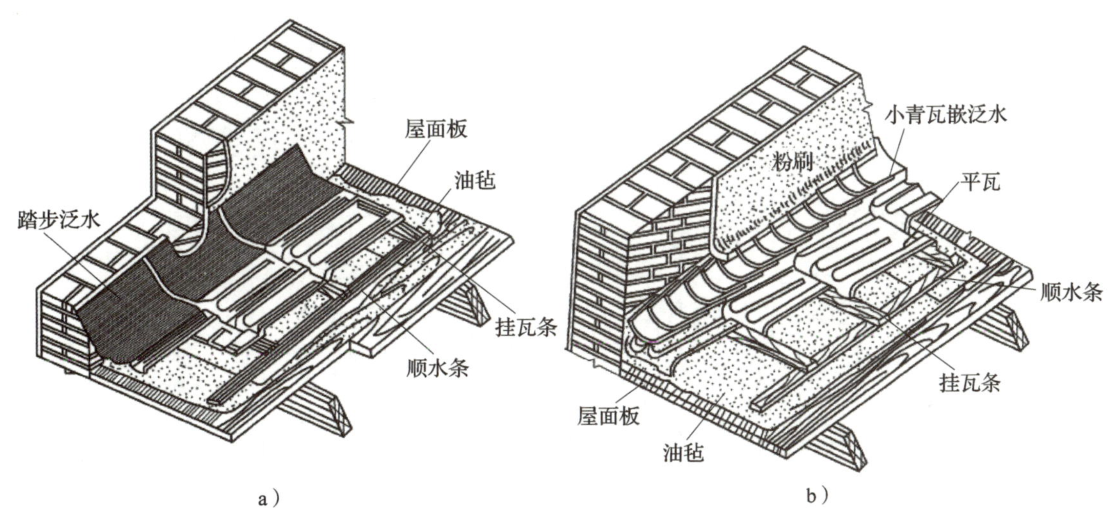

图 2–144　山墙泛水的构造

a）镀锌铁皮踏步泛水　b）小青瓦泛水

第八节　门窗

一、门窗的作用及分类

门和窗是建筑物的重要组成部分，也是主要围护构件之一。

1. 门窗的主要作用

门的主要作用是内外联系（交通和疏散）、围护和分隔空间、建筑立面装饰和造型并兼有采光和通风作用。窗的作用是采光、通风、眺望、围护和分隔空间、联系空间（观望和传递）、建筑立面装饰和造型及在特殊情况下交通和疏散等。

门的设置和构造要求主要是满足交通和疏散要求，必须有足够的宽度和适宜的数量及位置，其他方面要求基本同窗的设置和构造要求。在建筑中窗的设置和构造要求主要有以下几个方面：满足采光要求，必须有一定的窗洞口面积；满足通风要求，窗洞口面积中必须有一定的活扇面积；开启灵活、关闭紧密，能够方便使用和减少外界对室内的影响；坚固、耐久，保证使用安全；符合建筑立面装饰和造型要求，必须有适合的色彩及窗洞口尺寸，同时必须满足建筑的某些特殊要求，如保温、隔热、隔声、防水、防火、防盗等。

门窗的设置及构造对建筑空间使用的合理性和舒适度有重要影响，其材料、色彩、造型及排列组合等也是建筑物造型和立面设计的主要内容。目前我国门窗的制作和加工已基本实现标准化、定型化，走上了工业化生产的道路。在工程实践中，技术人员只需确定门窗洞口的形状和立面窗扇划分尺寸，委托有关生产厂家加工即可。各地区均有门窗尺寸和构造等标准图和通用图可供选用。

2. 门窗的分类

（1）门的分类

按使用材料分为木门、钢制门、铝合金门、塑钢门、玻璃门和钢筋混凝土门等。

按用途分为普通门、纱门、百叶门、保温门、隔声门、防火门、防盗门、防爆门、防射线门等。

按开启方式分为平开门、推拉门、折叠门、转门、卷帘门等，如图 2-145 所示。

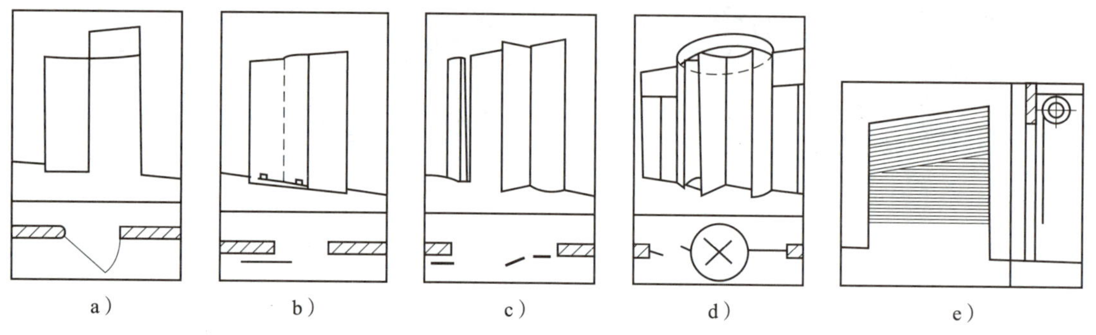

图 2-145　门的开启方式

a）平开门　b）推拉门　c）折叠门　d）转门　e）卷帘门

1）平开门。平开门是水平开启的门，采用铰链将门扇与门框连接而成。平开门构造简单、开启灵活、使用方便、制作简便，是目前使用最广泛的一种门，有单扇门、双扇门、内开门、外开门、弹簧门等。

2）推拉门。开启时门扇沿上下轨道左右滑行的门称为推拉门，可分为上挂式和下滑式两种构造形式。木制推拉门常采用上挂式，铝合金和塑钢推拉门多采用下滑式。上挂式的受力特点优于下滑式，所以厂房中的大扇推拉门常采用上挂式。推拉门开启时门扇不占用空间，关闭时气密效果好（铝合金、塑钢推拉门）。但其缺点是开启时只能开洞口一半面积，通风效果差，并且构造较复杂。推拉门多用于家庭中的厨房门、卫生间门和阳台门。

3）折叠门。折叠门门扇可以拼合，开启时门扇折叠推拉至门洞口一侧或两侧。这种门开启时不占较多空间，并且开启面积大，但其构造复杂，铰链易损坏，防风沙、防雨水能力差，多用于商业建筑。

4）转门。转门有三扇转门和四扇转门两种，由两个圆弧形门套和垂直旋转的门扇组成。因其在开启时在人流连续出入的情况下能隔离室内外空气，并且具有很强的建筑装饰效果，所以常用于有空调的公共建筑出入口大门。转门的构造复杂，造价较高，单位时间通过的人流量有限，所以不能做紧急疏散门使用。在设置使用转门时，应按国家有关规范要求，在转门两侧各设一个弹簧门，供疏散和转门维修时使用。

5）卷帘门。卷帘门是由若干个水平金属条组成的，有页片式和空格式两种。开启时将金属条卷入洞口上部的卷筒内。卷帘门开启面积大、坚固防盗、开关方便，适用于商业建筑、仓储建筑和工业厂房等。

（2）窗的分类

窗按材料分为木窗、钢窗、铝合金窗、塑钢窗、预应力钢丝网水泥窗等。

按开启方式分为固定窗、平开窗、推拉窗、悬窗、立转窗、折叠窗、百叶窗（气窗）等。

1）固定窗。将玻璃直接安装在窗框上，不能开启的窗称为固定窗，仅能供人们采光、眺望使用。

2）平开窗。平开窗是采用铰链将窗扇与窗框相连接，水平开启的窗，有内开和外开两种。外开窗开启时不占用室内空间，开启面积大，所以广泛应用于民用建筑窗和工业建筑底层窗。为防止开启的窗扇与建筑物底层外的人流相撞，在民用建筑底层的平开窗宜采用内开。平开窗构造简单、制作方便，目前被广泛采用。

3）推拉窗。推拉窗的构造和特点基本同推拉门，其分为垂直推拉窗和水平推拉窗两种。在民用建筑中多采用水平推拉窗。水平推拉窗多采用下滑式，极少有上挂式，常用铝合金和塑钢型材制作。

4）悬窗。悬窗是窗扇绕水平转轴转动开启的窗。根据转轴位置不同悬窗分为上悬窗、中悬窗和下悬窗三种。上悬窗和中悬窗向外开启，防雨效果好、通风效果好、开启方便，并可采用开关器控制，适用于民用及工业建筑的高窗。下悬窗向内开启，无防雨效果，多用于门亮子。

5）立转窗。立转窗是窗扇沿垂直转轴转动开启的窗，使用时不考虑其采光作用，而主要利用窗扇组织通风和兼做遮阳设施。立转窗多用于工业建筑和炎热地区民用建筑中。

二、木窗

1. 木窗的尺寸

木窗的尺寸主要根据采光和通风要求来确定，同时也应考虑建筑结构，建筑立面造型，节能、造价和建筑模数等方面的要求。如木窗的尺寸过小，则不能满足采光和通风的要求；而尺寸过大，易造成室内外热量传导，使室内冬季寒冷而夏季炎热，不利于建筑节能，并且造价过高（一般相同面积的木窗比墙体造价高很多）。

从采光方面来考虑窗洞面积大小时，可根据“窗地比”来确定。窗地比是指室内窗的总面积与地面面积之比。一般居住房屋取值约为 1/7，教室为 1/6 ~ 1/4，阅览室为 1/5 ~ 1/3，医院手术室为 1/3 ~ 1/2，工业建筑根据生产要求确定。

窗扇的尺寸应考虑开启灵活、节省用料和坚固性等因素，窗扇尺寸不宜过大。平开窗扇宽度一般不大于 600 mm，高度不大于 1 500 mm。

2. 木窗的构造

木窗的开启方式一般为平开和悬开两种，其中平开窗应用最广，这里以平开窗为例介绍木窗的构造。

（1）木窗的组成

木窗一般由窗框、窗扇和五金零件等部分组成，根据其装饰要求的不同，还可设贴脸板、筒子板、窗台板、窗帘盒等附件。木窗的组成如图 2–146 所示。

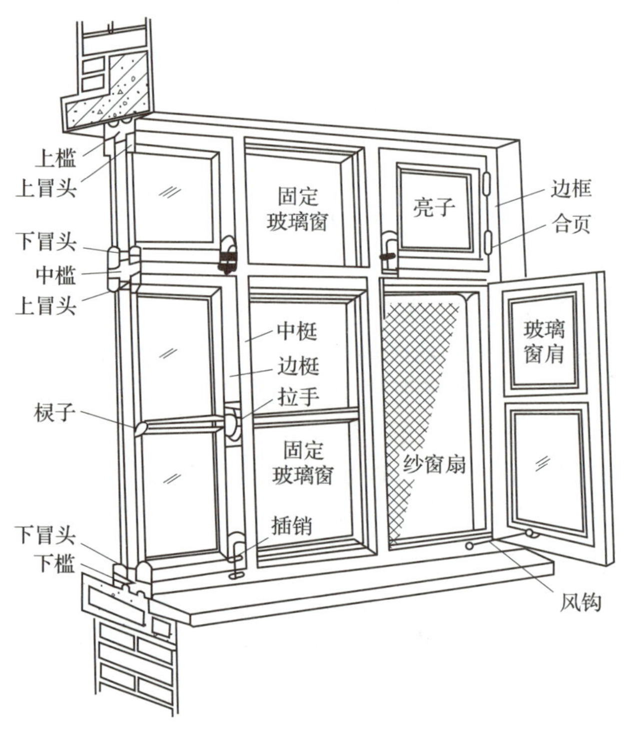

图 2–146　木窗的组成

1）窗框。窗框是由两侧的边框、上槛、下槛组成的矩形外框，如有亮子，则加设中槛、中梃。窗框的四周内侧设有裁口（铲口），使窗扇关闭时能靠紧窗框。

2）窗扇。窗扇由上、下冒头，边梃和棂子（窗芯）组成。窗扇的上冒头和边梃断面尺寸一般为 40 ~ 60 mm；当下冒头为防雨而设置披水板（披水条）时，高度尺寸应适当放大，一般为 40 ~ 80 mm；棂子的断面尺寸为 40 mm × 30 mm 左右；边梃、上下冒头和棂子上应设深度为 10 mm 的裁口，以便安装玻璃，裁口多设在窗的外侧。木窗扇的构造如图 2–147 所示。

3）五金零件。木窗的五金零件包括铰链（合页）、插销、拉手、风钩等，规格品种多样，可根据木窗的尺寸大小和装饰要求选用。安装五金常用木螺钉直接安装。

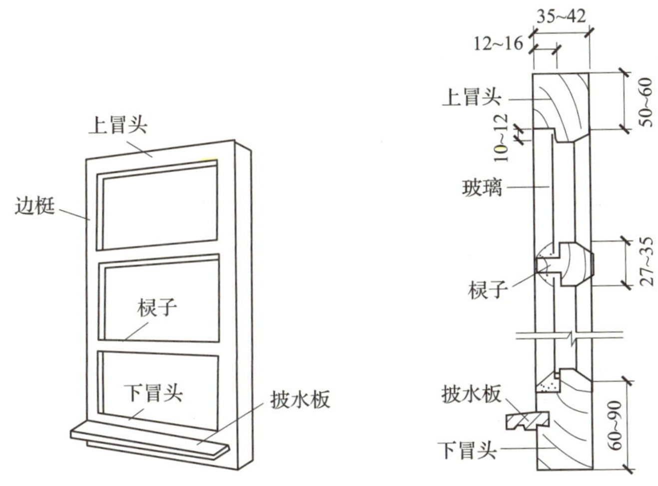

图 2-147　木窗扇的构造

（2）木窗框的安装

根据安装窗框的施工工艺程序不同，木窗框的安装方法有立口法（先立口）和塞口法（后塞口）两种。

1）立口法。在墙体施工至窗台结构标高处后，将窗框的上下框立于其上并就位后临时固定，然后砌两侧窗间墙，安装预制钢筋混凝土过梁。立口法施工时，窗框上槛两侧应伸出长 120 mm 的走头，称为羊角头，并将羊角头砌入墙内固定。当窗框高度较高时，两侧墙体应沿高度方向每隔 500 ~ 700 mm 设置一块防腐木砖，用钉子将其与窗框钉牢。立口法施工具有窗框与墙体连接紧密、牢固的优点，但需瓦工和木工相互配合，对施工速度略有影响，易造成木窗框污染或损坏，目前立口法较少被采用。

2）塞口法。塞口法是先砌筑完窗洞口，待建筑主体基本施工完毕后塞入窗框的施工方法。为了便于窗框的安装，预留窗洞口的尺寸应略大于窗框 30 ~ 50 mm。洞口两侧窗间墙上用预埋木砖或连接铁件的方法与窗框连接，窗框与洞口间的施工缝内应塞入油毡卷或沥青麻丝、泡沫塑料条等防水材料，用密封油膏嵌固，在抹灰时将缝口抹平。塞口法施工简便、速度快，窗框不易污染或损坏，但对窗框与墙体连接处的密封、防水要求较高。目前塞口法被广泛采用。木窗框的安装构造如图 2-148 所示。

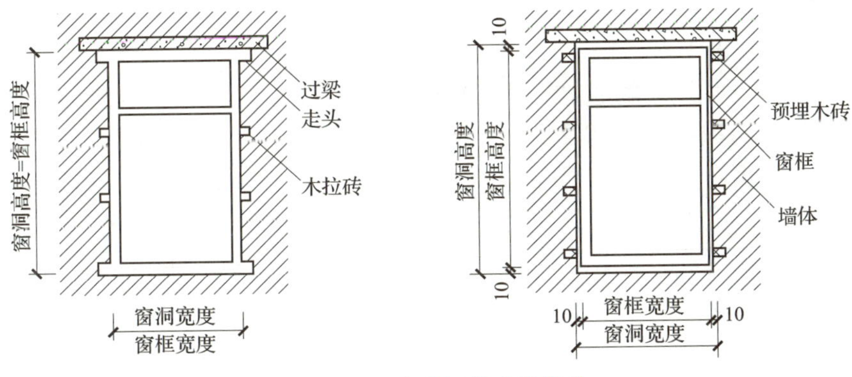

图 2-148　木窗框的安装构造

木窗框安装时与墙体的位置关系有居中、内平和外平三种，主要根据墙体的厚度及房间的使用要求而定。窗框外平的做法目前十分少见。木窗框安装位置如图 2–149 所示。

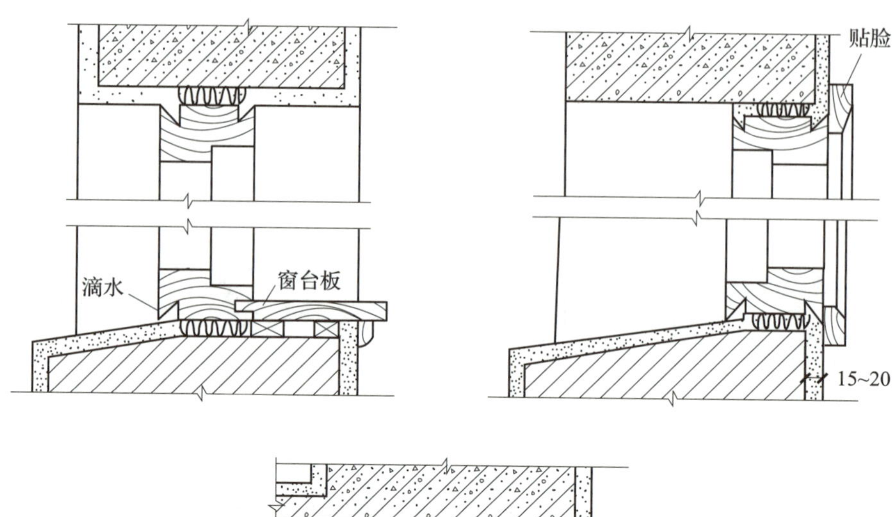

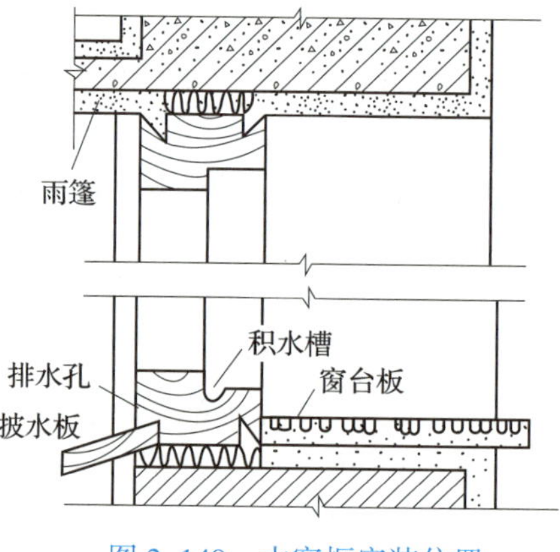

图 2–149　木窗框安装位置

三、木门

1. 木门的尺寸

木门的尺寸主要考虑建筑物中的人流量、安全疏散、搬运家具和设备及人的尺寸等因素而确定。

（1）木门的宽度

一般情况下，木门的宽度应满足一人携带物品通过，大多数室内木门宽度为 900 ~ 1 100 mm；对于面积小、家具设备小、使用人数少的房间，如卫生间、管道设备井的检修间的木门宽度可为 700 ~ 800 mm；人流量大的房间，如会议室、电影院、商场的主要出入口木门的宽度则应按具体使用情况，根据国家规范计算确定。同时木门的宽度应尽量满足建筑模数的要求。单扇木门的宽度一般不大于 1 000 mm，当洞口宽度较大时可采用双扇或多扇木门。

（2）木门的高度

木门的高度一般不小于 2 000 mm，当门洞口较高时，也可在门上设置亮子。

2. 木门的构造

木门的开启方式有多种，其中以平开门使用最为广泛，这里以平开门为例，介绍木门的构造。

（1）木门的组成

木门一般由门框、门扇、亮子（腰窗）和五金零件等组成。根据门的装饰要求不同，还可设置筒子板、贴脸板等附件。木门的组成如图 2–150 所示。

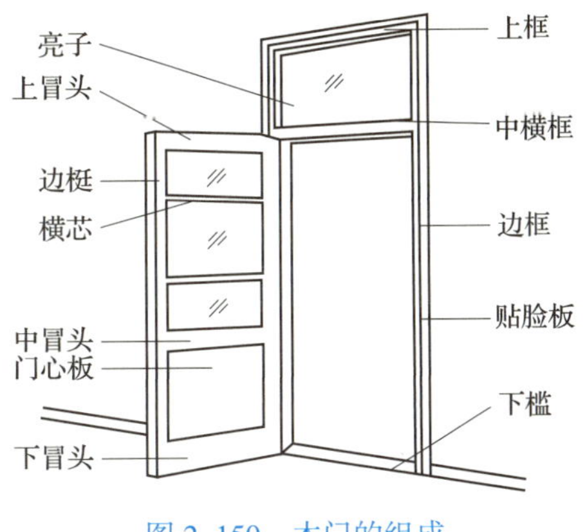

图 2–150　木门的组成

1）门框。门框由两侧的边框和上框组成。设有亮子的门框应设中横框。有保温、隔声、防水、防风要求的门还应设下槛。

2）门扇。门扇一般由上冒头、中冒头、下冒头、边梃、门芯板和玻璃等组成。门扇的构造做法有多种类型，木门的名称常用门扇的构造名称来命名。平开木门的门扇常用类型有镶板门、夹板门、拼板门、模压门等。

镶板门由骨架和门芯板组成，门芯板常用厚 10 ~ 15 mm 的木板拼接而成，也可采用多层胶合板制作，构造如图 2–151a 所示。

夹板门是采用木骨架两面粘贴三合板而成的门扇，构造简单、表面平整、节约木材、造价低，常用于不受潮和日晒影响的室内门，构造如图 2–151b 所示。

拼板门是由骨架和条板组成的，多用于工业厂房的大门，构造如图 2–151c 所示。

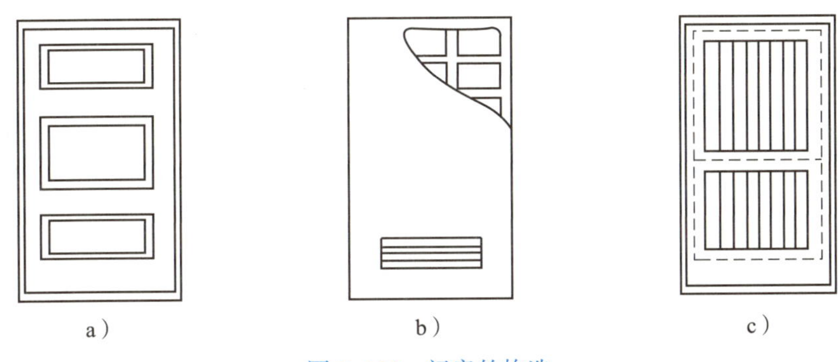

图 2–151　门扇的构造

a）镶板门　b）夹板门　c）拼板门

模压门是用胶结材料将打碎的木质纤维黏结成胎基，表面粘贴带有木花纹的塑料纸，在模具中高温高压一次压制成型的实心门扇，其装饰性强，表面免涂油漆，不易变形。但其所用胶料中的甲醛对人体有较大危害，模压门不宜用于室内门。

3）五金零件。平开木门的五金零件有铰链（合页）、拉手、插销、门锁（包括弹子锁、球锁和持手锁等）、门吸等。五金零件的品种规格很多，应根据装饰效果和使用要求合理选择。

（2）木门框的安装

根据木门框的安装施工工艺程序不同，木门框的安装方法也分为立口法（先立口）

和塞口法（后塞口）两种，具体做法与木窗框的安装方法基本相同。木门框的安装构造如图 2–152 所示。

门框安装时与墙体的位置关系有外平、立中、内平和里外平四种，可根据使用要求和墙体厚度确定。门框安装位置如图 2–153 所示。

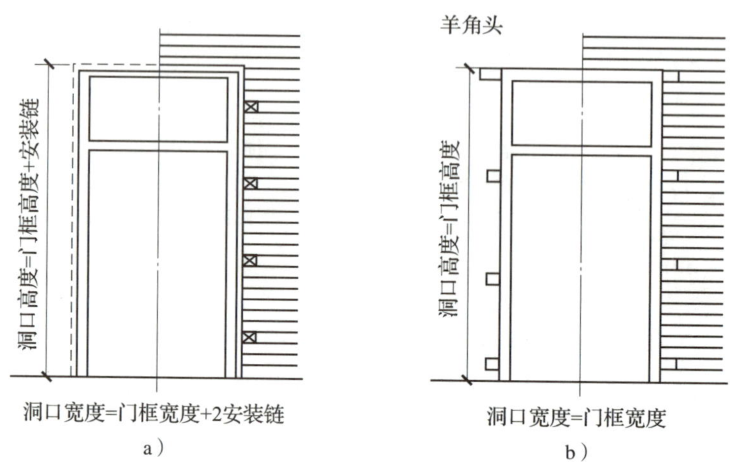

图 2–152　木门框的安装构造

a）塞口法　b）立口法

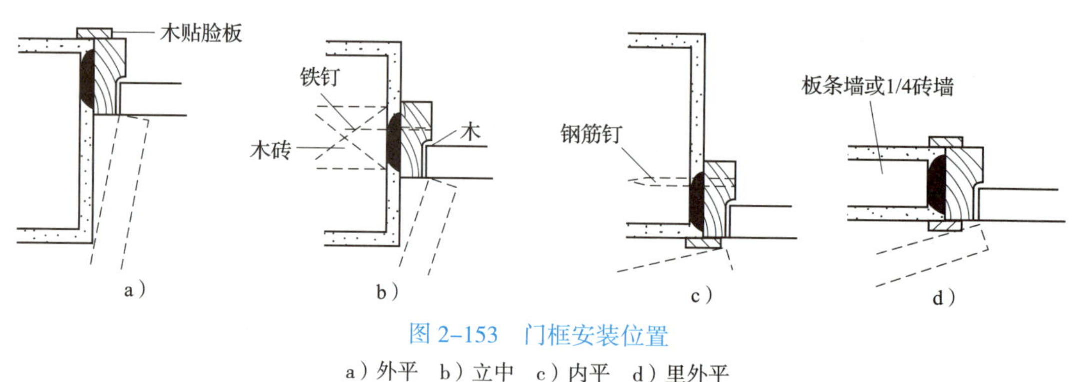

图 2–153　门框安装位置

a）外平　b）立中　c）内平　d）里外平

四、铝合金门窗

铝合金门窗是我国目前广泛采用的一种基本门窗类型，采用的型材是由铝—镁—硅系合金通过阳极氧化着色、涂漆或酝酿工艺形成各种色彩制成的。铝合金门窗根据框料宽度（mm）不同，有 40、50、70、90 系列，具有自重小、强度高、外形美观、色彩多样、透光率高、密封性好、耐腐蚀、耐高温、易于保养、制作简便等优点。但铝合金门窗的热工性能差、造价高。

铝合金门窗的开启方式有推拉门窗、平开门窗、固定窗和悬窗等，其中推拉门窗最为常见。平开门窗常因门窗扇变形而易出现“抱死”现象，目前较少被采用。铝合金推拉窗（70 系列）构造如图 2–154 所示。

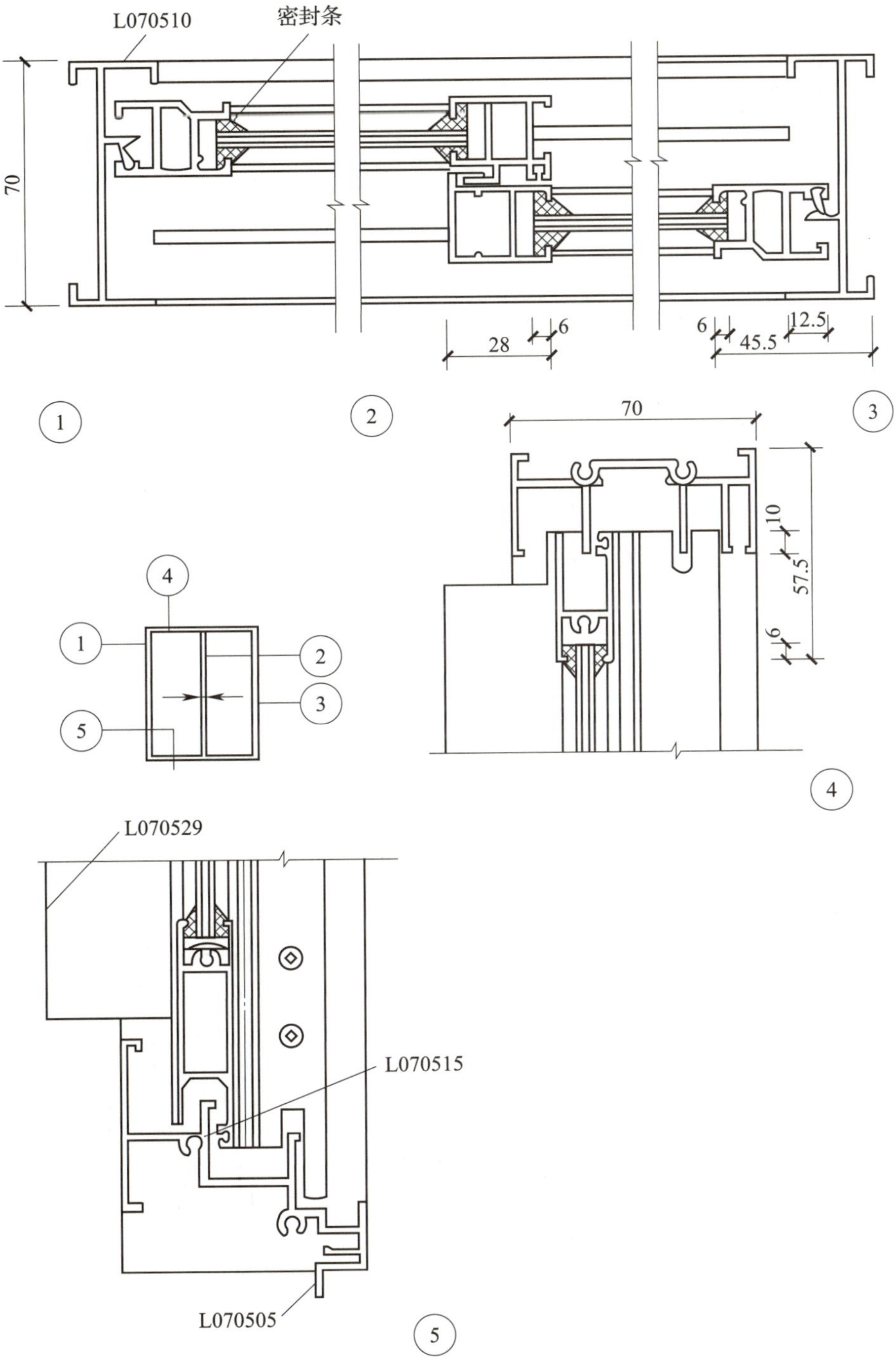

图 2–154　铝合金推拉窗（70 系列）构造

铝合金门窗框的安装应采用塞口法施工，框体与墙的固定可采用预埋铁件、燕尾铁脚、金属膨胀螺栓或射钉等方法，但射钉不宜用于砖墙。铝合金门窗框与墙体的固定方法如图 2–155 所示。

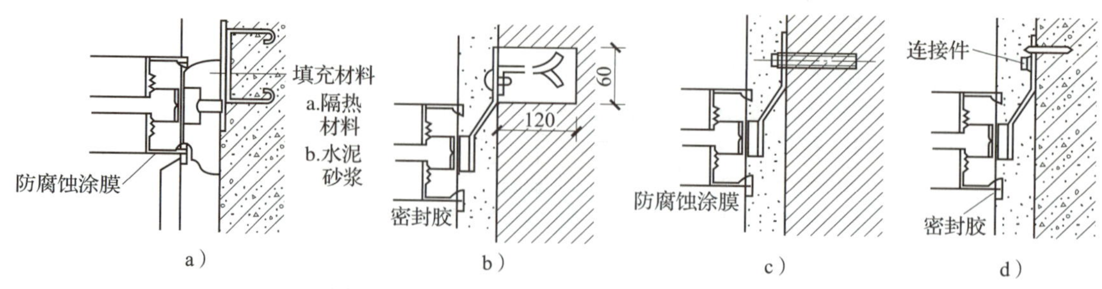

图 2–155 铝合金门窗框与墙体的固定方法

a）预埋铁件固定 b）燕尾铁脚固定 c）金属膨胀螺栓固定 d）射钉固定

五、塑钢门窗

塑钢门窗是由塑钢型材定长下料后，经过热熔焊接成门窗框、门窗扇，装配玻璃或窗纱及专用五金零件而成的门窗成品。塑钢型材是采用改性聚氯乙烯原料，添加一定比例的稳定剂、改进剂和填料，经塑料挤出机挤压成型的多腔空腹材料，并在其内腔中衬入加强钢片或钢丝束而成的塑钢复合型材。塑钢门窗根据框料断面宽度尺寸（mm）不同，有 45、58、60、70、80、85 系列。塑钢门窗具有自重小、强度较高、装饰效果好、色彩多样、隔声性好、气密性好、耐老化等优点，与铝合金门窗相比，还具有抗腐蚀性好、热工性能优良和造价较低的优点，是目前大力推广的门窗类型。

塑钢门窗的开启方式有推拉门窗、平开门窗、悬窗等多种类型，其中平开塑钢门窗的开启灵活性优于铝合金平开门窗。平开塑钢窗的细部构造如图 2–156 所示。

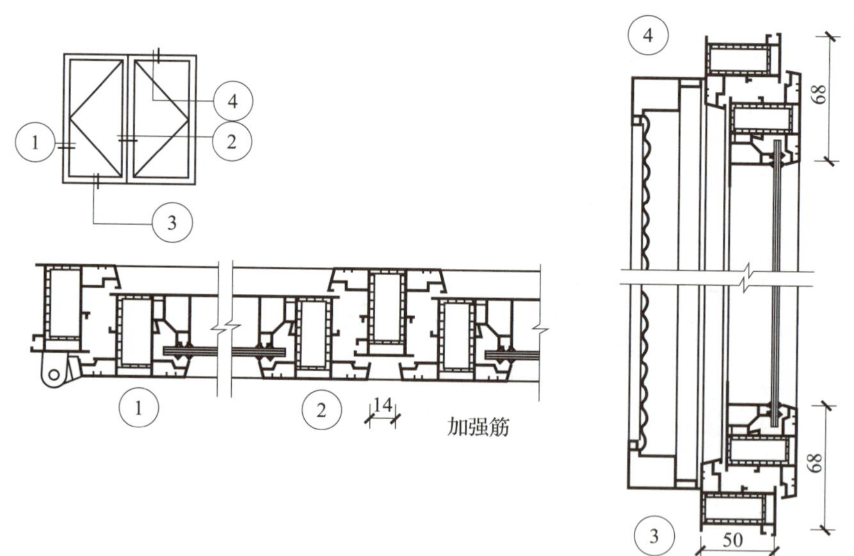

图 2–156 平开塑钢窗的细部构造

塑钢门窗的安装也采用塞口法施工，但与墙体连接时必须是弹性连接，框体与墙洞口之间的施工缝内应填入毛毡、泡沫塑料或采用泡沫塑料发泡剂，并且用玻璃胶

（硅酮胶）封闭。框体与墙洞口的固定可采用木螺钉与预埋防腐木砖固定、预埋铁件固定等方法。塑钢门窗框与墙体的固定方法如图 2–157 所示。

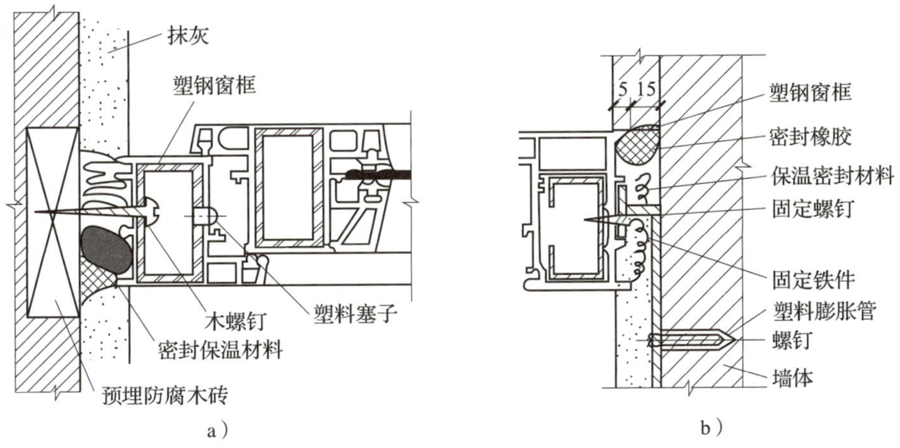

图 2–157　塑钢门窗框与墙体的固定方法

a）木螺钉与预埋防腐木砖固定　b）预埋铁件固定

第三章 工业建筑设计

学习目标

了解工业建筑与民用建筑的差别，掌握工业建筑设计配合和使用要求，了解工业厂房室内采光、屋面排水等施工要求。

第一节 概述

一、工业建筑的特点

工业建筑是指用以从事工业生产的各种房屋，一般称为工业厂房，简称厂房。它与民用建筑一样，要体现适用、安全、经济、美观的需求；在设计原则、建筑用料和建筑技术等方面，两者也有许多共同之处。但在设计配合、使用要求、室内采光、屋面排水等方面，工业建筑又具有如下特点。

1. 厂房要满足生产工艺的要求。根据生产工艺的特点，厂房屋面面积及柱网尺寸较大，可设计成多跨连片的厂房。

2. 厂房内一般都有较大型的机器设备和起重运输设备（吊车），要求有较大的敞通空间。厂房结构要能承受较大的静、动荷载以及振动或撞击力。

3. 厂房在生产过程中会散发大量的余热、烟尘、有害气体，并且噪声较大，故要求有良好的通风和采光条件。

4. 厂房屋面面积较大，其常为多跨连片屋面，因此，常在屋盖部分开设天窗，使得屋面防水、排水等构造处理较为复杂。

5. 厂房生产过程中常有大量的原料、加工零件、半成品、成品等需要搬运，因此，在设计时应考虑运输工具的运行问题。

二、工业建筑的分类

按厂房层数分，工业建筑可分为单层厂房、多层厂房和层次混合厂房三类。

1. 单层厂房

单层厂房（见图 3–1）广泛地应用于各种工业企业，它对于具有大型生产设备、

振动设备、地沟、地坑或重型起重运输设备的生产有较大的适应性。

单层厂房按跨数有单跨与多跨之分。多跨大面积单层厂房在实践中采用得较多，单跨单层厂房采用得较少。但有的厂房，如飞机装配车间和飞机库常采用跨度很大（36～100 m）的单跨单层厂房。

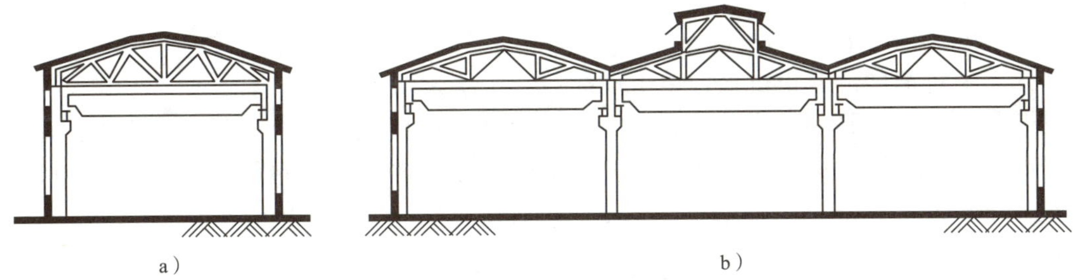

图 3–1　单层厂房

a）单跨单层厂房　b）多跨单层厂房

2. 多层厂房

多层厂房（见图 3–2）常见于垂直方向组织生产和工艺流程的生产企业（如面粉厂），以及设备与产品较轻的生产企业。因其占地面积小，更适用于在用地紧张的城市建厂及老厂改建。

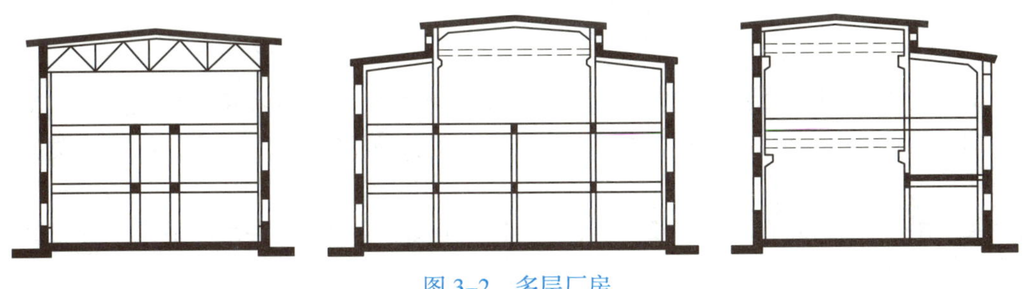

图 3–2　多层厂房

3. 层次混合厂房

层次混合厂房（见图 3–3）即在同一厂房内既有单层厂房，又有多层厂房。

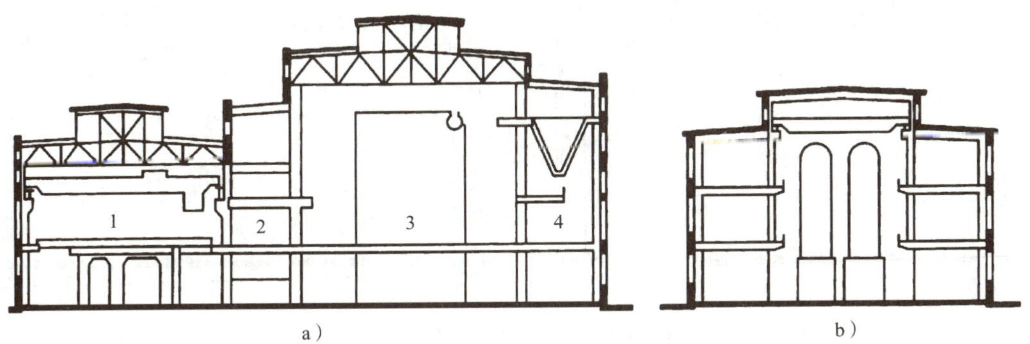

图 3–3　层次混合厂房

a）火力发电厂主厂房　b）化工车间

三、厂房内部的起重运输设备

在生产过程中，为装卸、搬运各种原材料和产品等，工业厂房常有起重运输设备，吊车是其中最常用的一种。它与厂房的平面布置和结构选型有密切关系，以下为几种常见的吊车类型。

1. 悬挂式单轨吊车

这是一种简便的起重机械，由电动葫芦和工字梁轨道组成（见图 3–4）。电动葫芦用来起吊重物，它挂在工字梁轨道上，可沿直线、曲线或分岔往返运行。工字梁轨道可悬挂在屋架或屋面梁的下弦上。悬挂式单轨吊车运输灵活，起重量有 5 kN、10 kN、20 kN、30 kN、50 kN，这种吊车适用于轻便运输。

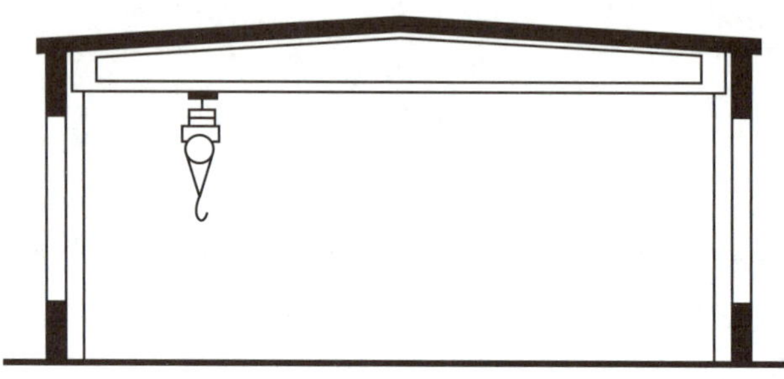

图 3–4　悬挂式单轨吊车

2. 梁式吊车

梁式吊车由梁架和电动葫芦组成，梁架可悬挂在屋架下弦（见图 3–5a），或把梁架两端支承在吊车梁上（见图 3–5b）。梁架沿跨间纵向移动，而电动葫芦则在梁架下横向移动。

梁式吊车起重量有 10 kN、20 kN、30 kN、50 kN 四种，这种吊车适用于在车间固定跨间进行装卸、搬运和起重。

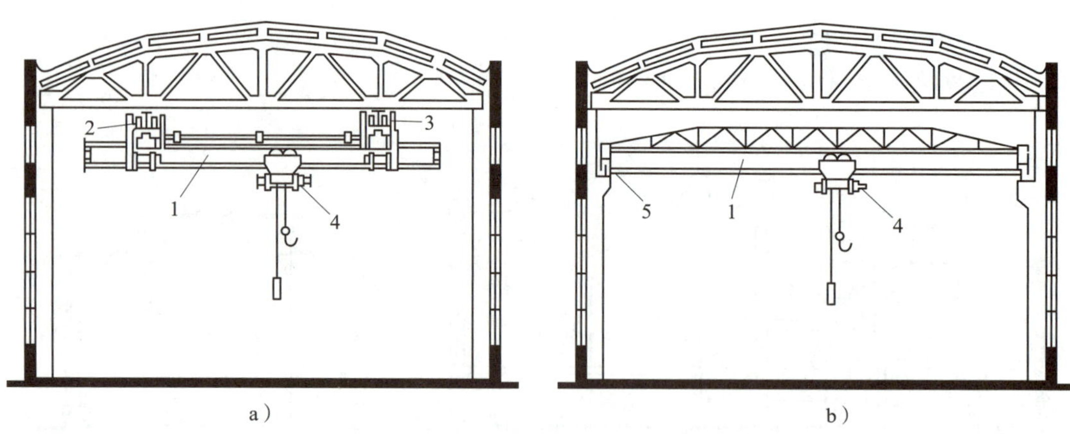

1—钢梁；2—运行装置；3—轨道；4—提升装置；5—吊车梁。

图 3–5　梁式吊车

a）悬挂梁式吊车　b）支承在吊车梁上的梁式吊车

3. 桥式吊车

桥式吊车由桥架和起重行车（或称小车）组成（见图 3–6）。起重行车在桥架上运行（沿厂房横向运行），桥架行驶在厂房的吊车梁上（沿厂房纵向运行），起重量为 50 ~ 3 500 kN，这种吊车适用于跨度为 12 ~ 30 m 的厂房。

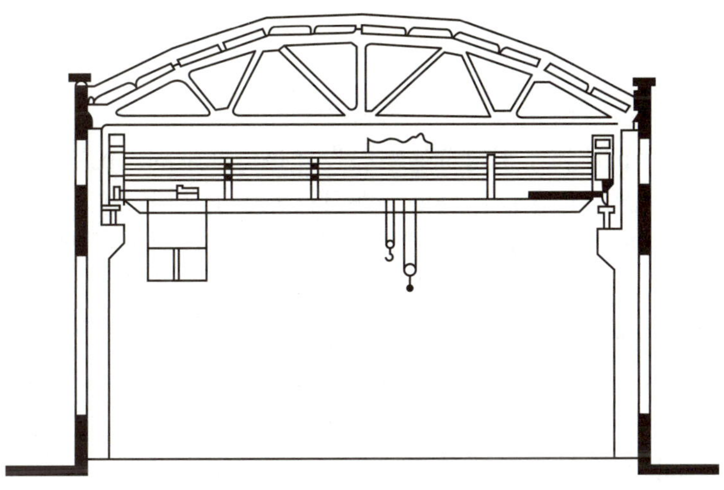

图 3–6　桥式吊车

4. 悬臂吊车

悬臂吊车有移动（壁行）式和固定式两类，布置方便，使用灵活，起重量一般为 80 ~ 100 kN，悬臂长度为 8 ~ 10 m，适用于在有集中堆料区的厂房装卸原材料及成品，如图 3–7 所示。

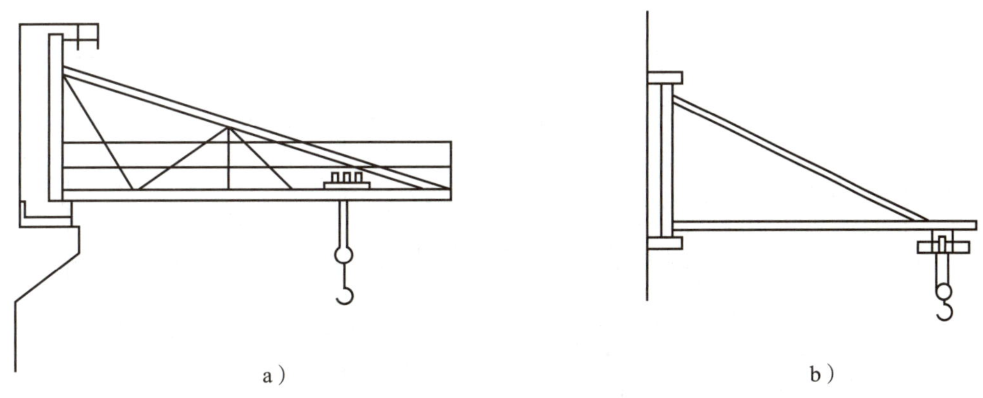

图 3–7　悬臂吊车

a）移动（壁行）式吊车　b）固定式吊车

第二节 单层厂房设计

厂房的平面、剖面和立面设计是不可分割的整体，设计时必须统一考虑。

一、单层厂房的平面设计

1. 平面设计与生产工艺的关系

单层厂房的平面设计和民用建筑的平面设计是有区别的。民用建筑的平面设计主要由建筑设计人员完成，而单层厂房的平面设计先由工艺设计人员进行生产工艺平面设计，建筑设计人员在生产工艺平面图的基础上与工艺设计人员协商配合进行厂房的建筑平面设计。如图 3–8 所示为某金工装配车间的生产工艺平面图，其中包括工段的划分、生产设备和起重运输设备的选择和布置、厂房面积大小等内容。

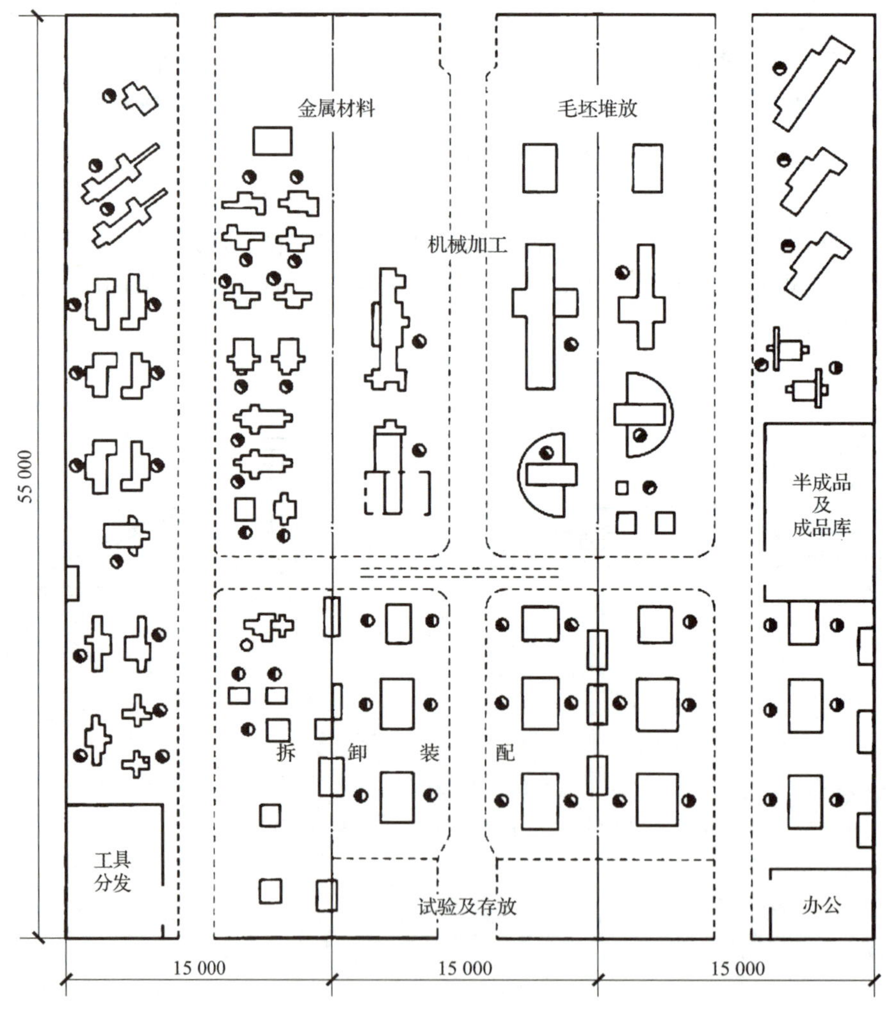

图 3–8　某金工装配车间的生产工艺平面图

进行单层厂房平面设计时，应将产生余热、有害气体以及有爆炸和火灾危险的工段布置在靠外墙处，以便利用外墙的窗洞进行通风和爆炸时泄压。

2. 平面设计与环境的关系

一般来说，厂房的人货流组织、地形和气候等方面对单层厂房平面设计有着直接影响。

（1）与人货流组织的关系

为满足原材料、成品和半成品的运输及人流进出路线的组织，单层厂房人流主要出入口及生活间的位置应面向厂区主要干道；货流出入口除面向厂区道路外，还应和相邻厂房的出入口位置相对应，同时为避免交通阻塞和交叉迂回，人流、货流必须分开布置（见图 3–9）。

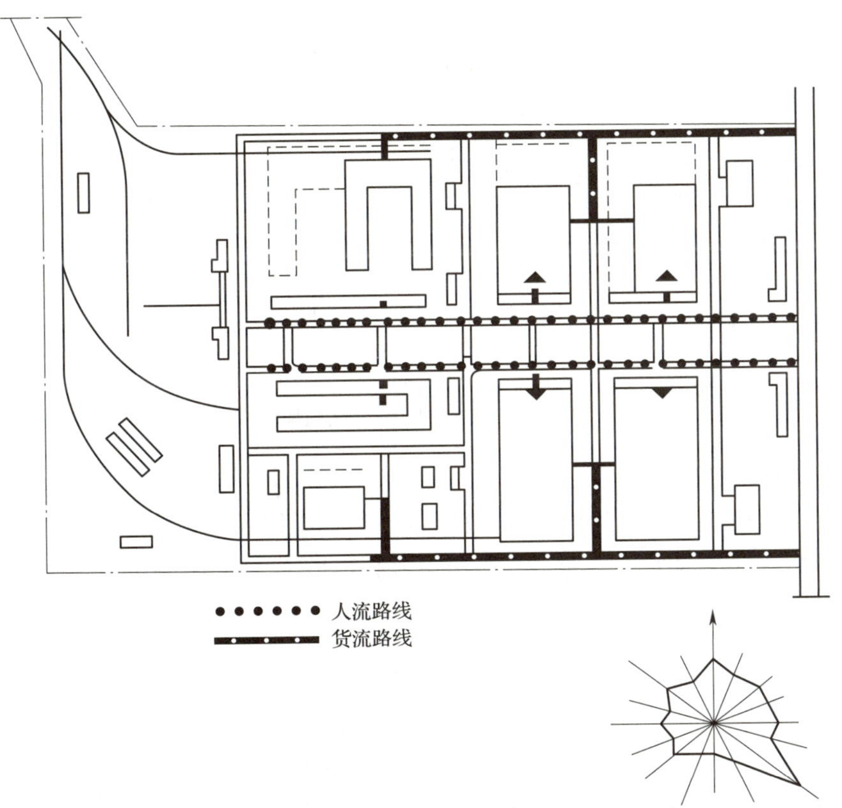

图 3–9　厂区交通组织图

（2）与地形的关系

地形对单层厂房平面形式有着直接的影响，特别是在山区建厂，为减少土石方工程和投资，加快施工进度，单层厂房的平面形式在工艺条件许可的情况下要适应地形，而不应过分强调简单、规整。如图 3–10a 所示为原平面设计方案，图 3–10b 所示为调整后的平面设计方案，虽平面形式不规整，但仍能满足生产工艺的要求，并适应了地形。

（3）与气候的关系

单层厂房宽度不宜过大，最好采用长条形。在炎热地区为使单层厂房有良好的自然通风，应使单层厂房长轴与主导风向垂直或大于 45°。采用口形平面时，为组织有效的穿堂风，应使开口朝向迎风面（见图 3–11），并在侧墙上开设门窗。在寒冷地区，为避免风对室内气温的影响，单层厂房的长边应平行于主导风向，面向主导风向的墙上应尽量减小门窗面积。

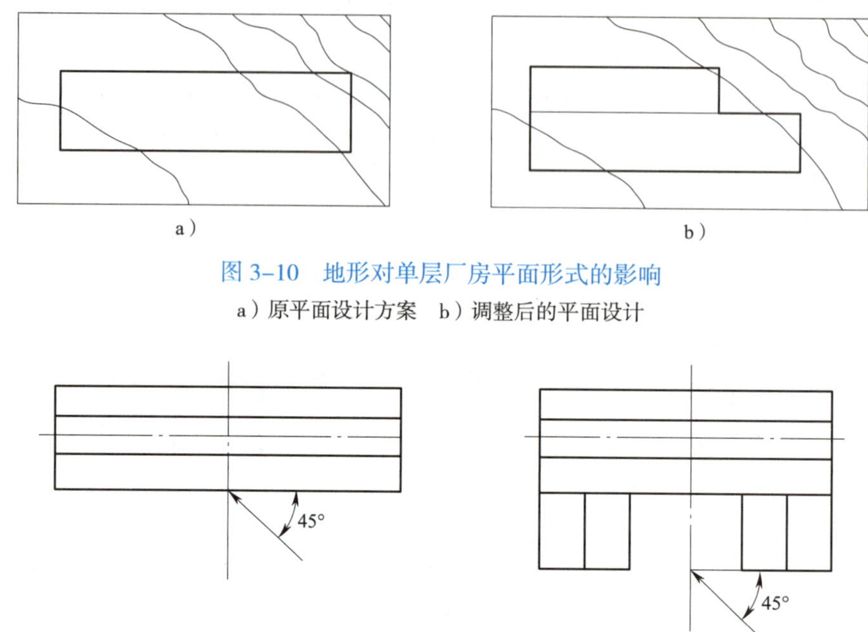

图 3–10　地形对单层厂房平面形式的影响

a）原平面设计方案　b）调整后的平面设计

图 3–11　单层厂房方位与风向

3. 平面形式的选择

单层厂房根据生产工艺流程、工段组合、运输组织及采光通风等要求，可以布置成各种形式，一般有矩形、方形、L 形、口形和山形等（见图 3–12）。

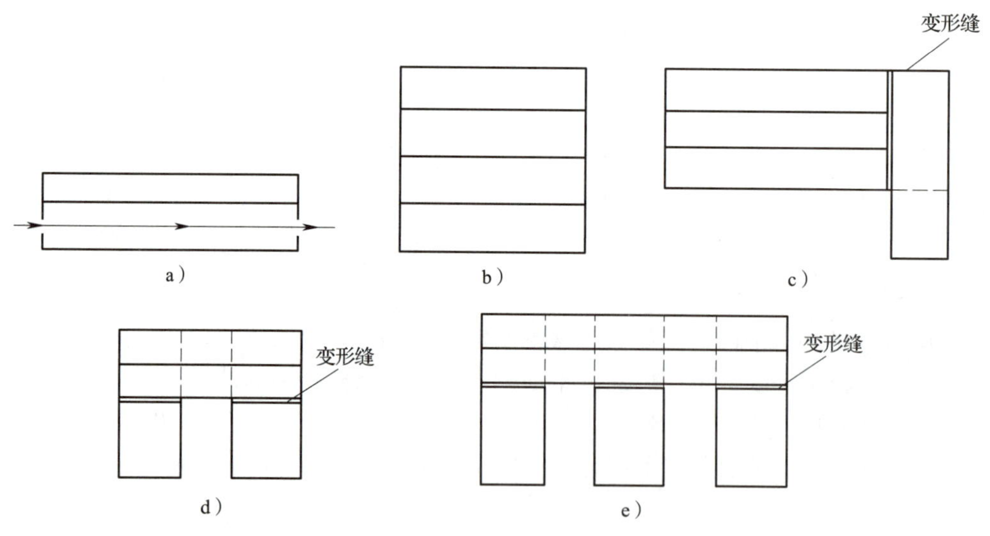

图 3–12　单层厂房平面形式

a）矩形平面形式　b）方形平面形式　c）L 形平面形式　d）口形平面形式　e）山形平面形式

矩形平面形式为最基本的组合单元，它可组合为多跨、纵横跨等平面形式，适用于冷加工或小型热加工单层厂房。方形平面形式是在矩形平面的基础上加宽，其特点是当厂房面积相同时比其他平面形式节约围护结构的周长，具有较好的保温、隔热性，同时通用性强，抗震能力好，因此应用较为广泛。L形、口形和山形平面形式具有良好的通风、采光、排气、散热和除尘能力，适用于中型以上的热加工单层厂房。

4. 柱网的选择

柱在平面上排列所形成的网格称为柱网，柱纵向定位轴线间的距离称为跨度，横向定位轴线间的距离称为柱距（见图 3–13）。柱网的选择实际上就是选择单层厂房的跨度和柱距。

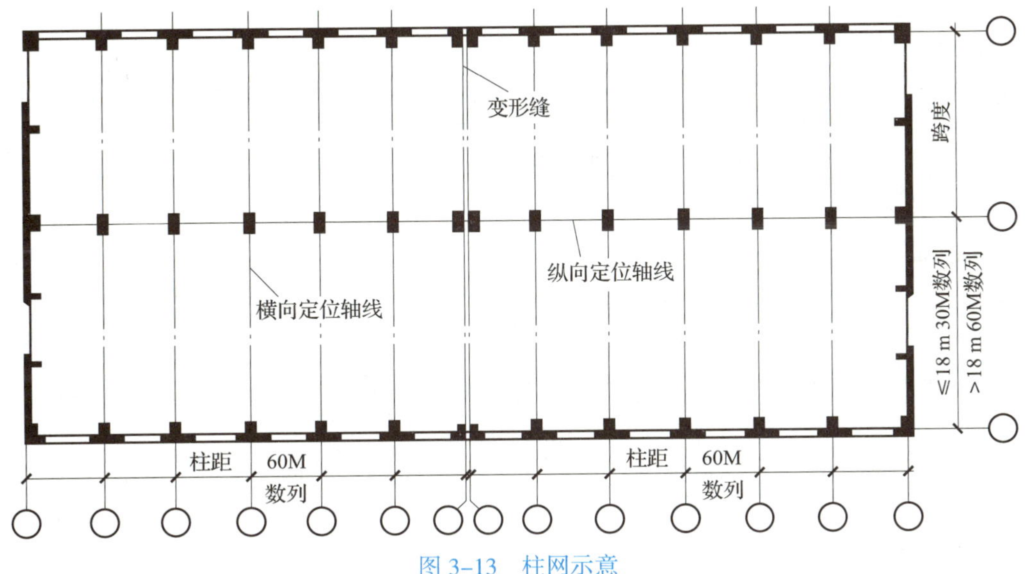

图 3–13　柱网示意

（1）柱网选择的原则

1）符合生产和使用要求；

2）建筑平面和结构方案经济合理；

3）在施工方法上具有先进性和合理性；

4）符合国家标准《厂房建筑模数协调标准》（GB/T 50006—2010）的有关规定；

5）适应生产发展和技术革新的要求。

（2）跨度大小的确定

跨度的大小通常是根据设备的尺寸及其布置的情况、物品运输及生产操作所需的空间来决定的。在一些机械加工车间中，由于生产设备布置比较灵活，单层厂房的跨度大小常常是根据技术经济合理性来决定的。在单层厂房总宽度和柱距不变时，适当加大跨度是更为经济的。

为减少单层厂房构件的尺寸类型，提高单层厂房建设的工业化水平，必须对柱网尺寸作相应的规定。根据国家标准《厂房建筑模数协调标准》（GB/T 50006—2010）规定，跨度≤ 18 m 时，应采用扩大模数 30M 数列，即 9 m、12 m、15 m；跨度 >18 m

时，应采用扩大模数 60M 数列，即 18 m、24 m、30 m 和 36 m。

（3）柱距尺寸的确定

柱距尺寸常根据结构方案的技术经济合理性和现实条件来确定。目前，装配式钢筋混凝土单层厂房的柱距一般采用扩大模数 60M 数列，常采用 6 m，因为 6 m 柱距能适应钢筋混凝土大型屋面板的经济尺寸及当前的现实条件。当然也可以采用扩大柱距，如 12 m、18 m，可以增加车间生产面积，使工艺布置更加灵活，但同时也增加了建筑造价。因此在有条件采用 12 m 的大型屋面板时，采用 12 m 柱距是合理的。厂房内有大型生产设备或运输设备，或设备基础与柱基础发生冲突时可局部采用扩大柱距。

5. 生活间的设计

（1）生活间的组成

为满足工人在生产过程中的生产卫生和生活需要，单层厂房内除设有各生产工段外，还需相应地设有生活福利用房，一般称为生活间。

生活间一般包括生产卫生用房和生活福利用房两大类。生产卫生用房包括浴室、盥洗室、洗衣房等；生活福利用房包括休息室、厕所、食堂等。

（2）生活间的布置

生活间的布置方式根据地区气候条件、厂房规模、使用要求和经济合理性等因素来确定。常用的布置方式有毗连式、独立式及内部式等。

1）毗连式生活间是将生活间布置在厂房外面与山墙或纵墙相毗连的房间内（见图 3–14）。这种布置方式的优点是生活间与单层厂房之间连接方便，节省外墙面积，还可利用部分生活间来布置单层厂房的生产辅助用房，从而节省单层厂房面积，且节约用地，在严寒地区还有利于室内保温。毗连式生活间在普通单层厂房中使用较多。

2）独立式生活间为单独建造，与单层厂房有一定距离，多用于热加工或散发有害物质及振动大的厂房。在寒冷和多雨地区宜采用通廊、天桥或地道与单层厂房相连（见图 3–15）。

3）内部式生活间是当单层厂房内部生产卫生状况允许时，利用单层厂房内部空闲位置设置的生活间，其使用方便，较为经济合理（见图 3–16）。

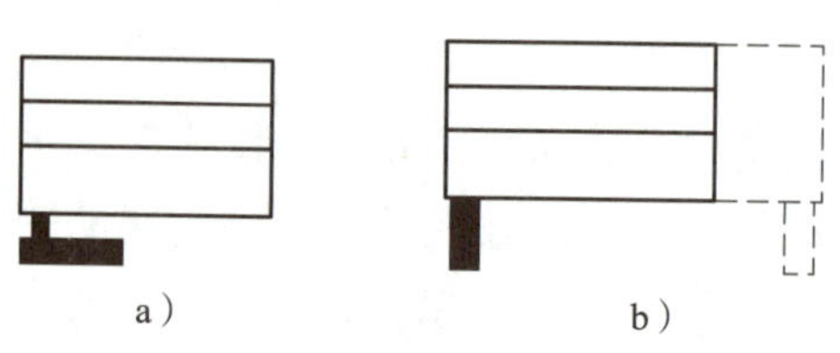

图 3–14　毗连式生活间

a）生活间通过楼梯与单层厂房连接

b）生活间端部与单层厂房连接

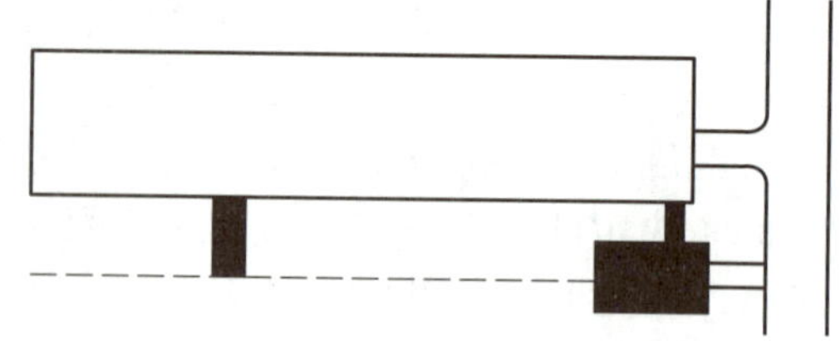

图 3–15　独立式生活间

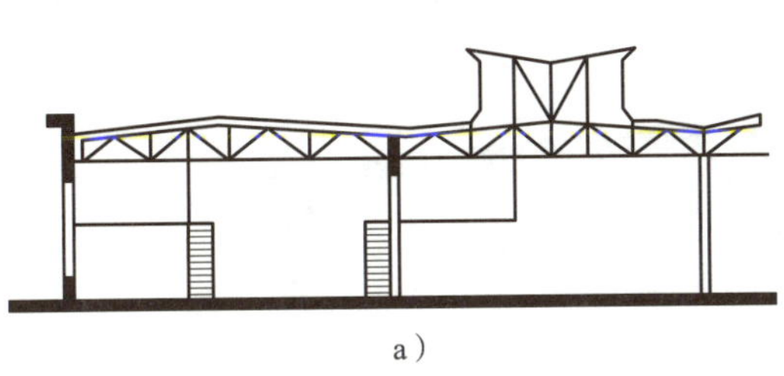
a）

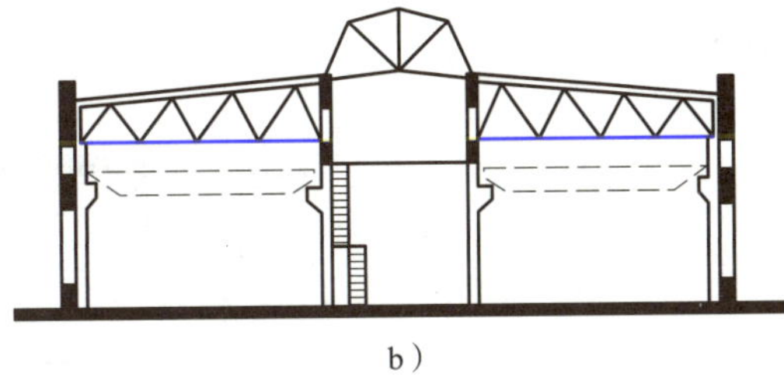
b）

图 3-16 内部式生活间

a）悬挂在屋架下的生活间 b）跨夹层上的生活间

二、单层厂房的剖面设计

单层厂房的剖面设计是在平面设计的基础上进行的。平面设计主要从平面形式、柱网选择、平面组合等方面解决生产工艺对厂房的要求，剖面设计则从厂房的建筑空间处理上满足生产工艺对厂房提出的各种要求。

1. 单层厂房高度的确定

单层厂房的高度是指单层厂房室内地面至柱顶或下撑式屋架下弦底面的高度（见图 3-17）。

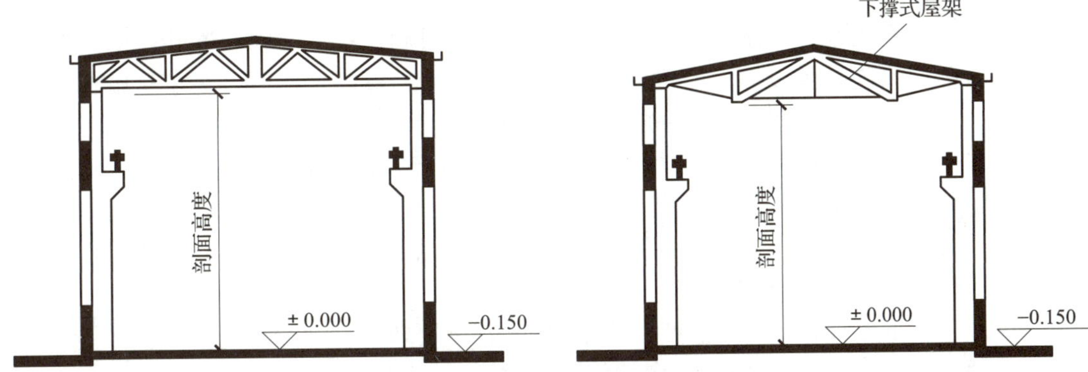

图 3-17 单层厂房剖面高度示意

单层厂房高度的确定应满足生产和运输设备的布置、安装操作和检修所需的净高，同时还应考虑采光、通风、排水等问题。此外，还应符合国家标准《厂房建筑模数协调标准》（GB/T 50006—2010）的规定。

在无吊车设备的单层厂房中，厂房的高度主要取决于厂房内部最大生产设备的高度和安装、检修时所需的净空高度，一般不宜低于 4 m，并应符合 3M 模数数列。

在有吊车设备的单层厂房中，厂房的高度主要应考虑吊车的类型、布置情况等因素。对于常用的桥式吊车和梁式吊车来说，单层厂房的高度应为轨顶高度（地面至轨顶的高度）、轨顶至吊车顶面的距离和吊车顶面至屋架下弦或柱顶的距离三部分之和（见图 3-18）。轨顶高度是由工艺设计人员根据吊车运行时所需高度确定的，并应符合国家标准《厂房建筑模数协调标准》（GB/T 50006—2010）规定的 6M 的倍数。

轨顶至吊车顶面的距离和吊车顶面至屋架下弦或柱顶的距离，与吊车起重量和跨度有关。

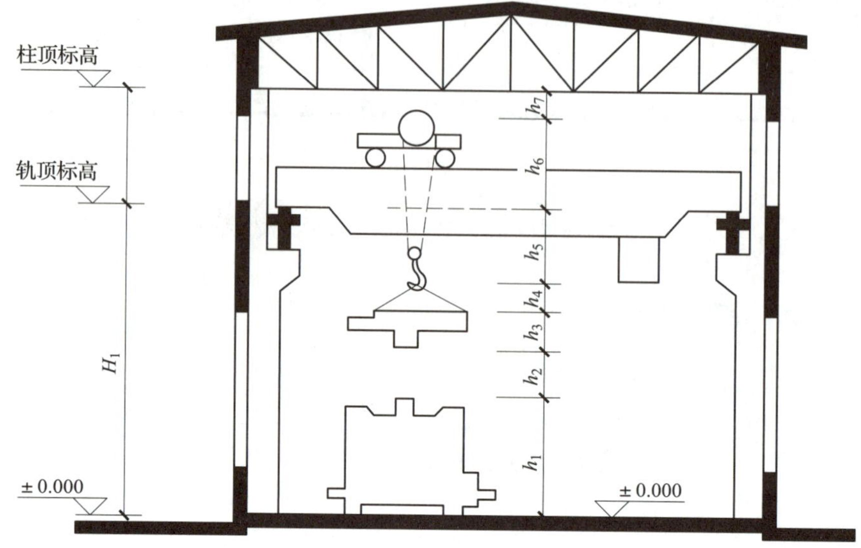

图 3-18　单层厂房高度的确定

2. 单层厂房室内地坪的标高

单层厂房室内地坪的绝对标高是在总平面设计时确定的，相对标高定为 ± 0.000。一般单层厂房室内外需设置一定的高差，以防雨水侵入室内。同时，为了运输车辆出入方便，室内外相差不宜太大，一般取值为 150 mm。

通常在地形平坦的情况下，为便于工艺布置和生产布置、生产运输，整个厂房地坪取一个标高。但在坡地或山区建厂，为减少土方量，加快施工速度，常将单层厂房地面布置在不同跨度的台阶上，或同一跨度地坪分段布置在不同标高的台阶上（见图 3-19）。

3. 单层厂房的剖面形式

单层厂房的剖面形式与生产工艺、采光通风要求、屋面排水方式等有关。如图 3-20 所示是常见的几种单层厂房的剖面形式。

4. 单层厂房采光方式的选择

根据采光口所在的位置不同，有侧面采光、上部采光、混合采光三种方式。

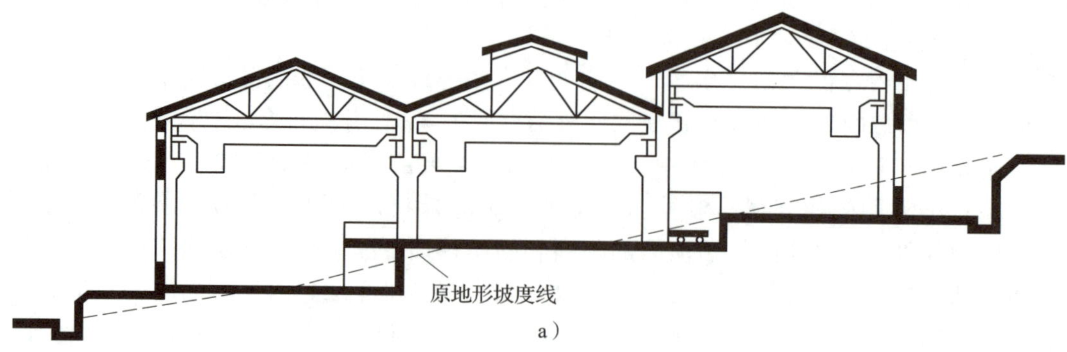

a）

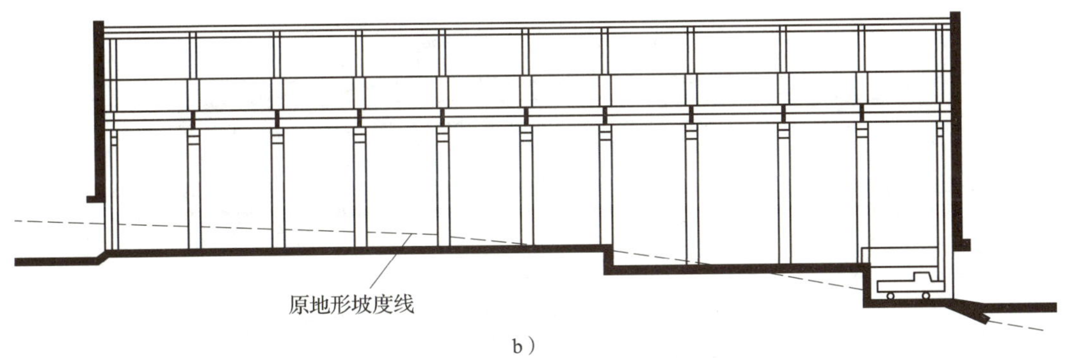

图 3-19　结合等高线布置的单层厂房地面标高

a）平行等高线布置的地面标高　b）垂直等高线布置的地面标高

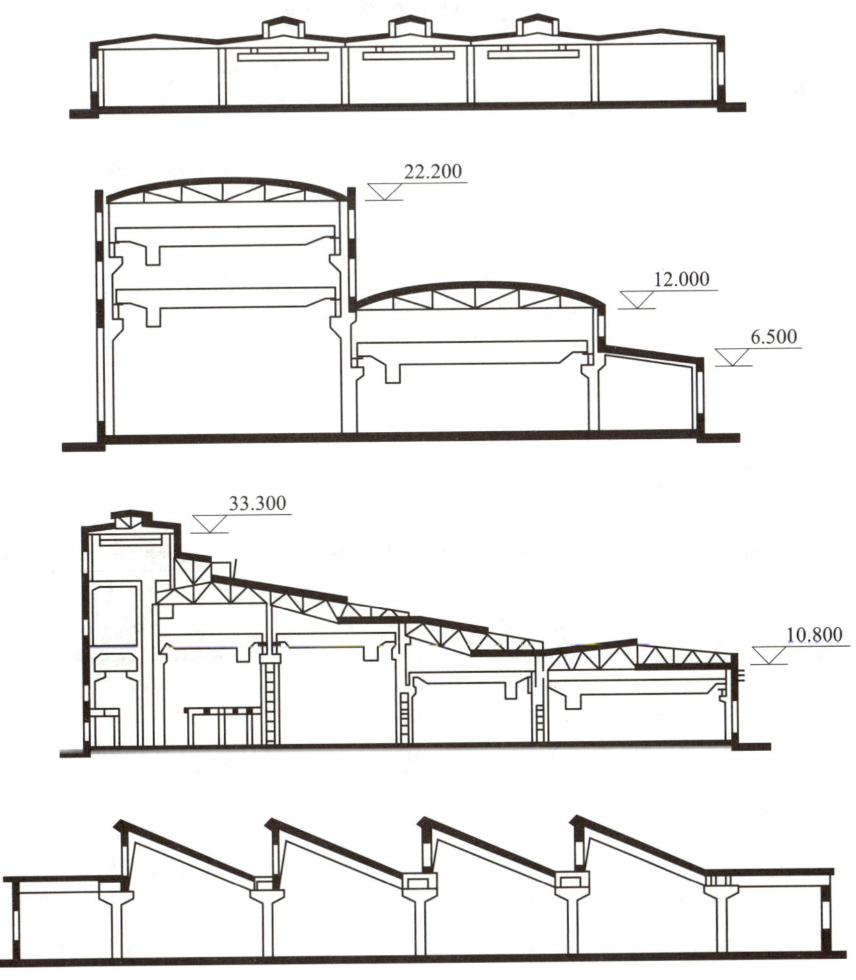

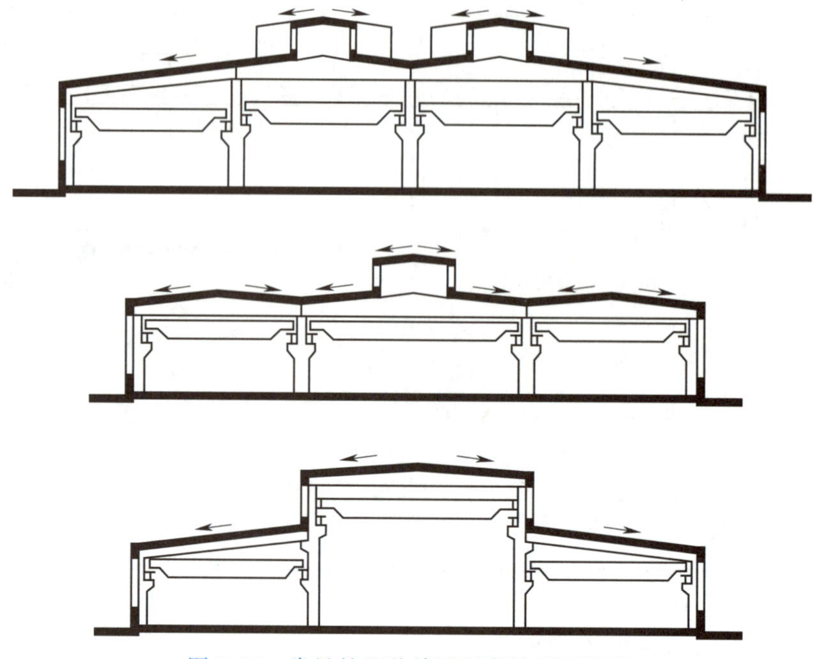

图 3–20 常见的几种单层厂房的剖面形式

侧面采光是利用开设在侧墙上的窗进行采光，分为单侧采光和双侧采光两种。当房间进深较小时，可利用单侧采光（见图 3–21a）；当房间进深较大时，应采用双侧采光（见图 3–21b）。

上部采光是利用开设在屋顶上的天窗进行采光。常见的采光天窗有矩形天窗、锯齿形天窗、平天窗、井式天窗等。

混合采光是既有侧面采光，又有上部采光的方式（见图 3–21c）。

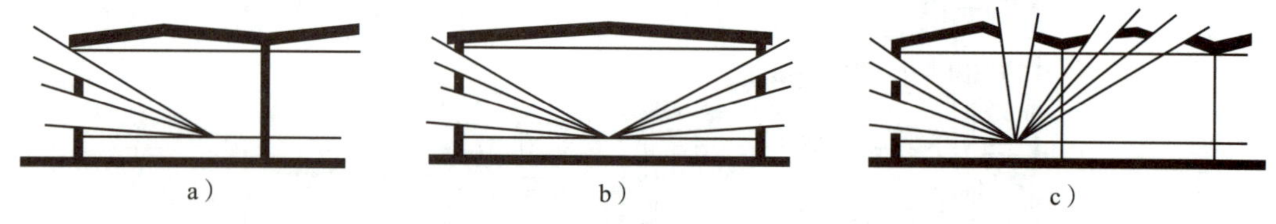

图 3–21 单层厂房天然采光方式

a）单侧采光 b）双侧采光 c）混合采光

5. 单层厂房内部空间的利用

当厂房内仅有个别大型设备时，通过建筑设计人员与工艺设计人员共同研究，在不影响生产工艺的前提下，可将某些大型设备或工件放在低于地面的地坑里（见图 3–22a）；或在不影响吊车运行的条件下，将个别大型设备设置在两榀屋架之间（见图 3–22b），达到降低厂房高度、节约空间、节省造价的目的；或将有关几个柱间的屋盖提高（见图 3–22c）。

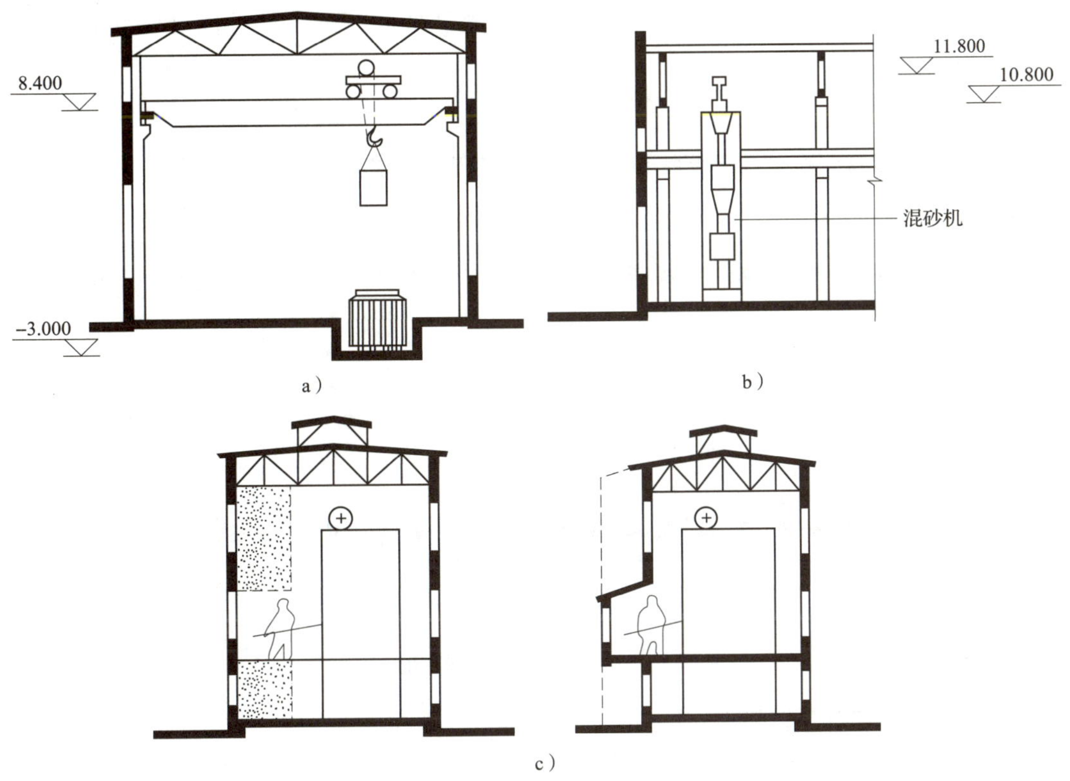

图 3-22 单层厂房内部空间利用示例

a）将大型设备放在地坑里 b）将大型设备设置在两榀屋架之间 c）提高柱间屋盖

三、单层厂房定位轴线的标定

单层厂房的定位轴线一般有横向与纵向之分。通常将与厂房横向排架平面相平行（与厂房跨度纵向相垂直）的轴线称为横向定位轴线，将与横向排架平面相垂直（与厂房跨度纵向相平行）的轴线称为纵向定位轴线。单层厂房横向定位轴线之间的距离是柱距，纵向定位轴线之间的距离是跨度，如图 3-23 所示。

1. 横向定位轴线

与横向定位轴线有关的主要承重构件是屋面板和吊车梁，横向定位轴线通过其标志尺寸端部，即与上述构件的标志尺寸相一致。此外，连系梁、基础梁、纵向支撑、外墙板等的标志尺寸及其位置也与横向定位轴线有关。

（1）中间柱与横向定位轴线的联系

除山墙端部排架柱以及横向伸缩缝处柱以外，横向定位轴线一般与柱的中心线相重合，且通过屋架中心线和屋面板横向接缝（见图 3-24）。

（2）山墙与横向定位轴线的联系

山墙为非承重墙时，墙内缘与横向定位轴线相重合，端部排架柱中心线自定位轴线向内移 600 mm，端部柱距较中间柱距减少 600 mm（见图 3-25）。这是由于山墙一般需设抗风柱，抗风柱需通至屋架上弦或屋面梁上翼缘处，为避免与端部屋架发生矛盾，需在端部让出抗风柱上柱的位置。同时，也和横向变形缝处柱离开轴线 600 mm 的处理相同。

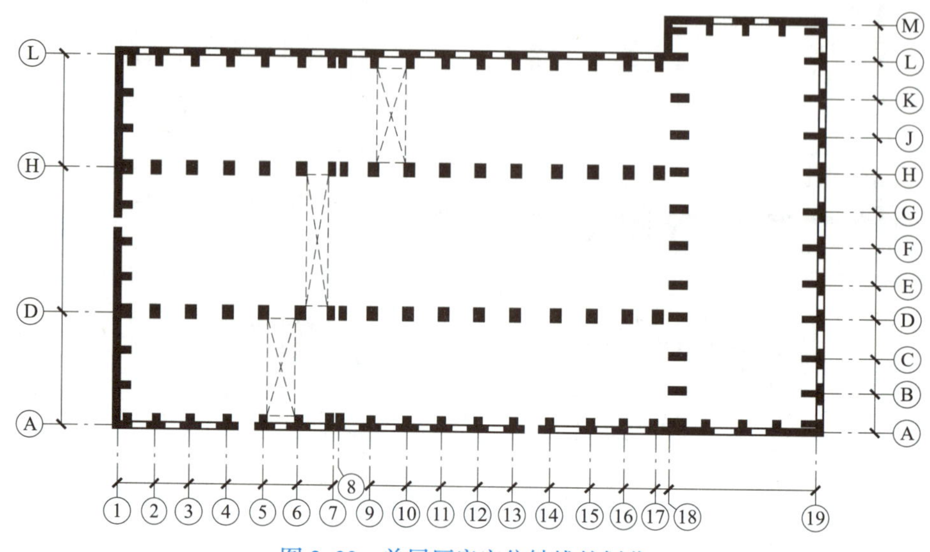

图 3-23　单层厂房定位轴线的划分

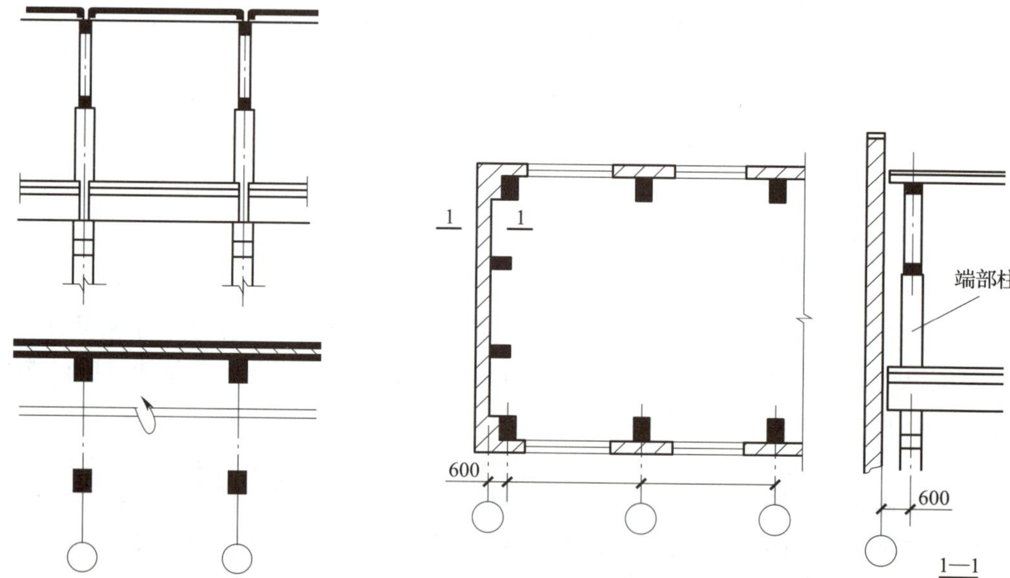

图 3-24　中间柱与横向定位轴线的联系

图 3-25　非承重山墙与横向定位轴线的联系

山墙为承重墙时，山墙内缘与横向定位轴线的距离应按砌体的块材类别，分为半块、半块的倍数或墙厚的一半（见图 3-26）。

（3）横向伸缩缝处柱与横向定位轴线的联系

横向伸缩缝、防震缝处应采用双柱双轴线的定位轴线划分方法。双轴线间加插入距，插入距 A 等于伸缩缝或防震缝的宽度 C。双柱中心线的位置应自定位轴线向两侧各移 600 mm（见图 3-27）。

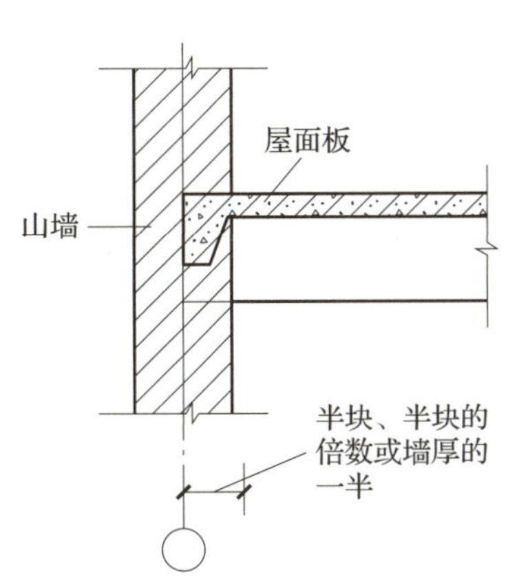

图 3-26　承重山墙与横向定位轴线的联系

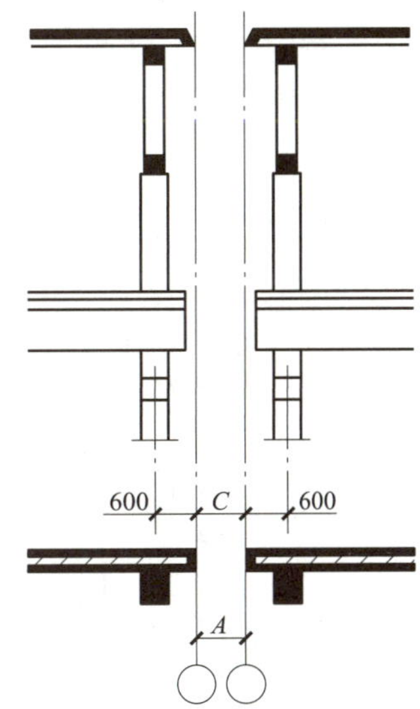

图 3-27　横向伸缩缝处柱与横向定位轴线的联系

这种横向双轴线定位的方法，将伸缩缝与防震缝处的定位轴线划分方法统一起来，一方面使构件的规格与山墙统一，另一方面使尺寸符合 3M 模数。另外，双柱间有一定的距离，还能保证各柱有自己的基础杯口，以便安装。

2. 纵向定位轴线

纵向定位轴线与单层厂房横向构件如屋架、吊车梁等长度尺寸相重合。纵向定位轴线的划分除考虑构造简单、结构合理外，在有吊车的单层厂房内还应保证吊车能安全运行和保证必需的净空。

（1）边柱、外墙与纵向定位轴线的关系

在无吊车或只有悬挂式吊车的单层厂房中，纵向定位轴线应通过边柱外缘和外墙内缘。在有吊车的单层厂房中，为了使吊车能安全运行，外墙、边柱与纵向定位轴线的联系方式就可出现封闭结合与非封闭结合两种情况。

1）封闭结合。当吊车起重量 <200 kN 时，纵向定位轴线的位置是通过边柱外缘、外墙内缘，使屋顶与外墙之间形成封闭结合（见图 3-28a）。这种联系方式构造简单、施工方便，较为经济。

2）非封闭结合。当吊车起重量 >300 kN、车间跨度大于 18 m 时，边柱、外墙与纵向定位轴线形成非封闭结合。因为在这种情况下，吊车不能满足安全运行所需要的净空要求，必须将柱外缘自纵向定位轴线向外推移一段距离，这段距离称为联系尺寸 *D*（见图 3-28b）。这种联系方式下屋面板只能铺至纵向定位轴线处，离外墙内缘尚有一段空隙，该段空隙在构造上须加以处理。

（2）中柱与纵向定位轴线的联系

中柱与纵向定位轴线的联系，一般要考虑相邻两跨是等高还是不等高以及吊车起重量大小等情况而定。

1）等高跨中柱。等高跨的中柱宜设置单柱和一条纵向定位轴线，其上柱中心线一

般与纵向定位轴线相重合（见图 3–29），即等高跨两侧屋架的标志跨度以上柱中心线为准。当相邻跨内需设插入距时，中柱可采用单柱及两条纵向定位轴线。插入距应符合 3M 模数，柱中心线宜与插入距中心线相重合。

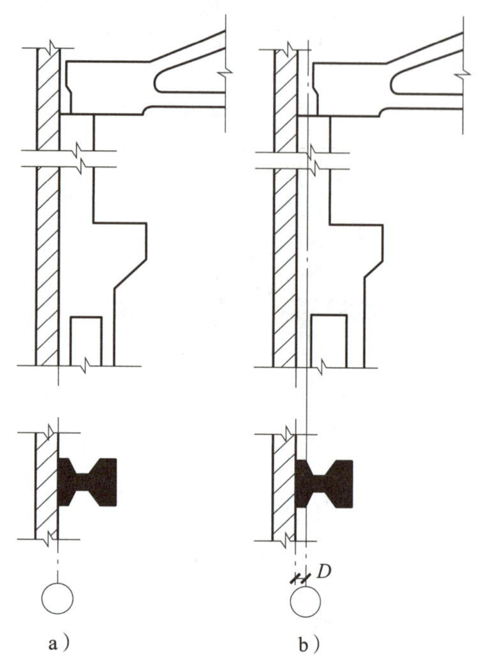

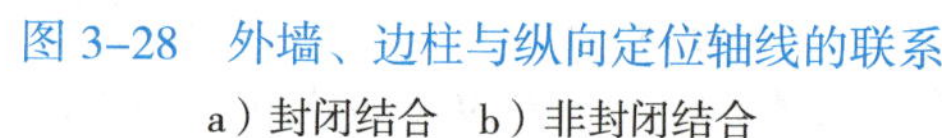

图 3–28　外墙、边柱与纵向定位轴线的联系
a）封闭结合　b）非封闭结合

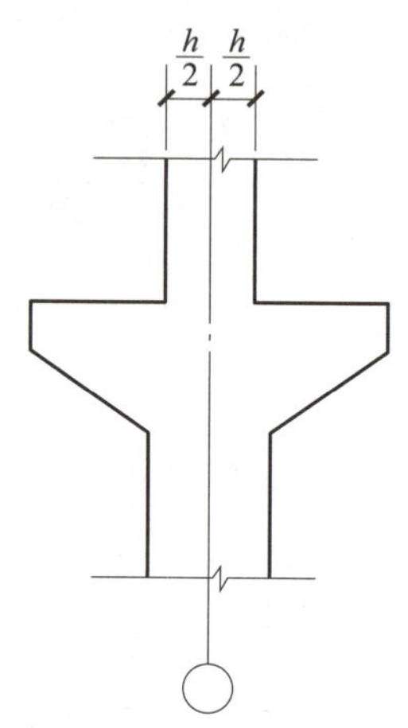

图 3–29　等高跨中柱与纵向定位轴线的联系

2）高低跨处中柱。当单层厂房相邻两跨为不等高时，常考虑高跨柱，并根据吊车起重量大小等情况来划分。

高低跨处中柱在我国目前常采用的是单柱做法。当吊车起重量 <200 kN 时，高跨上柱外缘和封墙内缘应与纵向定位轴线相重合（见图 3–30a），当高跨吊车起重量 >300 kN 时，就须加设联系尺寸 D，这样就出现两条纵向定位轴线，一条属于高跨，另一条属于低跨。两条轴线之间的距离称为插入距 A。在上述情况下，插入距 A 等于联系尺寸 D（见图 3–30b）。

3）纵向伸缩缝处柱。当单层厂房宽度较大时，沿宽度方向须设置纵向伸缩缝，以解决横向变形问题。

对于等高单层厂房，纵向伸缩缝一般采用单柱处理。伸缩缝一侧的屋架支承在柱头上，另一侧则搁置在活动支座上，采用两条纵向定位轴线，其插入距 A 等于伸缩缝的宽度 C，上柱中心线与插入距中心线相重合（见图 3–31）。

不等高的单层厂房纵向伸缩缝一般设在高低跨处，可采用单柱处理（见图 3–32）。低跨屋架搁置在活动支座上，同时高低跨处柱采用两条纵向定位轴线，其插入距 A 在吊车起重量 < 200 kN 时等于伸缩缝的宽度 C（一般为 30 ~ 50 mm）；当吊车起重量 >300 kN 时，则插入距 $A=C+D$。

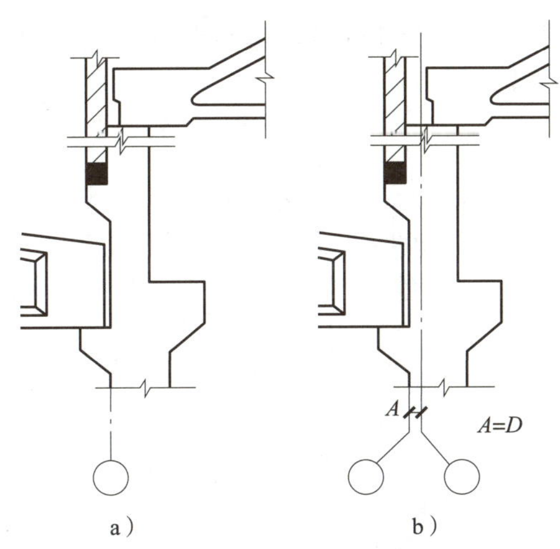

图 3-30　高低跨处中柱与纵向定位轴线的联系

a）一条定位轴线　b）两条定位轴线

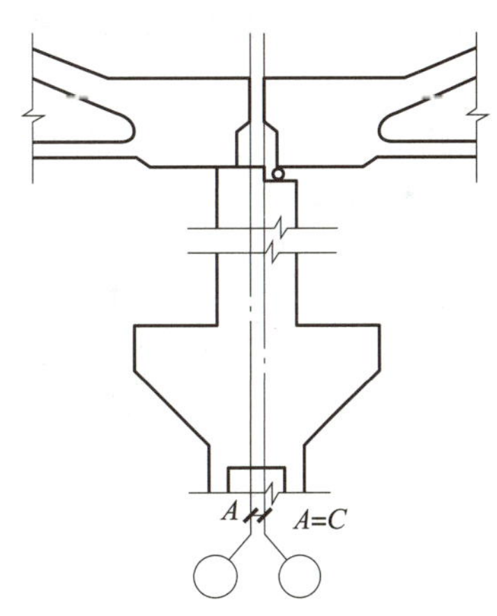

图 3-31　等高跨纵向伸缩缝处单柱与纵向定位轴线的联系

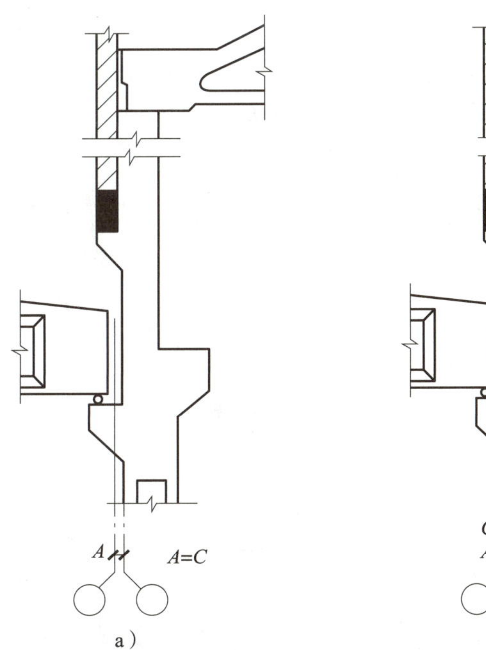

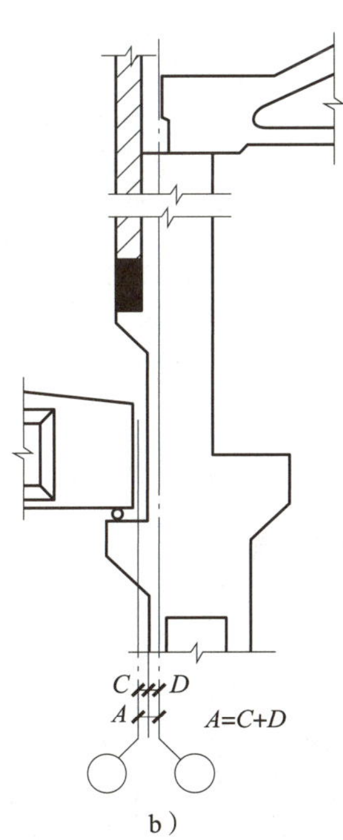

图 3-32　高低跨纵向伸缩缝处单柱与纵向定位轴线的联系

a）未设联系尺寸 D　b）设联系尺寸 D

当不等高跨高差悬殊或吊车起重量差异较大或需设防震缝时，常在不等高跨处采用双柱处理，并采用两条纵向定位轴线（见图 3-33）。

（3）纵横跨相交处与定位轴线的联系

在有纵横跨相交的单层厂房中，常在交接处设有变形缝，因此，纵跨与横跨的结构实际上各自为独立体系。该处定位轴线的划分如同两个厂房，各柱按前述诸原则与各自的定位轴线相联系，即纵跨的端柱与横向定位轴线相联系，横跨的边柱按规定划分，然后将纵横两部分组合在一起。两部分定位轴线之间的距离为插入距 A，插入距的大小与纵向伸缩缝双柱的处理相同（见图 3–34）。

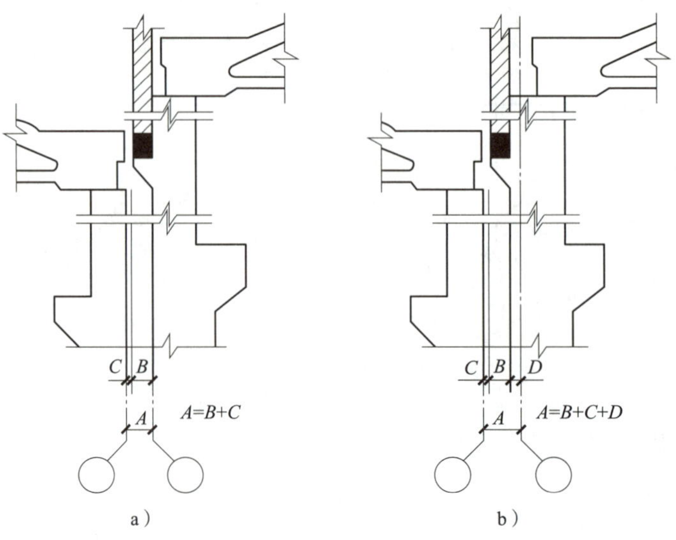

图 3–33　高低跨纵向伸缩缝处双柱与纵向定位轴线的联系

a）未设联系尺寸 D　b）设联系尺寸 D

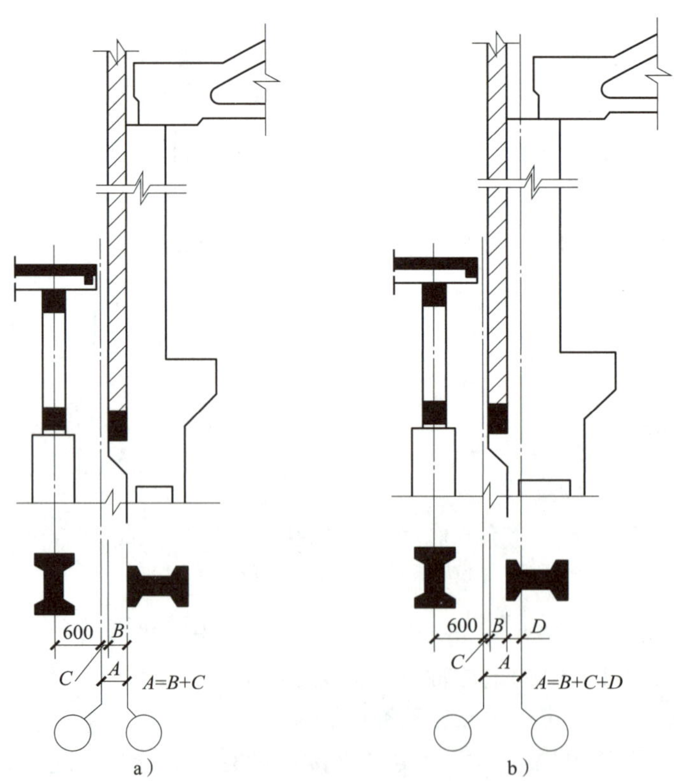

图 3–34　纵横跨相交处与定位轴线的联系

a）未设联系尺寸 D　b）设联系尺寸 D

第三节　多层厂房设计

一、多层厂房的特点

和单层厂房相比，多层厂房具有以下特点。

1. 占地面积小，节约用地，缩短室外各种管网的长度，降低了建设投资和维修费用。
2. 厂房宽度较小，可不设天窗，而利用侧窗采光。
3. 屋面面积小，防水、排水构造处理简单，利于室内保温、隔热。
4. 增加了垂直交通运输设施，且人货流组织较复杂。
5. 若楼层上有振动荷载，会使结构计算和构造处理复杂。

二、多层厂房的平面形式

多层厂房的平面形式首先应满足生产工艺的要求，并综合考虑与生产相关的各项技术要求，以及运输设备、交通枢纽和生活辅助用房的关系。常见的多层厂房平面形式有以下几种。

1. 内廊式

内廊式平面形式是将各工段按工艺流程的要求布置在各个房间内，并用内廊（内走道）联系起来，如图 3–35 所示。这种布置形式适用于面积不大，生产上需要紧密联系，但又不希望相互干扰的工段。

2. 统间式

在生产工段面积较大，各工序紧密联系，不宜分隔成小间布置时，常采用统间式平面形式，如图 3–36 所示。这种平面形式对自动化流水线的操作更为有利。在生产过程中如有少数特殊工段需要单独布置，也可将它们加以集中，分别布置在某一区段或车间的一端或一隅。

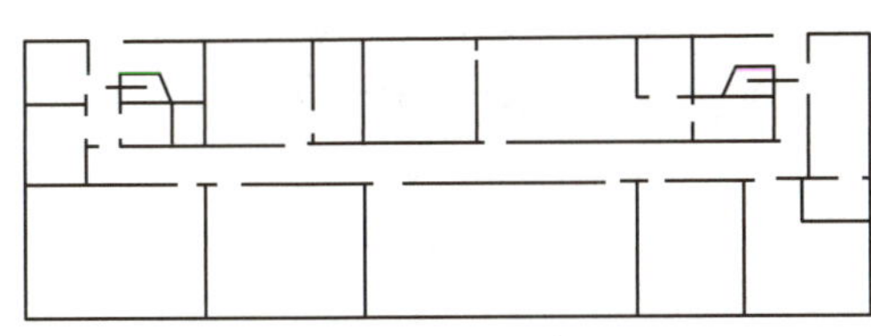

图 3–35　内廊式平面形式

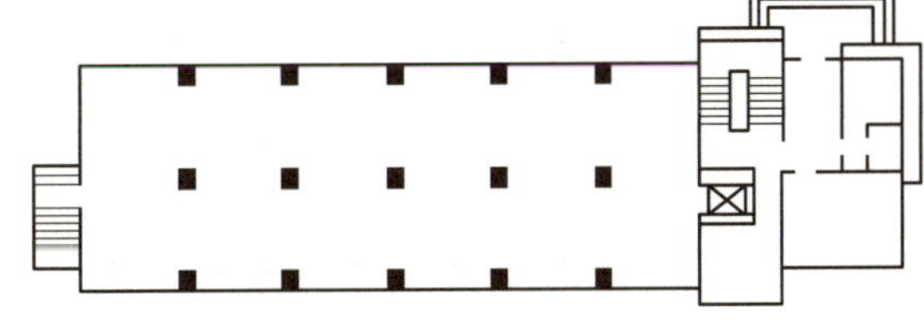

图 3–36　统间式平面形式

3. 大宽度式

为了满足某些工段高精度、超净化等特殊要求，使厂房平面布置更为经济合理，可采用加大厂房宽度，形成较大宽度式平面形式，如图 3–37 所示。这种平面形式可把交通运输枢纽及生活辅助用房布置在厂房中部采光条件较差的区域，以保证生产工段所需的采光与通风要求。

4. 混合式

根据不同生产要求，采用上述多种平面形式的混合布置，称为混合式平面形式，如图 3–38 所示。它的优点是能满足不同生产工艺流程的要求，灵活性较大；缺点是平面及剖面形式复杂，结构类型不易统一，施工较麻烦，对抗震亦不利。

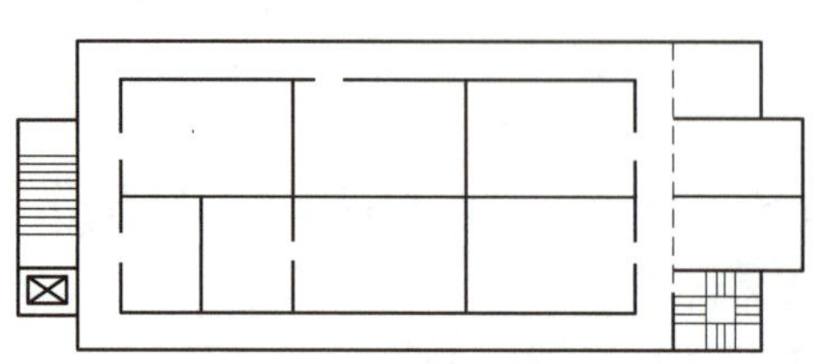

图 3–37 大宽度式平面形式

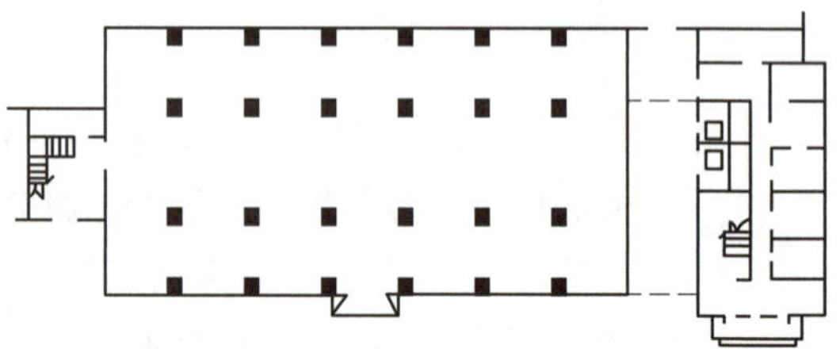

图 3–38 混合式平面形式

三、多层厂房的柱网布置

多层厂房柱网的选择首先应满足生产工艺的需要，其尺寸的确定应符合国家标准《建筑模数协调标准》（GB/T 50002—2013）和《厂房建筑模数协调标准》（GB/T 50006—2010）。同时还应考虑厂房的结构形式、采用的建筑材料和其在经济上的合理性以及施工上的可能性。在工程实践中结合上述平面形式，多层厂房的柱网一般可概括为以下几种类型（见图 3–39）。

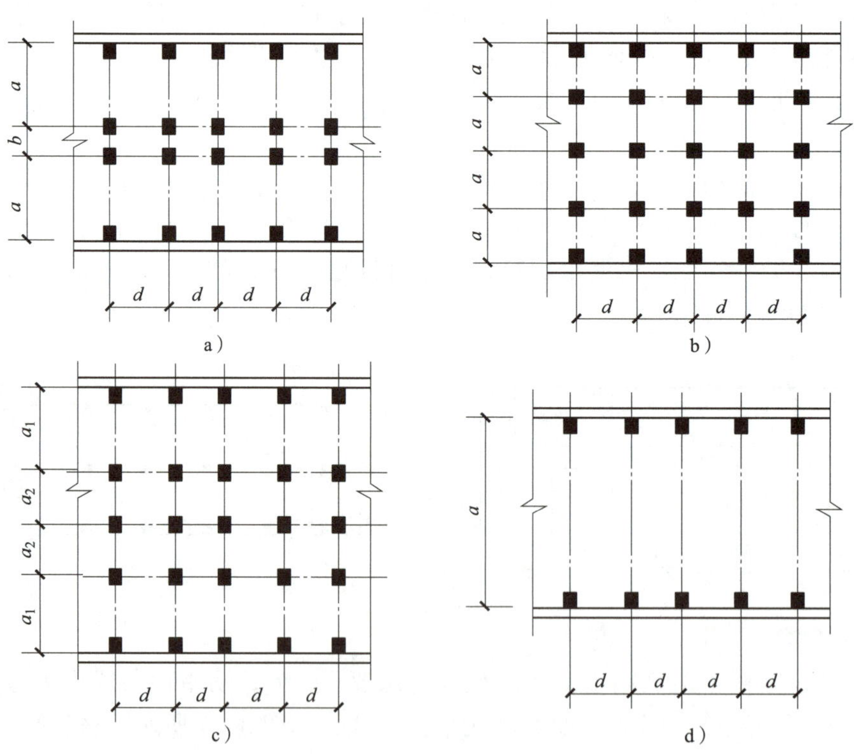

图 3–39 多层厂房的柱网类型

a）内廊式柱网 b）等跨式柱网 c）对称不等跨式柱网 d）大跨度式柱网

1. 内廊式柱网

这种柱网适用于内廊式平面形式。它所组成的平面一般都是对称的，在两跨中间布置走廊。

2. 等跨式柱网

这种柱网主要适用于需要大面积布置生产工艺的多层厂房，底层一般布置机加工、仓库或总装配车间等，有的还配有起重运输设备。这种柱网可以是两个以上连续等跨的形式。用轻质隔墙分隔后，亦可作内廊式的平面布置。

3. 对称不等跨式柱网

这种柱网的特点及适用范围和等跨式柱网类似。

4. 大跨度式柱网

这种柱网由于取消了中间柱子，为生产工艺的变革提供了更大的适应性。因为扩大了跨度，楼层常采用桁架结构，这样楼层结构的空间（桁架空间）可作为技术层，用以布置各种管道及生活辅助用房。

除上述主要柱网类型外，在实践中根据生产工艺及平面形式等各方面要求，也可采用其他一些类型的柱网。

四、多层厂房的剖面设计

多层厂房的剖面设计主要是研究和确定厂房的剖面形式、层数和层高、工程技术管理的布置和内部设计等有关问题。

1. 多层厂房的剖面形式

由于厂房平面柱网的不同，多层厂房的剖面形式亦是多种多样。在目前我国多层厂房设计中，经常采用以下几种剖面形式，如图 3-40 所示。

图 3-40　多层厂房的剖面形式

2. 多层厂房层数的确定

多层厂房层数的确定与生产工艺、楼层使用荷载、垂直运输设施以及地质条件、基建投资等因素密切相关。为节约用地，在满足生产工艺要求的前提下，可增加厂房的层数，向竖向空间发展。但就普遍性而言，目前建造的多层厂房还是以 3 ~ 5 层居多。

五、多层厂房定位轴线的标定

同单层厂房一样，多层厂房的平面定位轴线也有纵向和横向两种。与厂房长度方向平行的轴线称为纵向定位轴线，与其垂直的轴线称为横向定位轴线。多层厂房定位轴线的标定方法随厂房结构形式而有所不同。下面介绍砌块墙承重和装配式钢筋混凝土框架承重两种多层厂房定位轴线的标定方法。

1. 砌块墙承重

当多层厂房采用砌块墙承重时，其内墙的中心线一般与定位轴线相重合。外墙的定位轴线和墙内缘的距离应为半块块材或其倍数，或定位轴线与外墙中心线相重合（见图 3–41）。带有砌块承重壁柱的外墙，定位轴线也可与墙内缘相重合。

2. 钢筋混凝土框架承重

当多层厂房采用钢筋混凝土框架承重时，定位轴线的定位不仅涉及框架柱，而且也与梁板等构件有关。

（1）墙、柱与横向定位轴线的联系

横向定位轴线一般与柱中心线相重合。在山墙处定位轴线仍通过柱中心，这样可以减少构件规格品种，使山墙处横梁与其他部分一致，虽然屋面板与山墙间出现空隙，但在构造上是易于处理的（见图 3–42a）。

横向伸缩缝或防震缝处应采用加设插入距的双柱并设两条横向定位轴线，柱的中心线与横向定位轴线相重合。插入距一般取值为 900 mm。此处节点可采用加长板的方法处理（见图 3–42b）。

（2）墙、柱与纵向定位轴线的联系

纵向定位轴线在中柱处应与柱中心线相重合。在边柱处，纵向定位轴线在边柱下柱截面高度范围内浮动定位。浮动幅度最好为 0 或 50 mm 的整倍数，这与厂房柱截面的尺寸应是 50 mm 的整倍数是一致的。如值为 0，纵向定位轴线即定于边柱外缘（见图 3–43）。

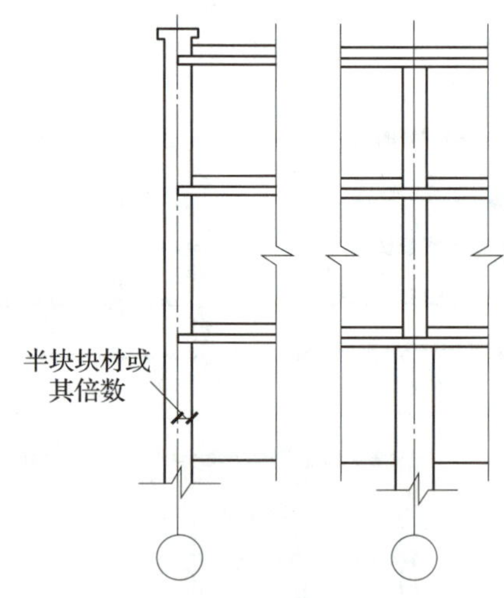

图 3–41　砌块墙承重时外墙、内墙与定位轴线的联系

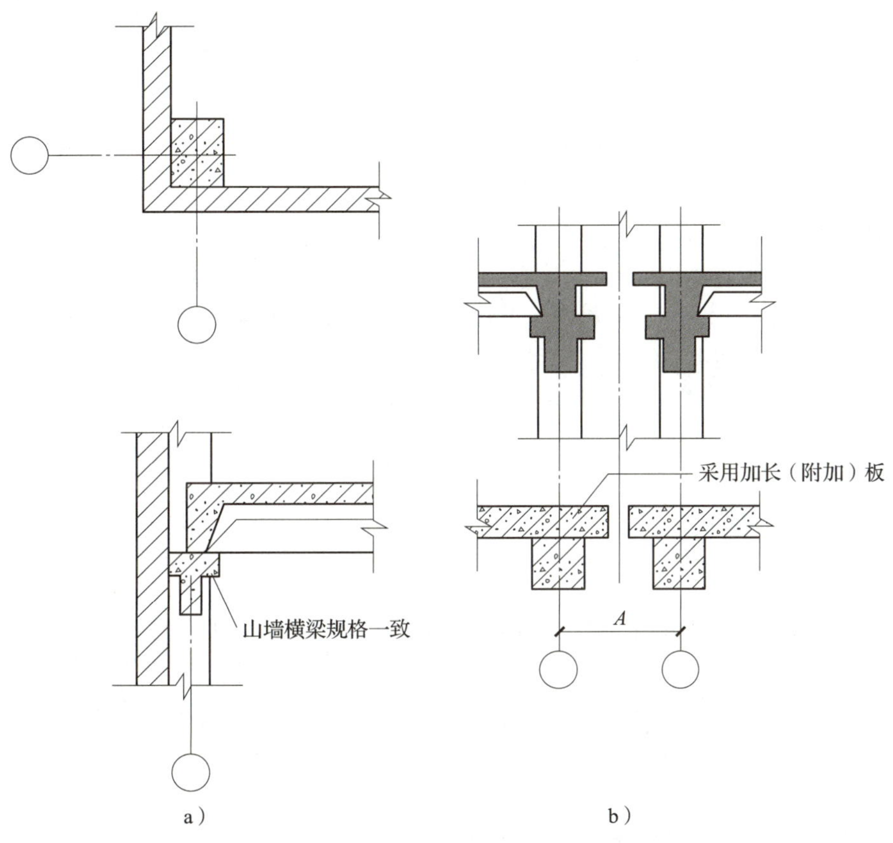

图 3-42　框架承重时墙、柱与横向定位轴线的联系

a）未设插入距　b）加设插入距

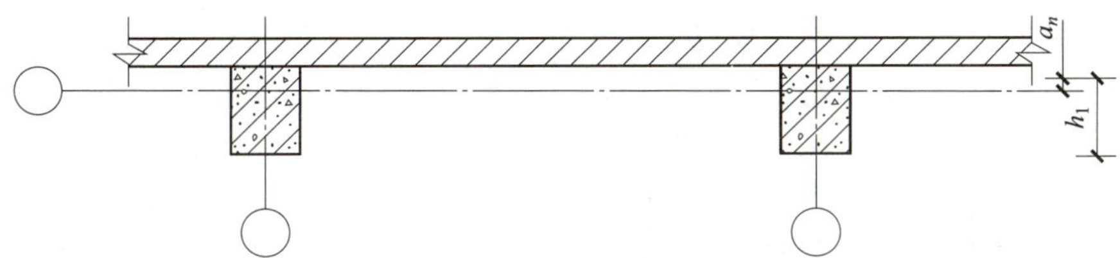

图 3-43　框架承重时墙、柱与纵向定位轴线的联系

第四章 工业建筑体系

学习目标

了解砌块建筑、框架建筑、大板建筑的特性，掌握砌块建筑、框架建筑、大板建筑的施工工艺。

第一节 砌块建筑

工业建筑通常按建筑结构类型和施工工艺来划分体系。工业建筑体系一般分为专用体系和通用体系两种。专用体系是只适用于某一地区、某一类建筑使用的构件所建造的体系，它有一定的设计专用性和技术先进性，又有一定的地方性和时间性；通用体系就是对那些能够在各类建筑中可以互换通用的构配件加以归类统一、系列配套、成批生产，逐步打破各类建筑中专用构件的界限，化“一件一用”为“一件多用”。工业建筑体系主要包括砌块建筑、框架建筑、大板建筑等。

砌块建筑是目前我国应用较为广泛的一种建筑体系，其最大优点是能充分利用工业废料，制作方便，施工不需要大的起吊设备；缺点是抗震性能差，湿作业较多。

一、砌块的种类及规格

砌块的种类较多，按材料分有普通混凝土砌块、煤矸石混凝土砌块、陶粒混凝土砌块、炉渣混凝土砌块、加气混凝土砌块等；按品种分有实体砌块、空心砌块等；按规格分有小型砌块、中型砌块和大型砌块等。

小型砌块尺寸小、质量小（一般在 20 kg 以内），适用于人工搬运、砌筑；中型砌块尺寸较大、质量较大（一般在 350 kg 以内），适用于中、小型机械起吊和安装；而大型砌块则是向板材过渡的一种形式，尺寸大、质量大（一般在 350 kg 以上），故需大型起重设备吊装施工，目前采用较少。

二、砌块建筑的构造

由于砌块的尺寸较砖大，所以墙体接缝更为重要。在砌筑、安装时，必须保证灰

缝横平竖直、砂浆饱满。一般砌块墙采用 M5 砂浆砌筑，水平缝为 15 mm，有配筋或钢筋网片的水平缝厚度为 20 ~ 25 mm。垂直缝为 20 mm，当大于 30 mm 时，应用 C20 细石混凝土灌实，当大于 150 mm 时，应用普通黏土砖填砌。砌筑砌块时，上下皮应错缝，搭接长度一般为砌块长度的 1/2，不得小于砌块高度的 1/3，且应不小于 150 mm。当无法满足搭接长度要求时，则应在水平缝内设置 ϕ4 mm 的钢筋网片予以加强，钢筋网片两端离垂直缝的距离不得小于 300 mm（见图 4–1、图 4–2）。

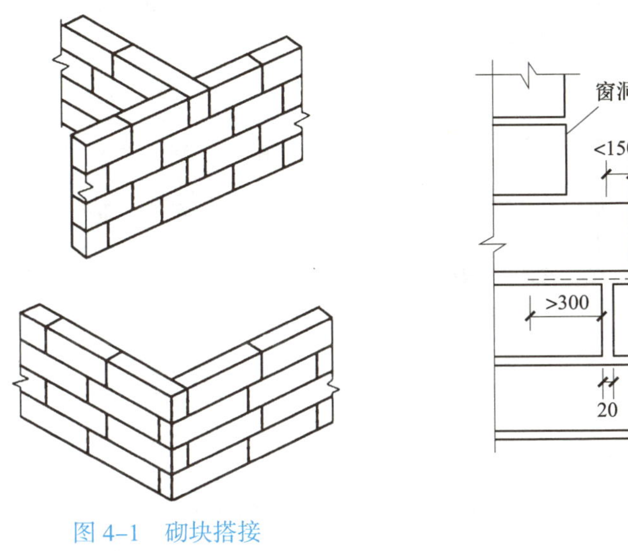

图 4–1　砌块搭接

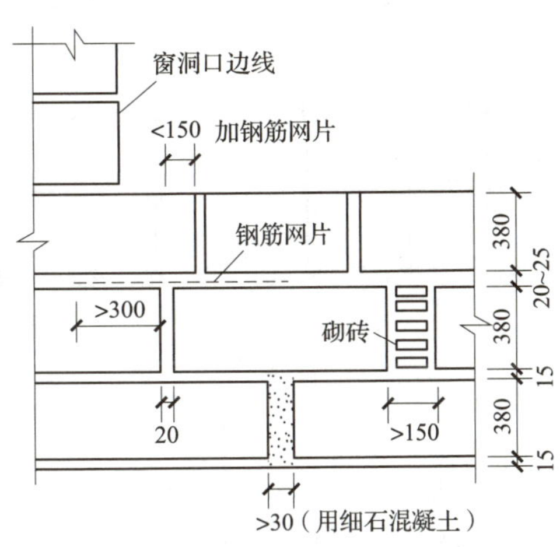

图 4–2　砌块排列

外墙转角处及纵横墙交接处，应将砌块分皮咬槎、交错搭接，在交接处设置钢筋网片加固。

为了加强房屋的整体刚度，应在砌块墙中设置钢筋混凝土圈梁，圈梁高度应不小于 150 mm，所配纵向钢筋不少于 4ϕ8 mm，钢箍间距不大于 300 mm。

为加强砌块房屋的整体刚度，空心砌块常于房屋转角和必要的内、外墙交接处设置构造柱。构造柱系将砌块上下孔对齐，于孔中配 ϕ10 ~ ϕ12 mm 钢筋分层插入，并用 C20 细石混凝土分层填实。构造柱须与圈梁连接。

第二节　框架建筑

框架建筑是以由柱、梁、板组成的框架为承重结构，以各种轻质板材为围护结构的新建筑形式。它的优点是自重小、构件少，节约材料，施工速度快，有利于抗震，室内布置灵活，适于改造，此外，由于墙体减薄，相应增加了使用面积；缺点是造价偏高。

一、框架结构的类型

框架按所使用材料可分为钢筋混凝土框架和钢框架两种；按施工方法可分为全现浇式、全装配式和装配整体式三种；按构件组成可分为以下三种（见图 4–3）。

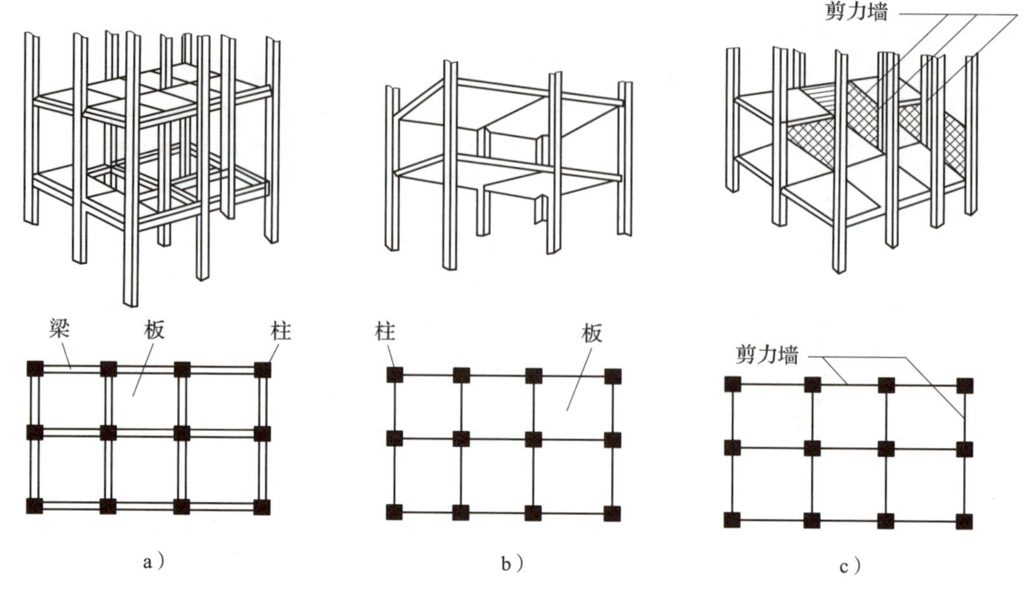

图 4–3 框架结构的类型

a）梁板柱框架 b）板柱框架 c）剪力墙框架

1. 梁板柱框架

由梁、楼板和柱组成的框架称为梁板柱框架。这种结构将梁与柱组成框架、楼板搁置在框架上，构件传力途径明确，受力性能较好，是目前应用最为广泛的一种类型。

2. 板柱框架

由楼板、柱组成的框架称为板柱框架。楼板可以是梁板合一的肋形楼板，也可以是实心大楼板。

3. 剪力墙框架

增设剪力墙的框架称为剪力墙框架。剪力墙承担大部分水平荷载，增加结构水平方向的刚度，框架基本上只承受垂直荷载。

二、装配式钢筋混凝土框架构件划分

装配式钢筋混凝土框架是由若干个基本构件组合而成的，因此构件划分将直接影响结构的受力和施工难易等。构件划分应本着有利于构件的生产、运输、安装，有利于增强结构的刚度和简化节点构造的原则进行，通常有以下几种划分方式（见图 4–4）。

1. 短柱式

这种划分方式是把梁、柱按开间、跨度和层高划分成直线形的单个构件。划分后的构件外形简单，自重较小，便于生产、运输和吊装，因此被广泛采用。

2. 长柱式

这种划分方式的特点与短柱式类似，但接头更少。

3. 框架式

这种划分方式是把整个框架划分成若干小框架，小框架的形状有 H 形、十字形

等。它扩大了构件的预制范围，接头数量少，施工进度快，能增强整个框架的刚度。但构件制作、运输、安装较复杂，只有在运输吊装设备较好的条件下才采用。

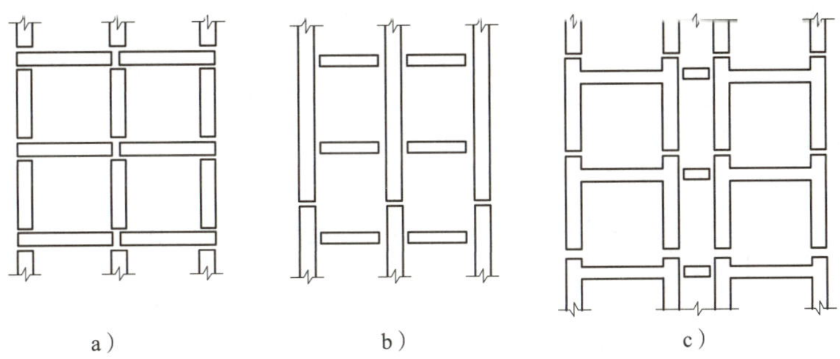

图 4-4　装配式钢筋混凝土框架构件划分方式

a）短柱式　b）长柱式　c）框架式

三、装配式构件的连接

1. 柱与柱的连接

柱与柱的连接采用刚性连接，有浆锚连接、柱帽连接、棒式连接等方式。

（1）浆锚连接

在下柱顶端预留孔洞，安装时先在洞中灌入高强快硬膨胀砂浆，然后将上柱伸出的钢筋插入，经过定位、校正、临时固定，待砂浆凝固后即形成刚性接头，如图 4-5 所示。

（2）柱帽连接

柱帽用角钢做成，并焊接在柱内的钢筋上。帽头中央设一钢垫板，以使压力传递均匀。安装时用钢夹具将上下柱固定，使轴线对准，焊接完毕后再拆去钢夹具，并在节点四周包钢丝网抹水泥砂浆保护，如图 4-6 所示。此法的优点是焊接后就可以承重，可以立即进行下一步安装工序，但钢材用量较多。

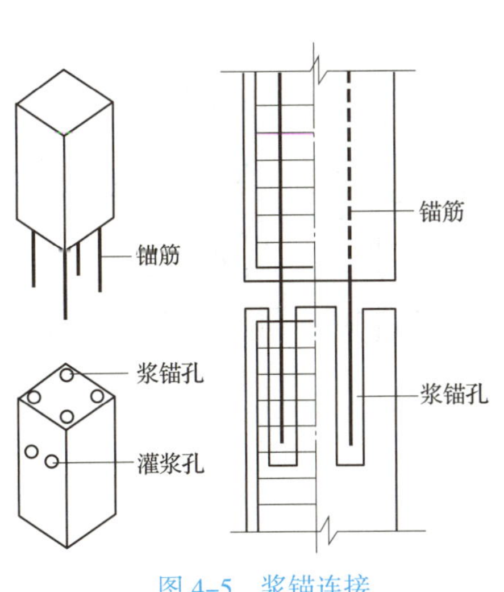

图 4-5　浆锚连接

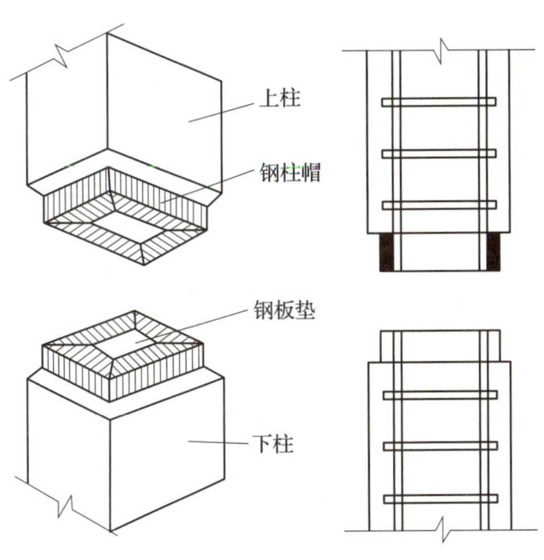

图 4-6　柱帽连接

（3）棒式连接

在柱的下端做一棒头，安装时棒头落在下柱上端，对中后把上下柱伸出的钢筋焊接起来，并绑扎箍筋，支模，在四周浇筑混凝土。这种连接方法焊接量少，节省钢材，节点刚度大，但对焊接要求较高，湿作业多，需要有一定的养护时间，如图 4–7 所示。

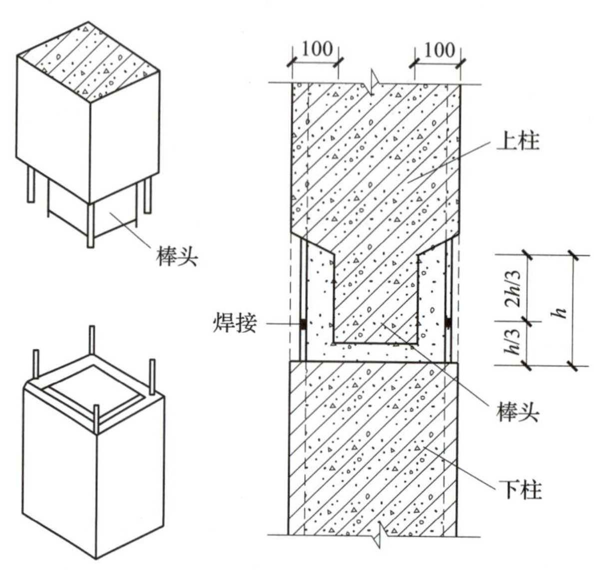

图 4–7　棒式连接

2. 梁与柱的连接

梁与柱的连接有两种情况，一种是梁在柱旁连接，另一种是梁在柱顶连接。

（1）梁在柱旁连接，可利用柱上伸出的钢牛腿或钢筋混凝土牛腿支承梁（见图 4–8）。钢牛腿体积小，可以在柱预制完以后焊在柱上，故柱的制作比较简单。也可采用两种牛腿结合使用的方法，即柱的两面伸出钢筋混凝土牛腿，另两面用钢牛腿。

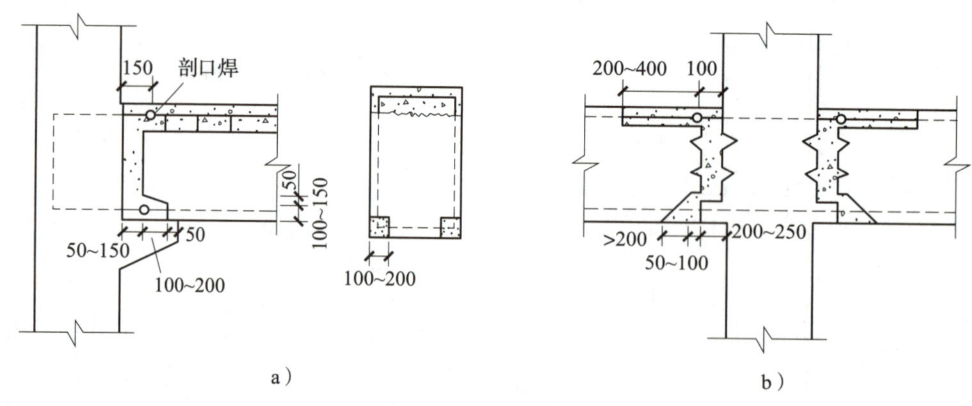

图 4–8　梁在柱旁连接

a）钢牛腿　b）钢筋混凝土牛腿

（2）梁在柱顶连接，常用叠合梁现浇连接。此法是将上下柱和纵横梁的钢筋都伸入节点，用混凝土灌成整体（见图 4–9）。在下柱顶端四边预留角钢，主梁和连系梁均搭在下柱边缘，临时焊接，梁端主梁伸出并弯起。在主梁端部预埋由角钢焊成的钢架，以支撑上层柱子，俗称钢板凳。叠合梁的负筋全部穿好以后，再配以箍筋，浇筑混凝土形成整体式接头。

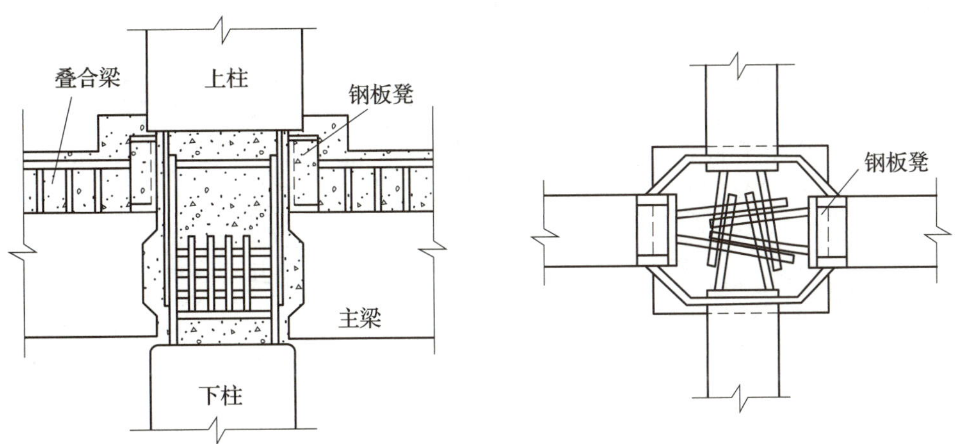

图 4–9　梁在柱顶连接

3. 框架与轻质墙板的连接

框架与轻质墙板的连接主要是轻质墙板与柱或梁的接头。轻质墙板包括整间大板和条板。条板可以竖放，也可以横放。

整间大板可以和梁连接，也可以和柱连接。竖放条板只能和梁连接，横放条板只能和柱连接。连接方式可以是预埋件焊接，也可以用螺栓连接。

第三节　大板建筑

大型板材建筑简称大板建筑，由预制的外墙板、内墙板、楼板、楼梯和屋面板组成。它的优点是适于大批量建造，构件工厂生产效率高、质量好，现场安装速度快，施工周期短，受季节性影响小。板材的承载能力高，可减小墙的厚度和房屋自重，同时增加房间的使用面积。缺点是一次性投资大，运输吊装设备要求高等。

大板建筑按施工方法可分为全装配式和内浇外挂式，本节只介绍全装配式大板建筑（见图 4–10）。

一、大板建筑的主要构件

1. 墙板

墙板按所在位置可分为外墙板、内墙板和隔墙板；按受力情况可分为承重墙板和非承重墙板；按构造形式可分为单一材料墙板和复合材料墙板等。

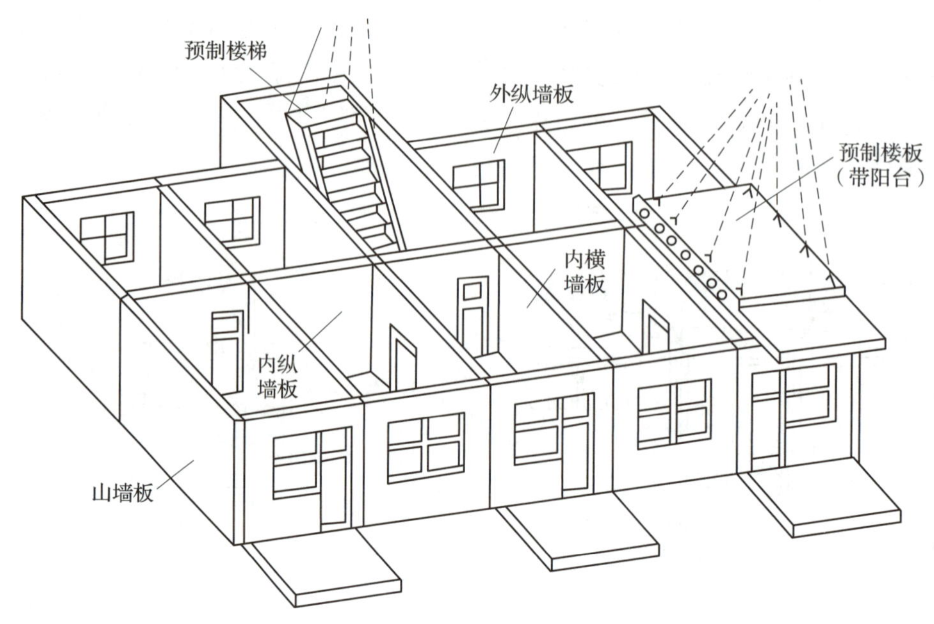

图 4–10 全装配式大板建筑示意

（1）外墙板

外墙板是房屋的围护构件，不论承重与否都要满足防水、保温、隔热和隔声的要求。

外墙板可根据具体情况采用单一材料，如矿渣混凝土、陶粒混凝土、加气混凝土等，也可采用复合材料墙板，如在混凝土板间加入各种保温材料。

（2）内墙板

内墙板是主要承重构件，它和外墙板及楼板共同组成空间的结构体系，应具有足够的强度和刚度。同时内墙板也是分隔内部空间的构件，应具有一定的隔声、防火和防潮能力。

内墙板常采用单一材料的实心板，主要是混凝土或钢筋混凝土，根据各地情况还有炉渣、粉煤灰、硅酸盐和振动砖墙板等。

（3）隔墙板

隔墙板主要用于建筑物内部的房间分隔，不承重，主要满足隔声、防火、防潮及轻质等要求，目前多采用加气混凝土条板、碳化石灰板和石膏板等。

2. 楼板和屋面板

大板建筑的楼板主要采用横墙承重（或双向承重）布置，大部分设计成按房间大小的整间大楼板，类型有实心板、空心板、轻质材料填芯板等。屋面板常设计成带挑檐的整块大板。

二、大板建筑的连接构造

大板建筑主要通过构件之间的牢固连接来形成整体。

1. 墙板与墙板的连接

墙板构件之间水平缝坐垫 M10 砂浆，垂直缝浇筑 C15～C20 混凝土，周边再加设一些锚接钢筋和焊接铁件连成整体。墙板上端用钢筋焊接与预埋件连接起来（见图 4-11），这样，当墙板吊装就位、上端焊接后，可使房屋在每个楼层顶部形成一道内外墙交圈的封闭圈梁。墙板下部加设锚接钢筋，通过垂直缝的现浇混凝土锚接成整体（见图 4-12）。

内纵横墙板顶部预埋钢板用钢筋焊接起来（见图 4-13），下部设置锚环和竖向插筋与墙板伸出钢筋绑扎或焊在一起，在阴角支模板，然后现浇 C20 混凝土连成整体（见图 4-14）。

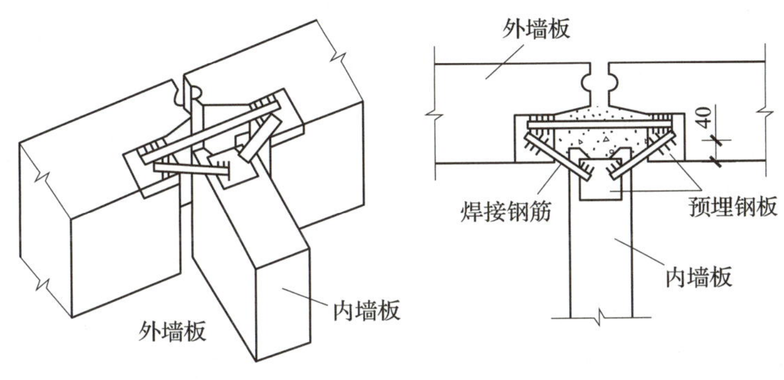

图 4-11　内外墙板上部连接

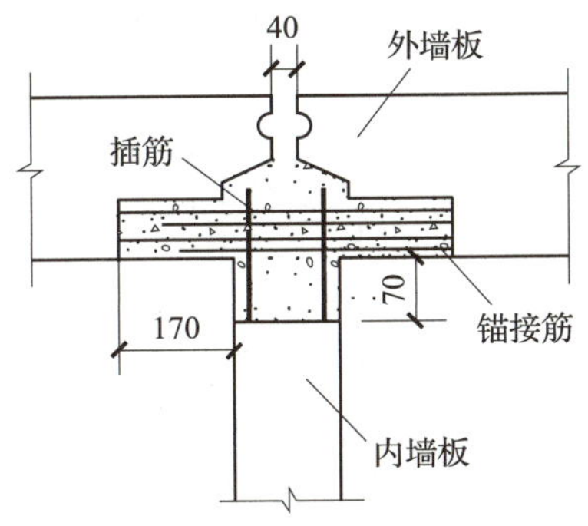

图 4-12　内外墙板下部连接

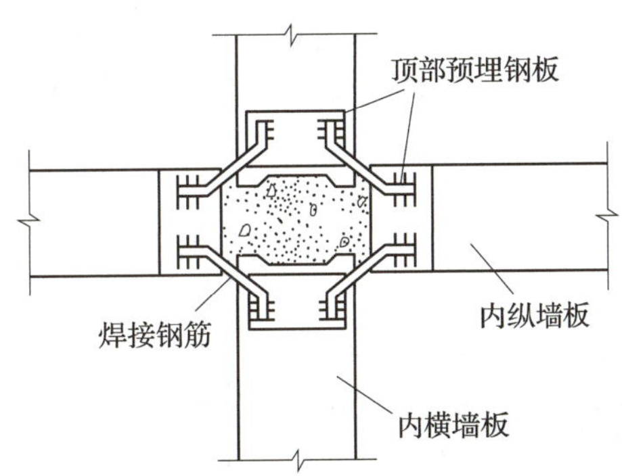

图 4-13　内纵横墙板顶部连接

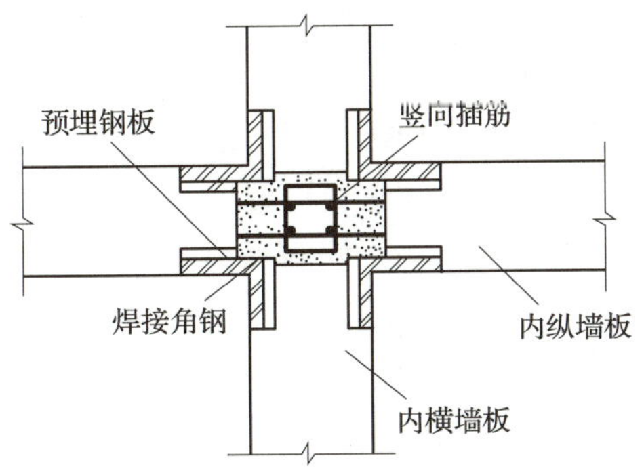

图 4-14　内纵横墙板下部连接

2. 楼板与内墙板连接

上下楼层之间，除在纵横墙板交接的垂直缝内设置锚筋外，还应利用墙板的吊环将上下楼板连接成整体。当楼板支承在墙板上时，除在墙板吊环处的楼板加设锚环外，在楼板的四角也要外露钢筋，吊装后将相邻楼板的钢筋焊成整体（见图 4–15）。

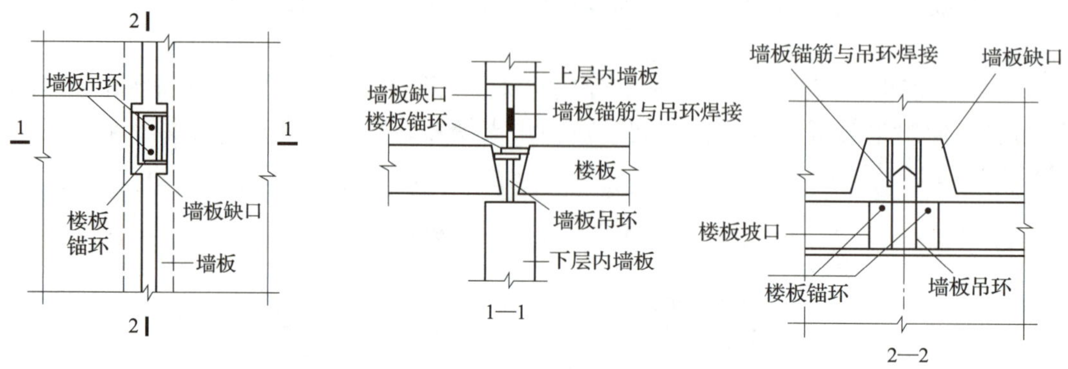

图 4–15　楼板与内墙板连接

3. 楼板与外墙板连接

上下楼层的水平接缝设置在楼板板面标高处，由于内墙为支承楼板，外墙为自承重，所以外墙要比内墙高出一个楼板厚度。通常把外墙板顶部做成高低口，上口与楼板板面齐平，下口与楼板底面齐平，并将楼板伸入外墙板下口（见图 4–16）。这种做法可使外墙板顶部焊接在相同标高处，操作方便，容易保证焊接质量。同时又可使整间大楼板四边均伸入墙内，提高房屋的空间刚度，有利于抗震。

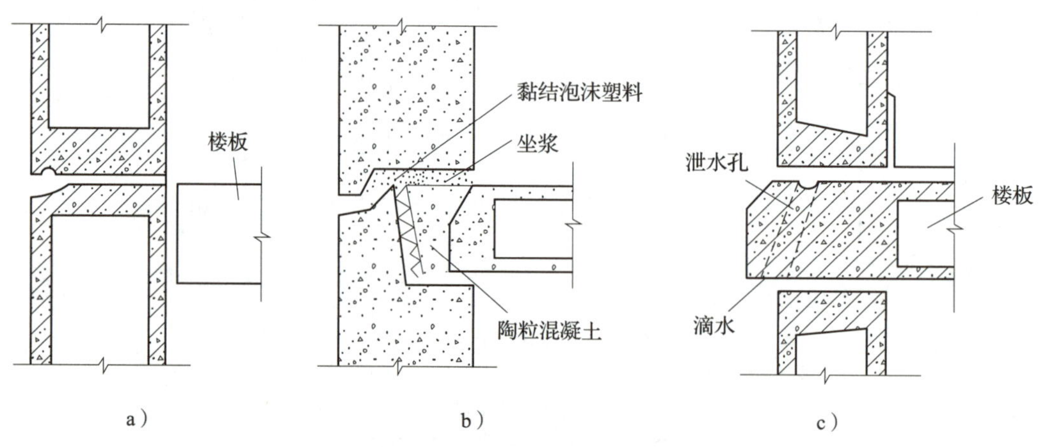

图 4–16　楼板与外墙板连接

a）楼板不搭入墙板　b）楼板进入墙板一部分　c）楼板伸出墙外

第五章 单层厂房结构组成

学习目标

了解单层厂房的结构组成，了解单层厂房建造的各种不同用途和构筑。

第一节 概述

在厂房建筑中，用来支撑和传递各种荷载作用的构件所组成的骨架称为结构。厂房的结构类型很多，常见的有砖混结构、框架结构、排架结构和钢架结构等。因为我国目前在中型、大型单层厂房建筑中，以钢筋混凝土排架结构的应用最为广泛，所以本章以排架结构为例，介绍单层厂房的结构组成。

钢筋混凝土排架结构的构件很多，如图 5–1 所示。按其构件在结构中所处位置及作用可归类为屋盖结构、横向平面排架、纵向平面排架、围护结构和其他结构。

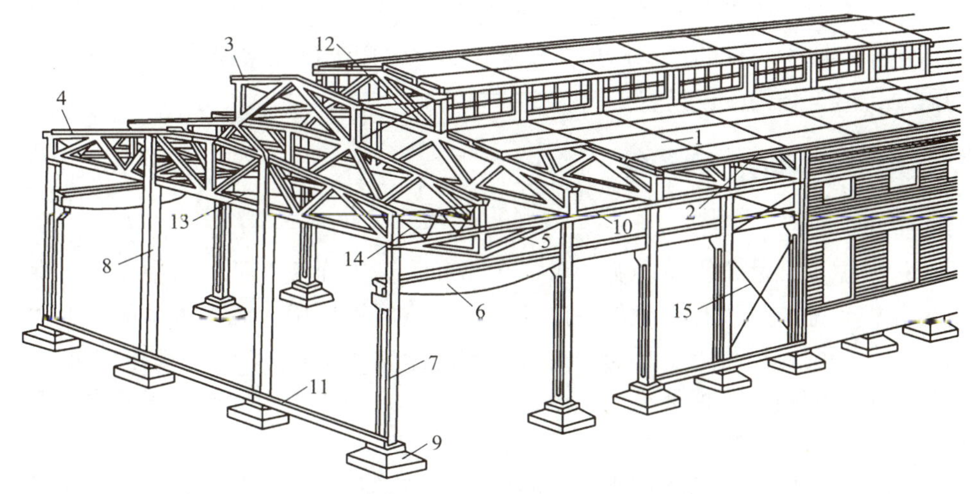

1—屋面板；2—天沟板；3—天窗架；4—屋架；5—托架；6—吊车梁；7—排架柱；8—抗风柱；9—基础；10—连系梁；11—边梁；12—天窗架垂直支撑；13—屋架下弦横向水平支撑；14—屋架端部垂直支撑；15—柱间支撑。

图 5–1 钢筋混凝土排架结构的组成

第二节 屋盖结构

单层厂房屋盖结构不但要防止风、霜、雨、雪的侵入，还要解决保温、隔热、防水、采光、通风等问题。

一、屋盖结构的分类

单层厂房的屋盖分为无檩体系屋盖和有檩体系屋盖两大类，如图 5–2 所示。

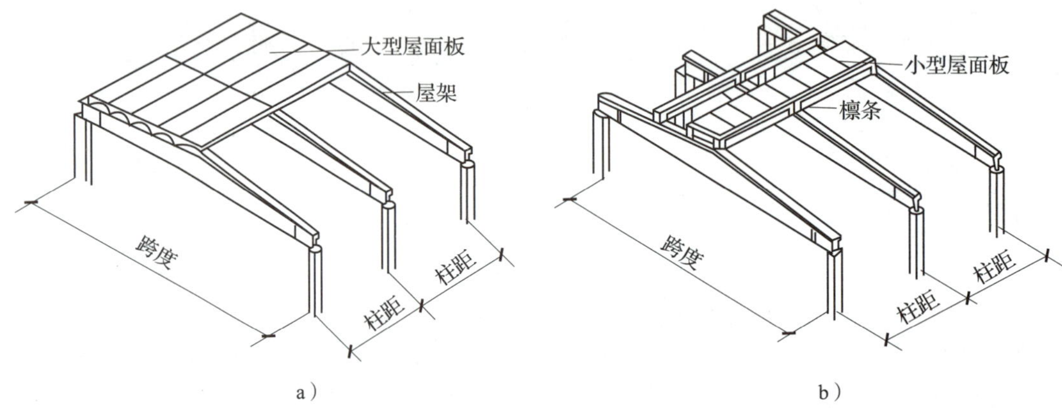

图 5–2　单层厂房屋盖结构体系类型

a）无檩体系　b）有檩体系

无檩体系屋盖由大型屋面板、屋面梁或屋架等组成，其整体刚度较大，适用于各种类型的单层厂房。有檩体系屋盖由小型屋面板、檩条和屋架等组成，其整体刚度较小，只适用于一般中小型的单层厂房。单层厂房多采用无檩体系屋盖，为了保证采光、通风的需要，屋盖结构中还设置天窗等支撑系统。

二、屋盖结构的主要构件

1. 屋面板

屋面板根据其尺寸不同，分为小型、中型和大型屋面板三类。其中小型、中型屋面板只能与檩条配合使用在有檩体系屋盖中；大型屋面板用于无檩体系屋盖中，可直接将板端固定于两榀屋架上，板跨标志尺寸与屋架轴线间距相同。从结构刚度方面来讲，采用大型屋面板的无檩体系屋盖要优于有檩体系；从结构构造方面来讲，无檩体系的构件尺寸大，型号及规格少，有利于工业化施工。

常见的小型、中型屋面板有平瓦、石棉水泥波形瓦、玻璃钢瓦、压型钢板瓦及钢筋混凝土瓦等。大型屋面板多采用钢筋混凝土预制而成，在跨度较大时，也可采用预应力钢筋混凝土板。

常见的大型屋面板的构造形式有肋形板、F 形板、夹芯保温平板等，在檐口部

位有檐口板及嵌板（无组织排水）和檐沟板（有组织排水）等配套使用，如图 5-3、图 5-4 所示。

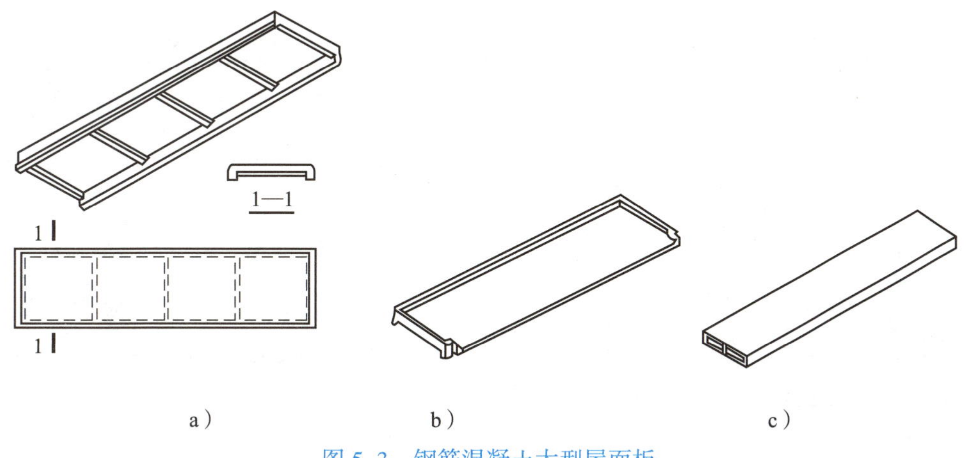

图 5-3　钢筋混凝土大型屋面板

a）肋形板　b）F 形板　c）夹芯保温平板

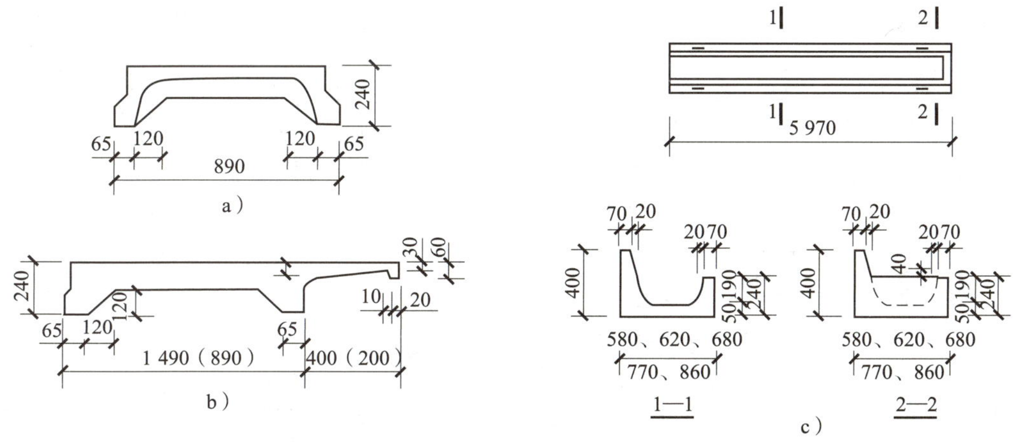

图 5-4　嵌板、檐口板和檐沟板

a）嵌板　b）檐口板　c）檐沟板

大型屋面板与屋架的连接是通过屋面板端部肋底面的预埋铁件与屋架上弦顶面的预埋铁件进行焊接，板与板之间缝隙用高于 C15 的细石混凝土填实。

2. 屋架

单层厂房屋架一般采用钢筋混凝土和钢屋架两种，其形式有三角形、拱形、梯形、折线形等。为增加钢筋混凝土屋架的跨度和下弦杆的抗裂性能，也可采用预应力钢筋混凝土屋架，如图 5-5 所示。

屋架与排架柱的连接方法常见的有焊接连接和螺栓连接两种，如图 5-6 所示。

3. 屋面大梁

屋面大梁的腹板较薄，故也称为薄腹梁，分为单坡梁和双坡梁两种形式。单坡梁一般适用于跨度为 6 m、9 m、12 m 的单层厂房屋盖结构，双坡梁适用于跨度为 9 m、12 m、15 m、18 m 的单层厂房屋盖结构。

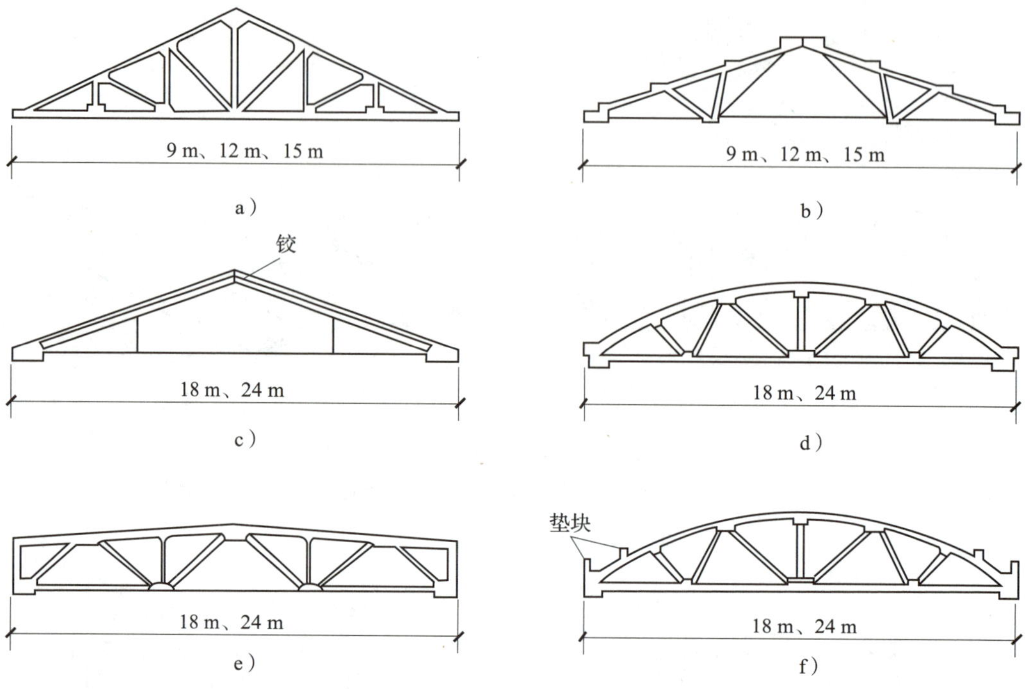

图 5-5 预应力钢筋混凝土屋架

a）三角形 b）组合式三角形 c）预应力三角形 d）拱形 e）预应力梯形 f）折线形

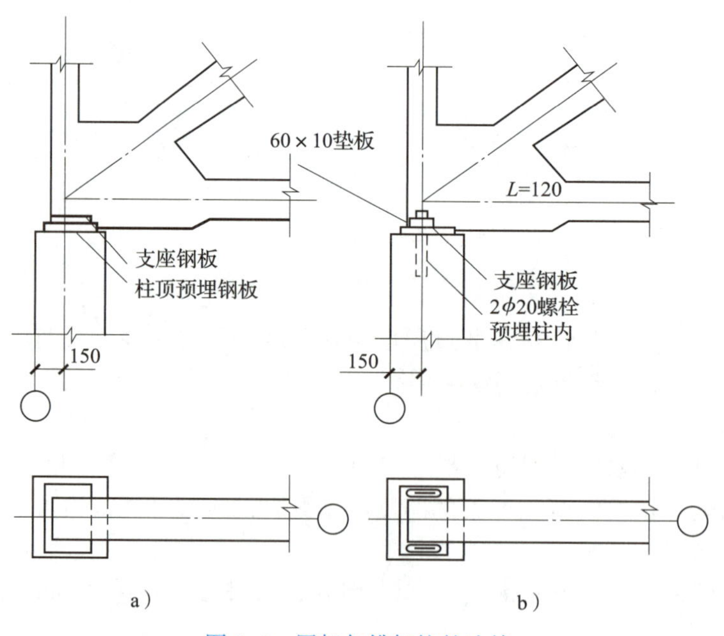

图 5-6 屋架与排架柱的连接

a）焊接连接 b）螺栓连接

屋面大梁与屋架相比，形状简单，预制方便，重心较低，故稳定性好，但自重较大。屋面大梁的构造形式如图 5–7 所示。

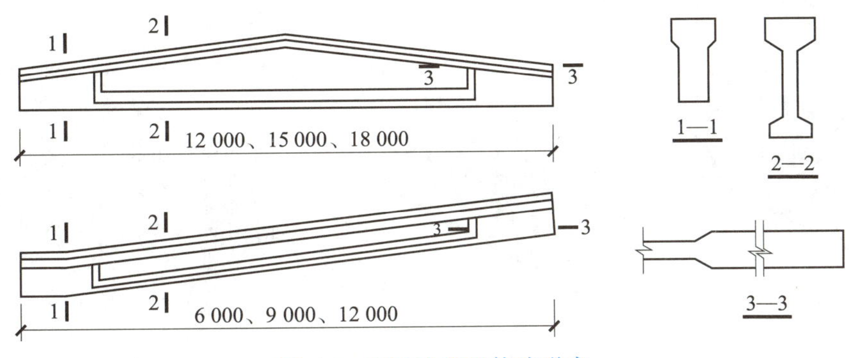

图 5–7　屋面大梁的构造形式

4. 檩条

在有檩体系中，两榀相邻屋架间用檩条连接，檩条上覆盖中、小型屋面板。檩条不只承受屋面板传来的荷载，也同时起到屋架间纵向传力和提供屋盖刚度的作用。檩条有钢檩条和钢筋混凝土檩条两种。檩条与屋架采用预埋铁件焊接的方法连接，构造如图 5–8 所示。

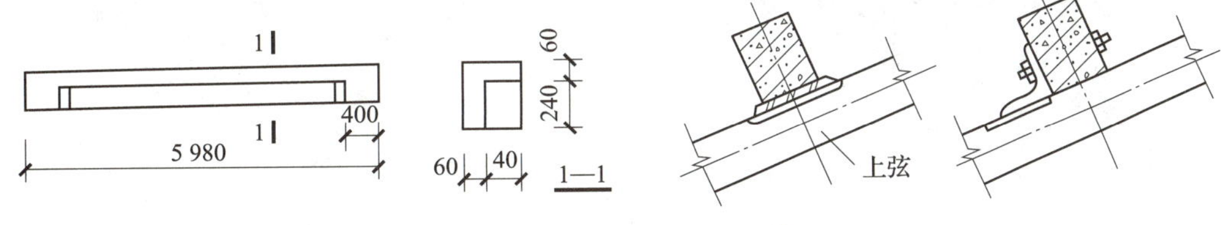

图 5–8　檩条与屋架的连接

5. 屋盖支撑

屋盖支撑主要由水平支撑、垂直支撑和纵向水平系杆三部分组成。

（1）水平支撑

水平支撑根据位置不同分为上弦横向水平支撑、下弦横向水平支撑和纵向水平支撑三种。其中上弦横向水平支撑主要起到保证屋架上弦或屋面大梁侧向稳定，增加屋盖刚度，将抗风柱传递给屋架上弦的水平风荷载传给排架柱柱顶的作用，如图 5–9a 所示。下弦横向水平支撑的作用是将屋架下弦设置悬挂式吊车的水平制动力和抗风柱传给屋架下弦的水平风荷载传递给排架柱柱顶，如图 5–9b 所示。纵向水平支撑一般布置在屋架下弦两侧的第一节间，主要作用是传递吊车沿纵向产生的制动力，提高屋盖纵向刚度，如图 5–9c 所示。

（2）垂直支撑

垂直支撑一般布置在厂房屋架的中央上下弦节点或支座处节点上，沿厂房纵向连接相邻两榀屋架，其作用是保证屋架在结构安装施工中的安全性和稳定性，在使用过程中提高单层厂房的整体刚度，如图 5–10 所示。

（3）纵向水平系杆

纵向水平系杆又称加劲杆，一般是在单层厂房屋架的上弦或下弦的中央节点处，沿单层厂房纵向通长设置，保证设有天窗时屋盖的侧向稳定性，如图 5-11 所示。

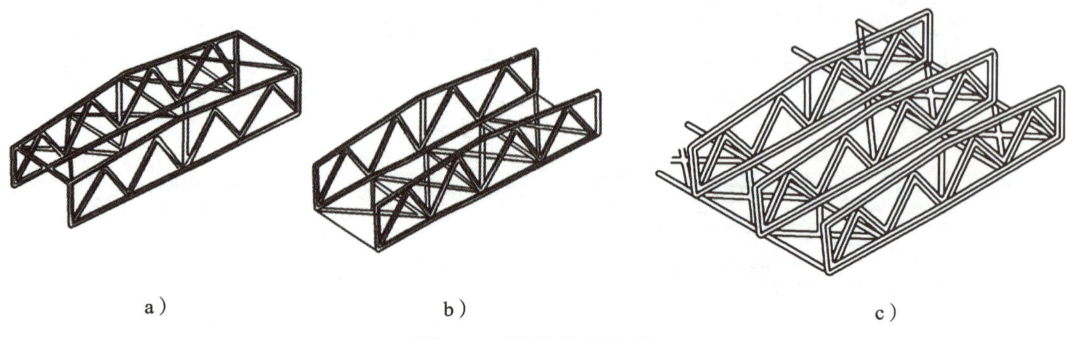

图 5-9　屋盖水平支撑

a）上弦横向水平支撑　b）下弦横向水平支撑　c）纵向水平支撑

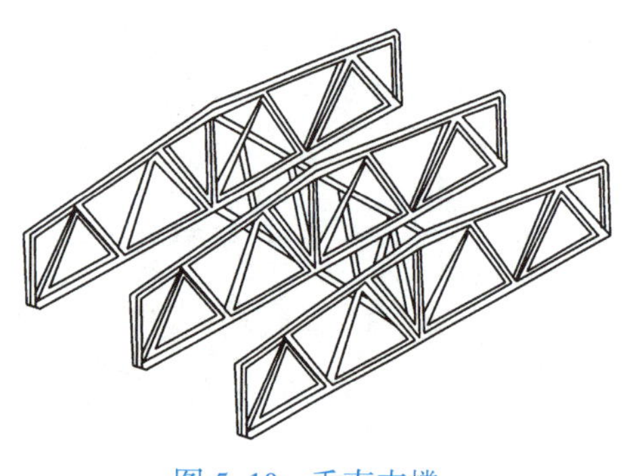

图 5-10　垂直支撑

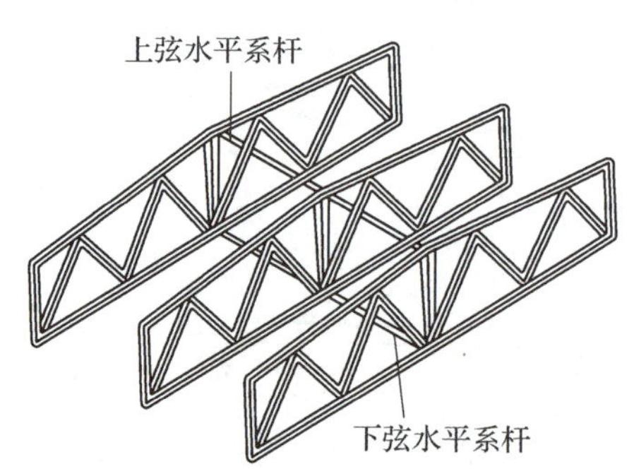

图 5-11　纵向水平系杆

第三节　横向平面排架

由横梁（屋架或屋面大梁）、横向柱列、基础组成的横向骨架体系称为横向平面排架，它是单层厂房的基本承重结构（见图 5-12）。

一、横梁

同屋盖结构中屋架和屋面大梁。

二、横向柱列

单层厂房中的横向柱列由多排的排架柱组成。排架柱是排架结构中最重要的竖向承重构件，主要承受屋盖、吊车梁、墙体等传来的荷载，并把这些荷载连同自重一起传递给基础。

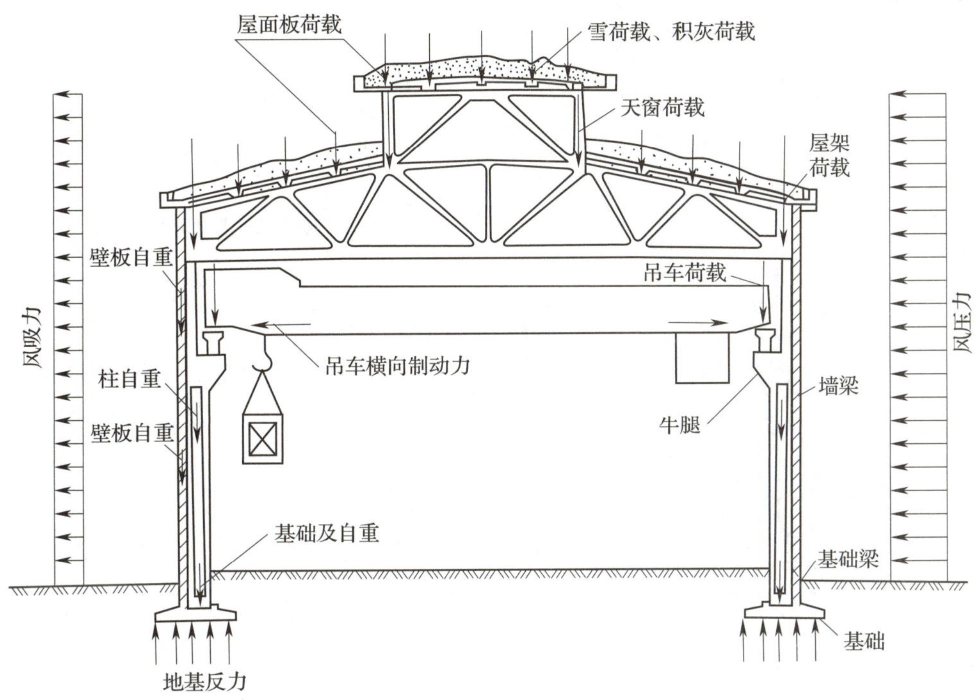

图 5–12　单层厂房横向平面排架结构及受荷载情况

排架柱有钢筋混凝土柱和钢柱等，目前较多采用钢筋混凝土柱。钢筋混凝土柱可分为单肢柱和双肢柱两大类。单肢柱的截面形式有矩形、工字形等；双肢柱有平腹杆双肢柱、斜腹杆双肢柱和双肢管柱等，如图 5–13 所示。

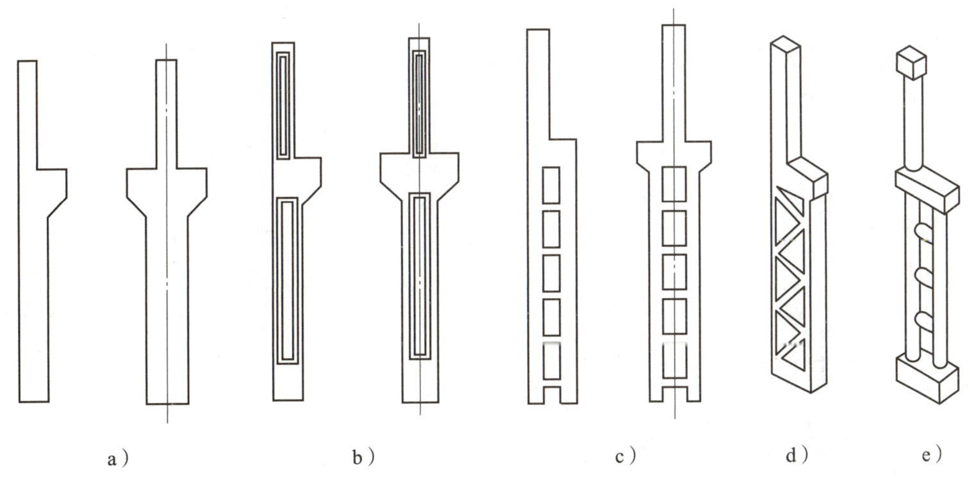

图 5–13　钢筋混凝土排架柱的类型

a）矩形柱　b）工字形柱　c）平腹杆双肢柱　d）斜腹杆双肢柱　e）双肢管柱

柱的尺寸应根据受力情况和使用要求经过计算来确定，同时还应满足一定的构造要求，具体见表 5–1。

表 5-1　柱的构造要求

	构件简图	适用范围
钢筋混凝土柱	矩形柱　工字形柱　斜腹杆双肢柱　平腹杆双肢柱	1. 柱截面高度 $h \leqslant 600$ mm 时，采用矩形柱 2. 柱截面高度 600 mm<$h \leqslant 1\ 200$ mm 时宜采用工字形柱 3. 柱截面高度 1 200 mm<$h \leqslant 1\ 400$ mm 时可采用双肢柱或工字形柱 4. 柱截面高度 $h \geqslant 1\ 400$ mm 时宜采用双肢柱 5. 当有较大水平荷载或有抗震设防要求时，视柱高宜采用斜腹杆双肢柱或工字形柱
钢—钢筋混凝土组合柱	上柱钢柱　上柱钢柱	柱高较高，自重较大，采用钢筋混凝土柱施工吊装有困难时
钢柱	边柱　中柱　双层吊车柱	1. 下列情况应采用钢柱： （1）柱距≥ 12 m 的高大重型厂房 （2）设有壁行吊车 （3）直接承受间歇性辐射热 2. 生产有特殊要求或经过技术经济比较，认为合理的也可采用钢柱

排架柱与厂房中很多构件都有相互连接的关系，因此，在排架柱相应位置应留有满足可靠连接的预埋件，如图 5-14 所示。

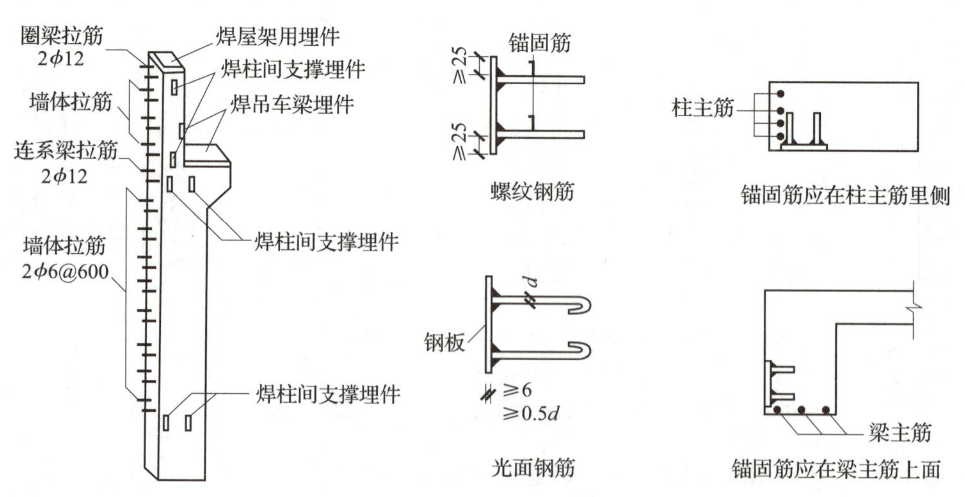

图 5-14　排架柱的预埋件

三、基础

基础在排架结构中承受由排架柱和墙体传来的全部荷载，并将荷载安全、有效地传给地基，因此基础起着承上启下的作用，是单层厂房结构中非常重要的构件。

单层厂房排架结构的基础主要采用钢筋混凝土独立基础，但是当地基较软，土层承载力较差时，也可采用钢筋混凝土柱下条形基础等。

钢筋混凝土独立基础因施工方法不同，可分为现浇柱下独立基础和预制柱下杯形独立基础两大类。因为排架结构现多采用预制装配式结构，所以杯形独立基础的应用更为广泛。杯形独立基础外形常见的有锥形和阶梯形，顶部预留杯口以便预制柱插入固定。柱吊装就位，用钢楔临时固定，经校核标高和平面位置后，采用 C20 细石混凝土灌实固定，其构造如图 5-15 所示。

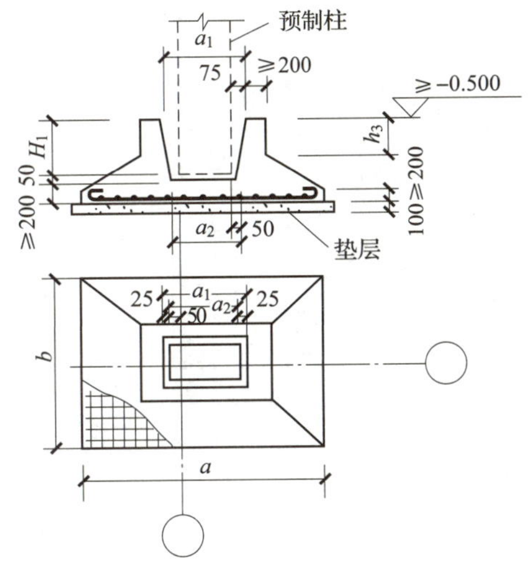

图 5-15　预制柱下杯形独立基础构造

第四节　纵向平面排架

纵向平面排架由纵向柱列、连系梁、吊车梁、基础梁、柱间支撑等组成，其结构如图 5-16 所示。

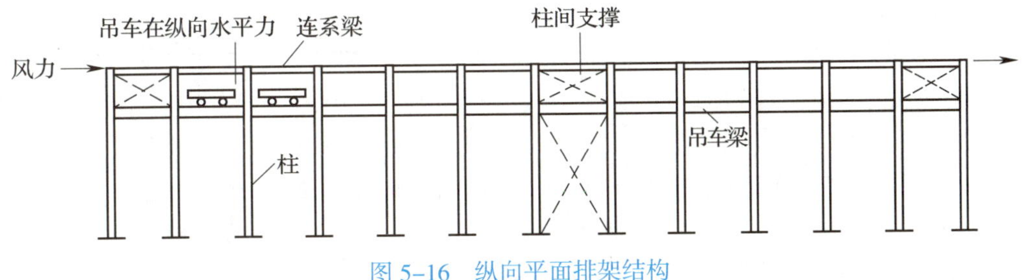

图 5-16　纵向平面排架结构

一、纵向柱列

同横向平面排架中的排架柱。

二、连系梁

单层厂房砖墙高度大于 15 m 时，须在适当位置设置连系梁。连系梁一般设置在边柱的外侧和高低跨交接处的墙上，是柱与柱之间的水平连系构件，起着加强厂房刚度，承受上部墙体质量的作用，同时在适当位置也可兼做门窗的过梁。连系梁多采用预制装配式，也可采用现浇构件。连系梁的截面形式有矩形（240 mm 厚墙）和 L 形（370 mm 厚墙）两种。连系梁与柱的连接方法较多，如图 5–17 所示。

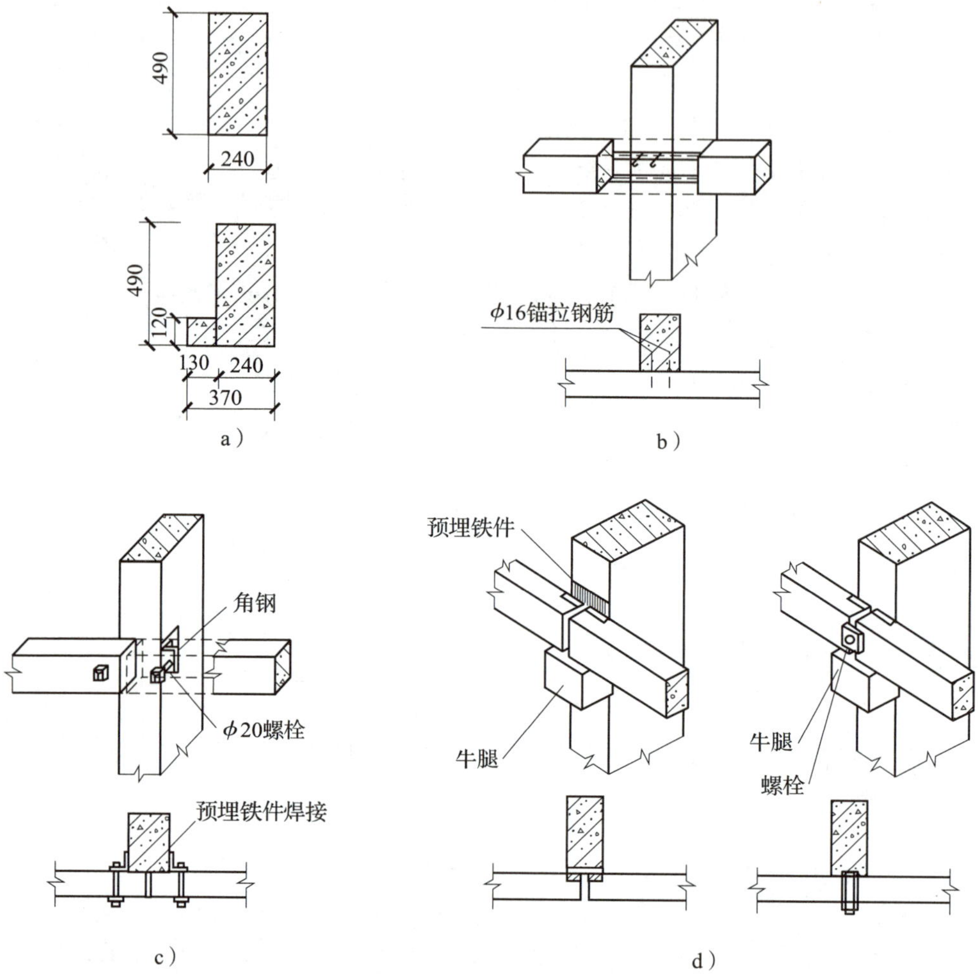

图 5–17　连系梁与柱的连接

a）连系梁断面　b）现浇非承重连系梁　c）预制非承重连系梁　d）承重连系梁

三、吊车梁

单层厂房设有梁式或桥式吊车时，应在柱的牛腿上设置吊车梁，梁顶铺设轨道供吊车行走。吊车梁不仅要承受由吊车传来的各个方向的荷载并传递给排架柱，还应具有传递厂房纵向荷载，提高纵向刚度和稳定性的作用。

吊车梁多采用钢筋混凝土构件（预应力和非预应力），截面形式有 T 形、工字形等截面梁，以及折线形、鱼腹式（曲线形）等变截面梁，如图 5–18 所示。

吊车梁与柱的连接构造如图 5–19 所示。

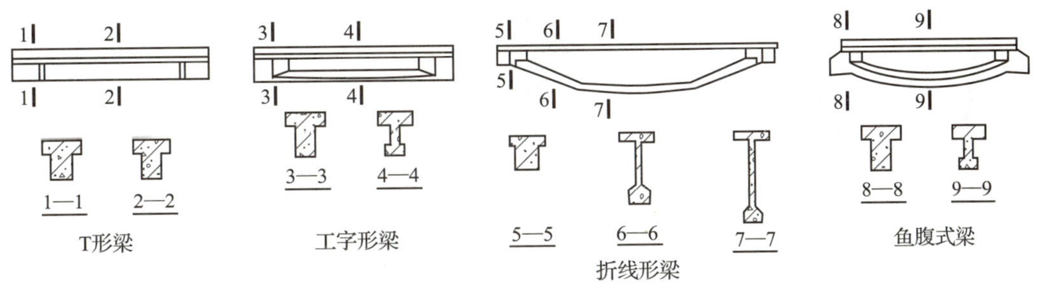

图 5-18　吊车梁

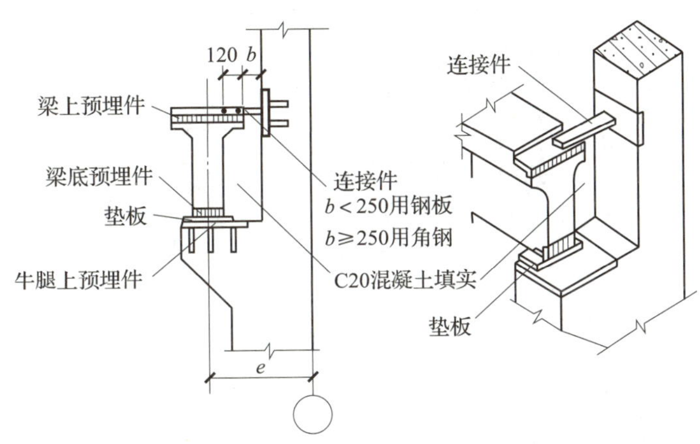

图 5-19　吊车梁与柱的连接构造

吊车梁与吊车轨道、车挡（为防止吊车因制动失灵冲撞山墙而设置的安全装置）的连接构造如图 5-20、图 5-21 所示。

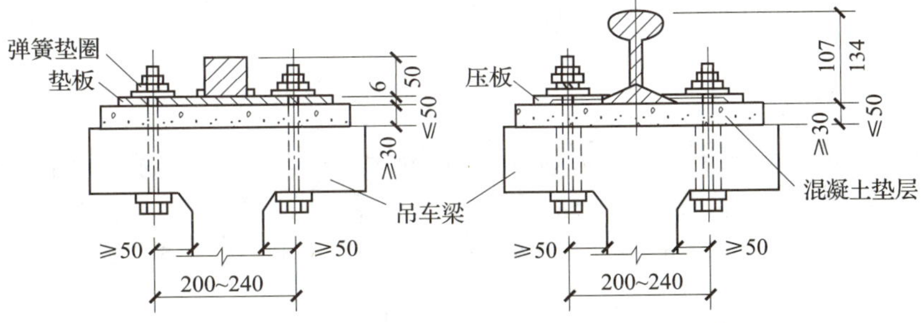

图 5-20　吊车梁与吊车轨道的连接构造

四、基础梁

基础梁是两端支撑在相邻柱构造杯口上的钢筋混凝土梁，上承厂房墙体的竖向荷载，并传递给柱基础。基础梁多为预制构件，其标志尺寸与柱距相同，截面形状一般为倒梯形。为了使钢筋混凝土基础梁能同时起到墙身防潮的作用，其搁置时应使梁顶标高低于室内地面 50 mm，同时应高于室外地坪 100 mm。当基础梁较深时，为满足上述要求，基础梁的搁置方法如图 5-22 所示。

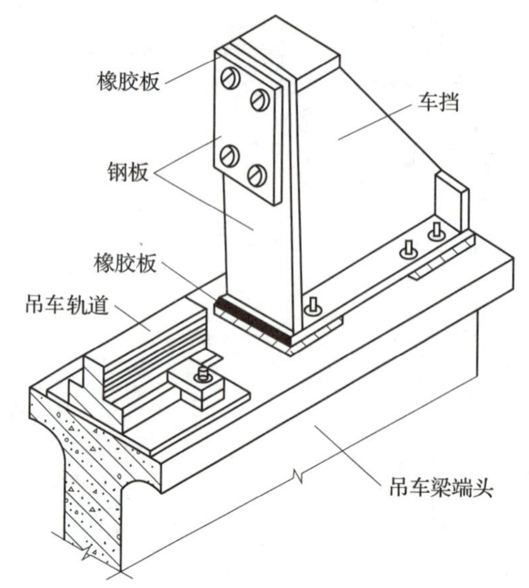

图 5-21　吊车梁与车挡的连接构造

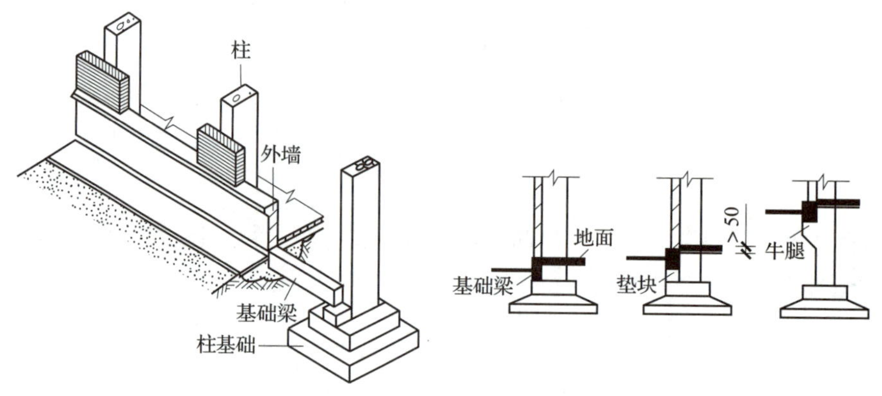

图 5-22　基础梁的搁置方法

基础梁下部土层一般无须夯实，应留有不小于 100 mm 的空隙，以利于沉降，在有土层冻胀现象的地区，为防止冻土的膨胀而使梁反拱破坏，除梁底留有空隙外，还应在梁的周围铺至少 300 mm 厚的干砂或炉渣等松散材料（见图 5-23）。

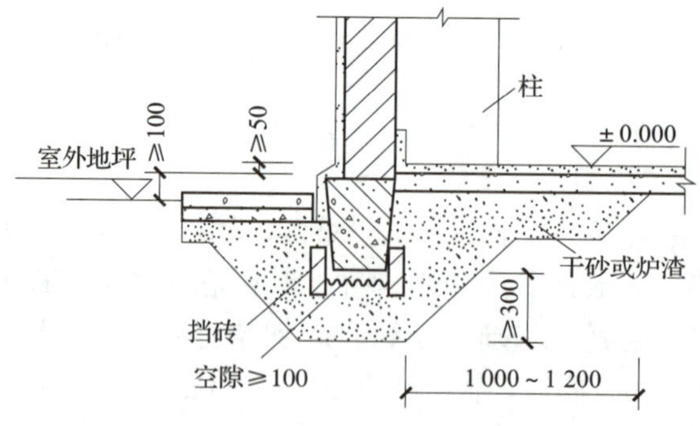

图 5-23　基础梁的防冻措施

五、柱间支撑

当有抗风柱传来的水平风荷载、吊车沿厂房纵向产生的水平制动力和水平地震荷载作用在排架柱上时，为保证单层厂房的纵向刚度和稳定性，常在适当位置的柱距间设置柱间支撑（见图 5–24）。柱间支撑以牛腿为界分为上柱柱间支撑和下柱柱间支撑。柱间支撑多用型钢杆件做成交叉式（见图 5–25），若在单层厂房设有柱间支撑位置的外侧墙上开设通道，支撑也可做成门架式（见图 5–26）。

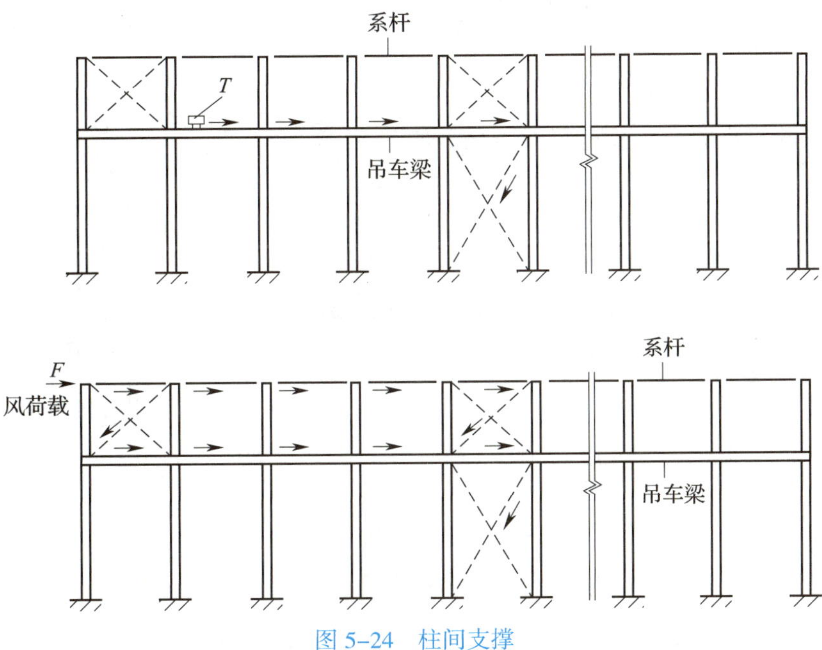

图 5–24　柱间支撑

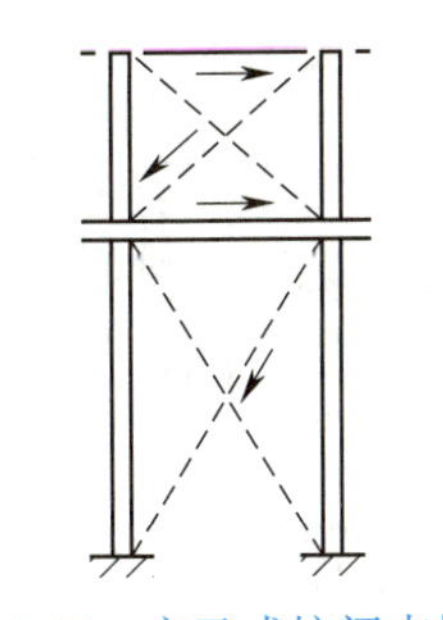
图 5–25　交叉式柱间支撑

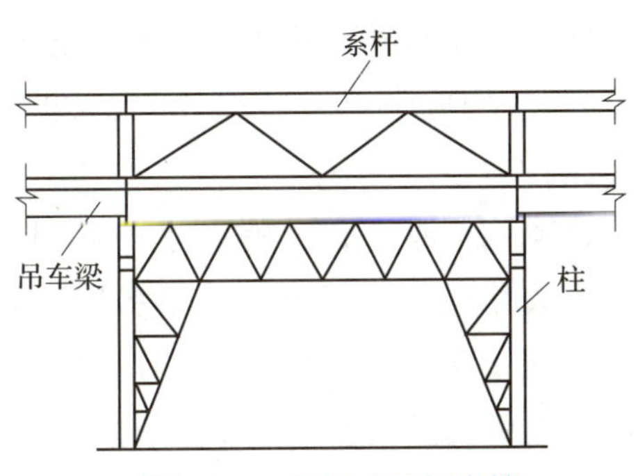

图 5–26　门架式柱间支撑

第五节 围护结构

围护结构由墙体、连系梁、抗风柱、基础梁等组成，主要起到围护作用，承受墙体和构件的自重及作用在墙体的风荷载。

一、墙体

单层厂房的墙体包括横墙和纵墙（山墙），一般有砌筑墙、板材墙和开敞式外墙三种类型。

1. 砌筑墙

墙与柱的位置关系一般有三种情况，如图 5–27 所示。

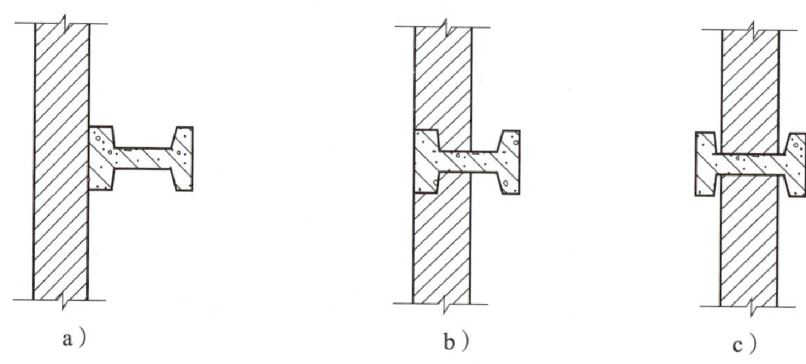

图 5–27 墙与柱的位置关系

a）墙体在柱的外侧 b）墙体与柱外缘重合 c）墙体在柱中

墙与柱应有可靠的连接，以提高墙体的整体性和稳定性。具体做法是沿柱高每隔 500 ~ 600 mm 预留 2ϕ6 mm 钢筋砌入墙体的水平灰缝中，在圈梁处为 2ϕ12 mm 的钢筋与圈梁拉接，如图 5–28 所示。

当外墙伸出屋面形成女儿墙时，为保证墙体的整体刚度和稳定性，在女儿墙与屋面板之间也应采用钢筋拉接，构造如图 5–29 和图 5–30 所示。

2. 板材墙

板材墙是建筑工业化的发展方向。板材墙的应用加快了施工速度，减轻了劳动强度，还可以有效利用工业废料，其自重小，抗震性能好，但其力学性能，保温、隔热能力，防渗及节点连接构造等方面还需不断改进提高。

板材墙的墙板类型较多，按常用材料分为钢筋混凝土板、陶粒混凝土板、加气混凝土板等；按构造分为钢筋混凝土槽形板、钢筋混凝土空心板、配筋轻混凝土墙板等，如图 5–31 所示。

板材墙的墙板布置形式有横向布置、竖向布置和混合布置三种（见图 5–32）。

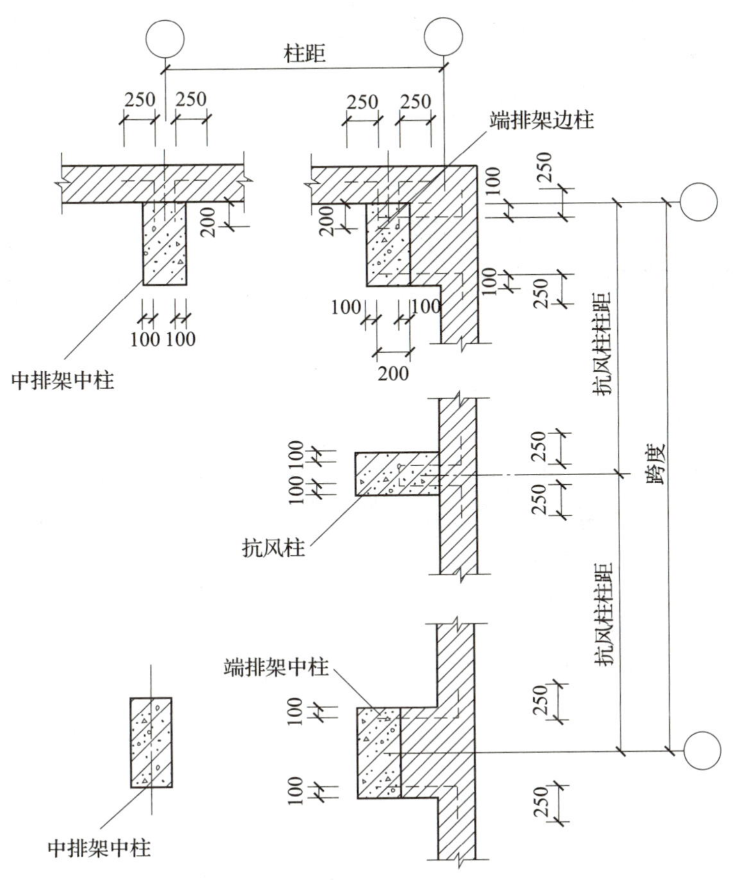

图 5-28　墙与柱的连接

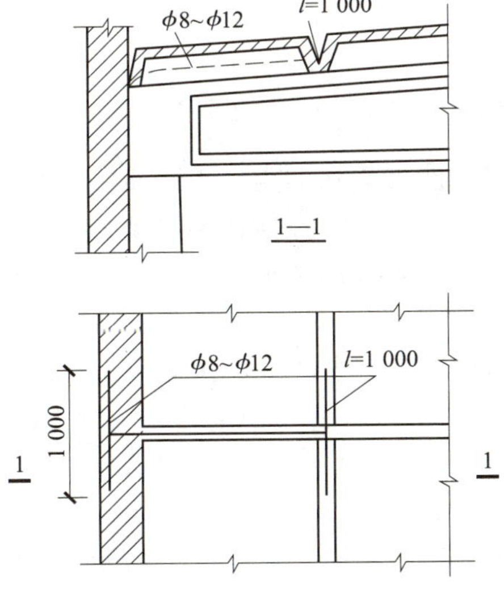

图 5-29　纵向女儿墙与屋面板的连接

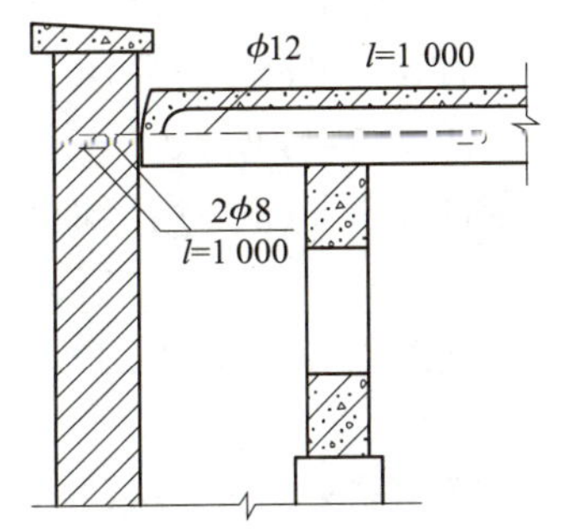

图 5-30　山墙女儿墙与屋面板的连接

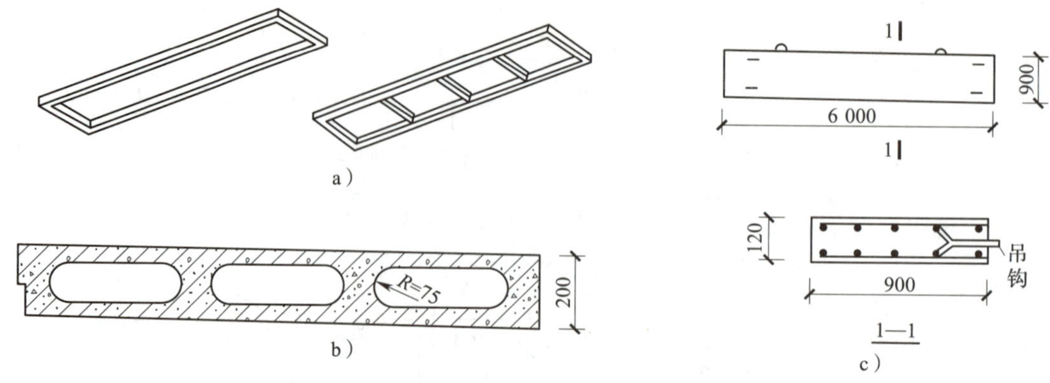

图 5-31　板材墙的墙板类型

a）钢筋混凝土槽形板　b）钢筋混凝土空心板　c）配筋轻混凝土墙板

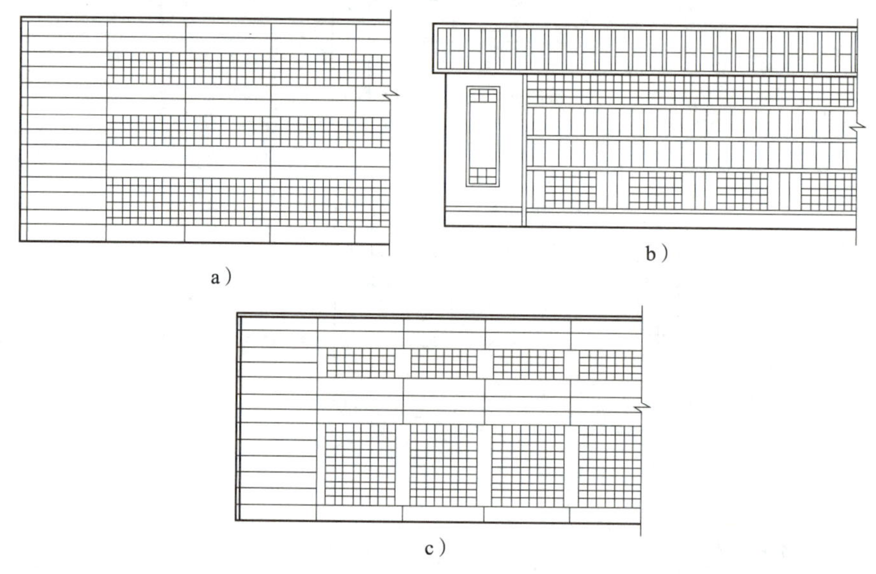

图 5-32　板材墙的墙板布置形式

a）横向布置　b）竖向布置　c）混合布置

墙板应与柱可靠连接，连接方法有柔性连接和刚性连接两类。柔性连接是通过设置预埋件和辅助件使墙板与柱相连，常用的柔性连接方法有螺栓挂钩连接和螺栓压条连接两种，如图 5-33 所示。刚性连接是将墙板通过角钢或钢筋段焊接在柱上的连接方法，如图 5-34 所示。

柔性连接一般适用于地基承载力不均匀，沉降量大，振动大，抗震设防要求高的单层厂房；刚性连接构造简单、施工方便、造价低，但对沉降和振动影响较为敏感，抗震设防烈度在 7 度以上的地区不宜采用。

3. 开敞式外墙

在南方炎热地区或某些热加工车间，为了便于通风散热，单层厂房的外墙可做成开敞式，外墙由挡雨板代替。挡雨板一般采用石棉瓦或钢筋混凝土。钢筋混凝土挡雨板分为有支架和无支架两种，如图 5-35 所示。

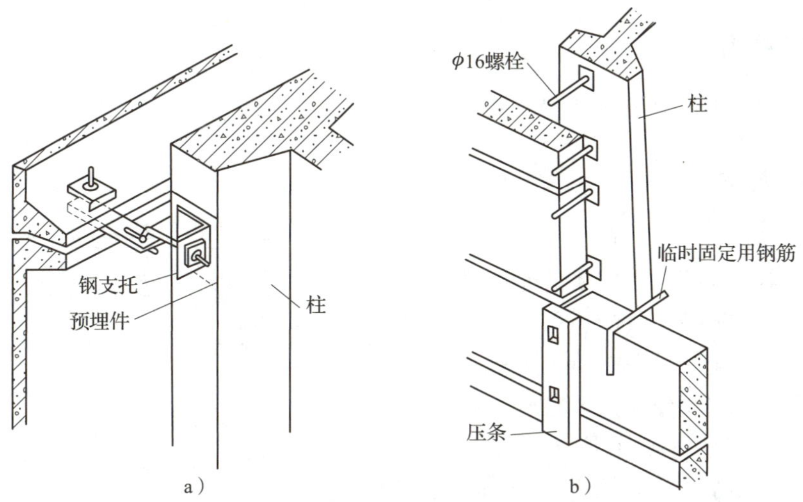

图 5-33　板材墙柔性连接构造

a）螺栓挂钩连接　b）螺栓压条连接

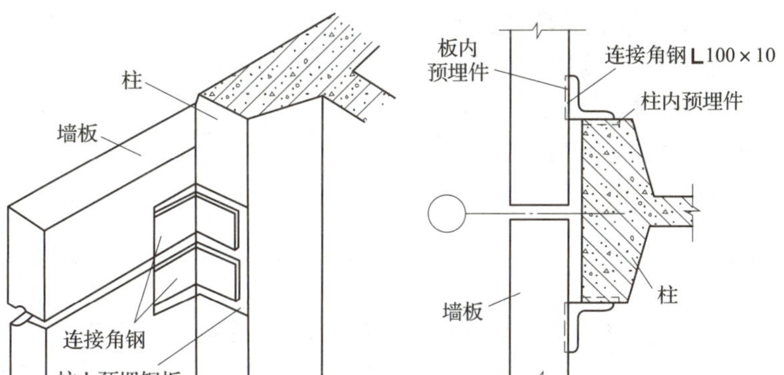

图 5-34　板材墙刚性连接构造

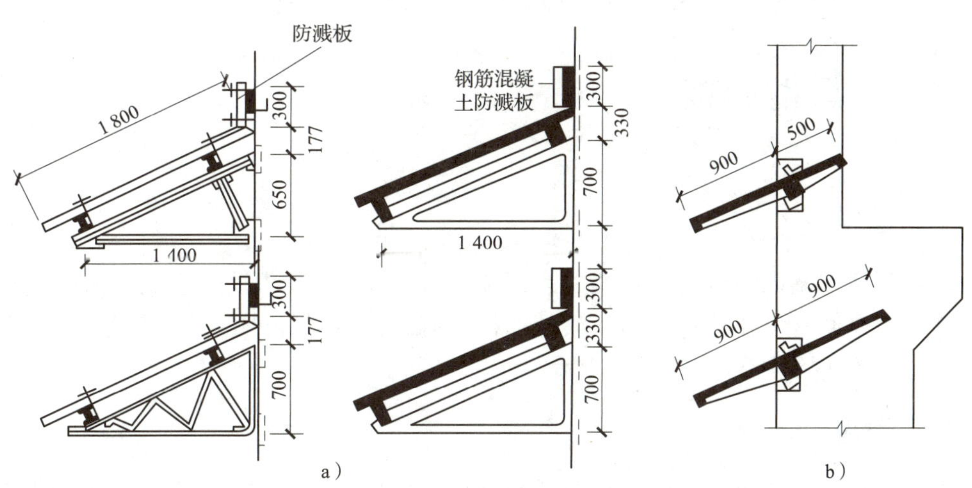

图 5-35　钢筋混凝土挡雨板

a）有支架　b）无支架

二、连系梁

同纵向平面排架中的连系梁。

三、抗风柱

单层厂房的外山墙面积较大，水平风荷载对其影响较大，为保证山墙的稳定性，并且能将其所受风荷载传递给厂房结构，应在山墙内侧设置抗风柱。山墙风荷载一部分由抗风柱传至抗风柱基础，另一部分则由抗风柱传给屋盖系统，再由纵向排架柱列传至排架柱基础，因此，抗风柱应与单层厂房的第一榀屋架可靠连接。抗风柱与屋架的连接构造应能够有效传递水平荷载，而又不传递垂直荷载，屋架与抗风柱可产生相对竖向位移，以保证结构的安全性。连接时一般采用弹簧钢板连接，构造如图 5-36 所示。

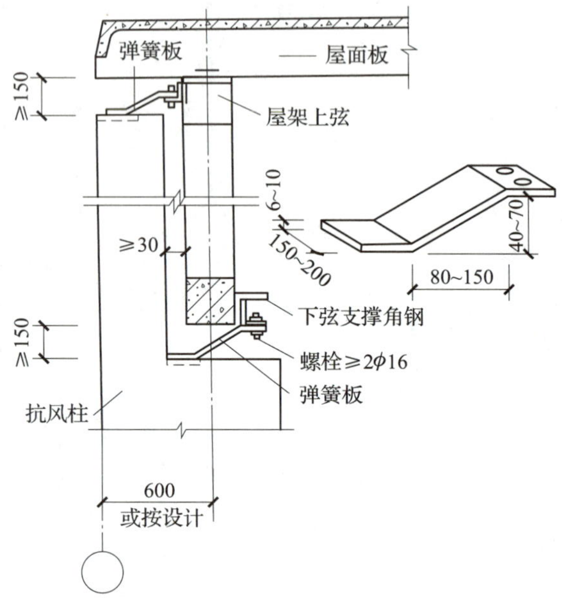

图 5-36　抗风柱与屋架的连接构造

四、基础梁

在单层排架结构厂房中，墙体主要起围护作用，竖向承重由排架柱承担，因此墙体只承受自重，而不承受结构荷载。为防止墙体因荷载的较大差异而与主体结构产生沉降不一致的现象，导致墙体破坏，自承重墙一般不能单独设置基础。单层厂房自承重墙体通常是由柱基础上设置的基础梁或柱牛腿上设置的连系梁来支撑的。

第六节　其他结构

一、圈梁

单层厂房砖墙内除设置连系梁外，还须设置圈梁，其作用与民用建筑中圈梁的作用一样。圈梁通常设在柱顶、吊车梁处的柱外侧、窗过梁等处。圈梁多为现浇钢筋混凝土，与柱的连接构造如图 5-37 所示。

二、天窗

天窗按功能分为采光天窗、通风天窗和采光通风天窗三类；按构造和天窗与屋面的竖向位置关系分为上升式天窗、下沉式天窗和平天窗三类，如图 5-38 所示。

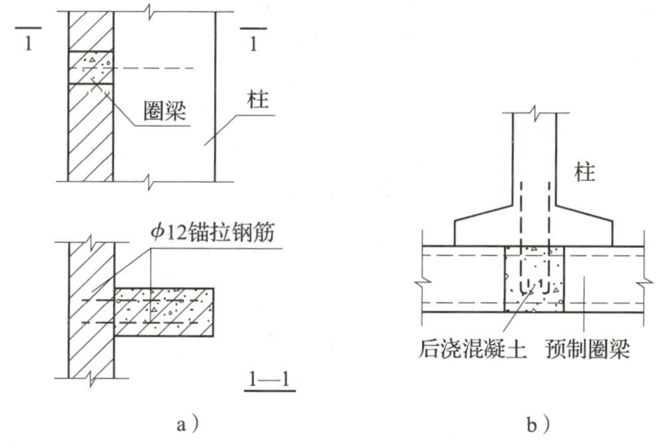

图 5-37　圈梁与柱的连接构造

a）现浇圈梁　b）预制圈梁

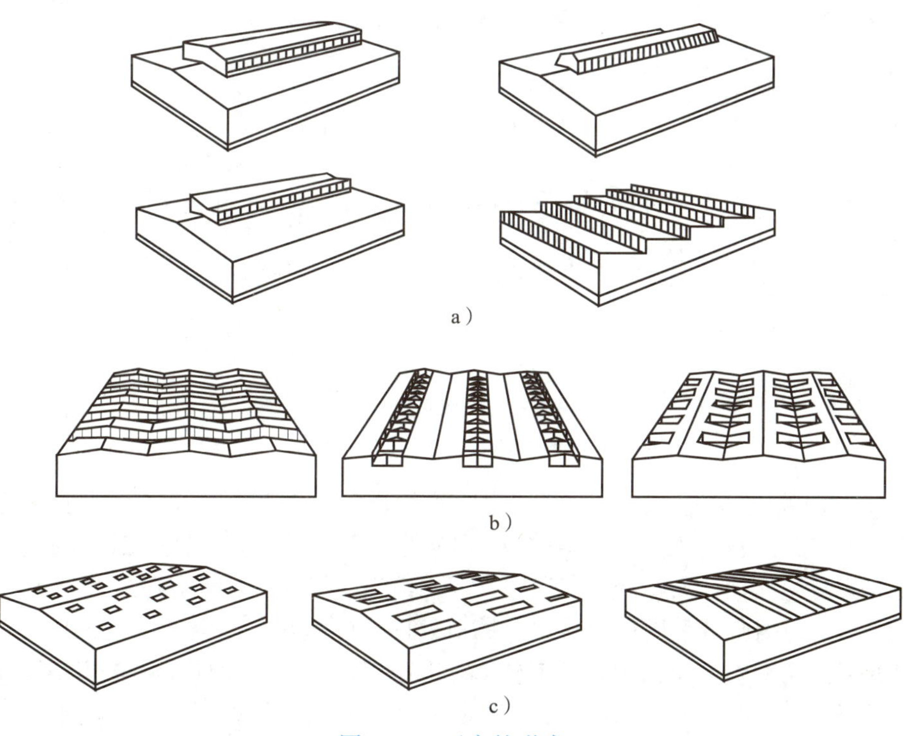

图 5-38　天窗的形式

a）上升式天窗　b）下沉式天窗　c）平天窗

1. 上升式天窗

常见的上升式天窗有矩形天窗、M 形天窗、锯齿形天窗、梯形天窗和矩形避风天窗等，下面以矩形天窗为例介绍其构造。

矩形天窗是由天窗架、天窗扇、天窗屋面板、天窗端壁、天窗侧板等构件组成的，如图 5-39 所示。

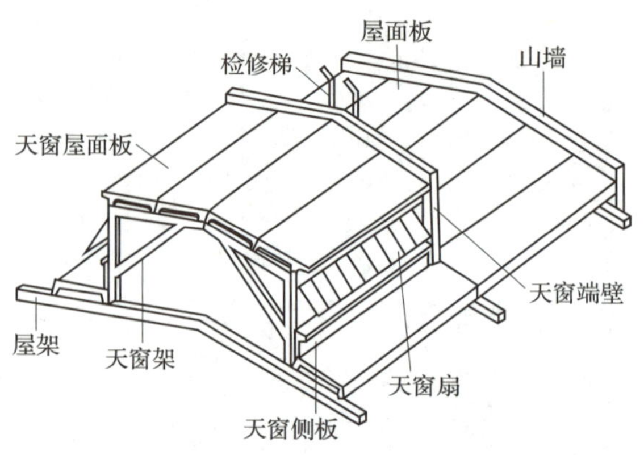

图 5-39　矩形天窗的构造组成

（1）天窗架。天窗架是由钢筋混凝土或型钢预制而成的，直接与屋架上弦节点处埋件焊接连接。天窗架的跨度一般为厂房跨度的 1/3 ~ 1/2，如图 5-40 所示。

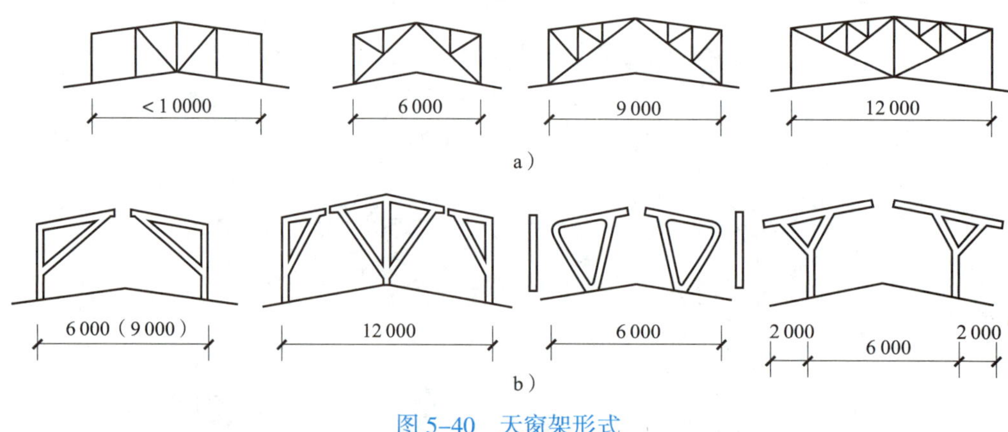

图 5-40　天窗架形式
a）钢天窗架　b）混凝土天窗架

（2）天窗扇。天窗扇一般采用木材、钢材、铝合金等材料制成，具有防水能力强、通风效果好、可安装开关器、使用方便等优点。天窗扇的开启方式主要有上悬式和中悬式两种。

（3）天窗屋面板。天窗屋面板一般可采用与单层厂房屋面同规格尺寸的板。因为天窗高度不大，因此多采用自由落水，檐口处用挑檐板配合使用。

（4）天窗端壁。天窗端壁主要起支撑和围护作用，常采用预制钢筋混凝土板、石棉波形瓦等安装制成。天窗端壁下部与屋面垂直相交处应做好泛水构造处理。

（5）天窗侧板。天窗侧板是天窗扇下部起围护作用的墙体，主要是为了防止雨水溅入室内。当单层厂房内有热源时，天窗主要依靠室内热压及室外风压进行通风散热。当风压不大于热压时，通风散热效果较好（见图 5-41）；但当风压大于热压时，矩形天窗上部形成穿堂风气帘，使热空气无法排出，影响通风散热效果。这时可在天窗两侧设置挡风板，形成避风天窗（见图 5-42）。

挡风板常采用石棉水泥波形瓦、钢丝网水泥板和玻璃钢瓦等，挡风板的固定形式有立柱式和悬挑式两种，如图 5-43 所示。

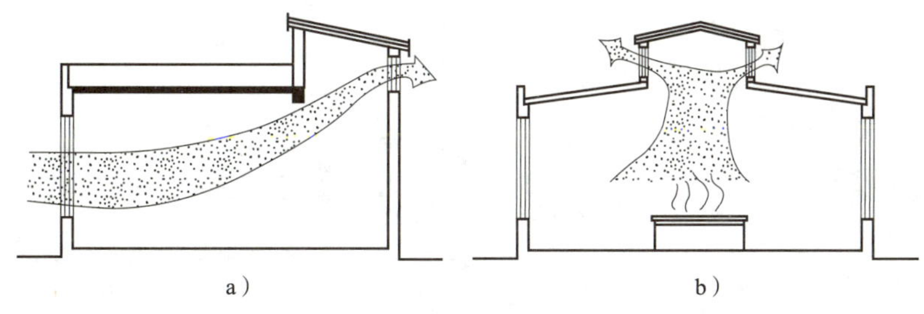

图 5-41　单层厂房通风散热组织示意图

a）利用风压通风　b）利用热压通风

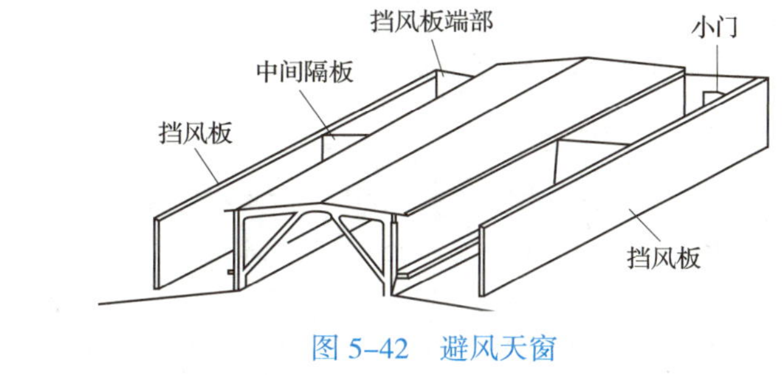

图 5-42　避风天窗

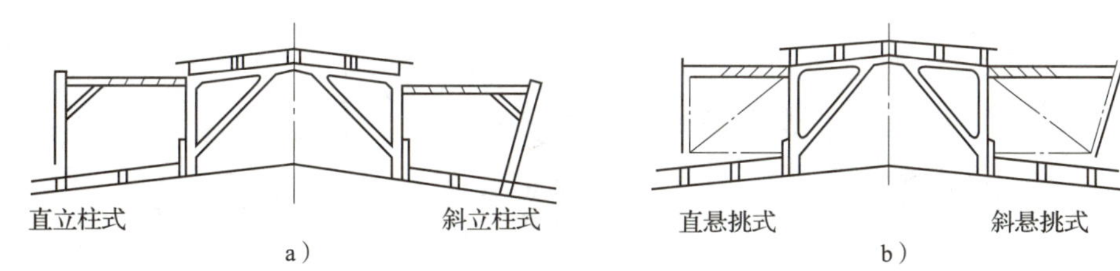

图 5-43　挡风板的固定形式

a）立柱式　b）悬挑式

避风天窗主要是为了通风而设置的，因此可不设天窗扇，其所在洞口处的防水挡雨处理有三种方式：大挑檐挡雨，水平口设挡雨片，垂直口设挡雨片，如图 5-44 所示。

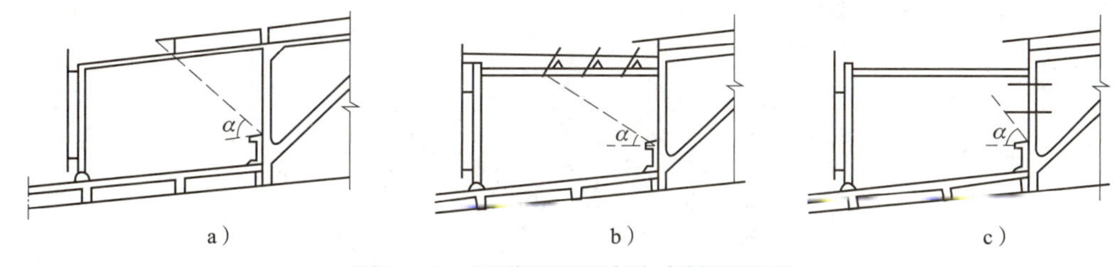

图 5-44　矩形避风天窗防水挡雨处理

a）大挑檐挡雨　b）水平口设挡雨片　c）垂直口设挡雨片

2. 下沉式天窗

下沉式天窗是将单层厂房屋面上局部的屋面板布置在屋架下弦上，利用上下弦屋面板之间高差形成采光通风口，不再另设天窗架和挡风板。

下沉式天窗布置灵活，通风采光效果优良，但积雪、积灰现象严重，防排水处理较为复杂，在热加工厂房中应用较多。下沉式天窗的形式有横向下沉式天窗、纵向下沉式天窗和井式天窗，如图 5–45 所示。

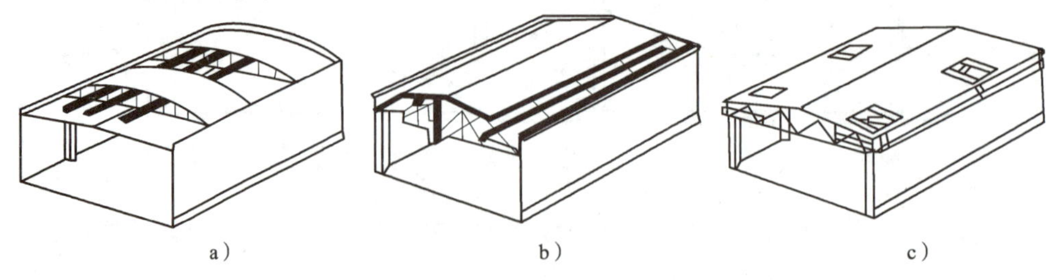

图 5–45　下沉式天窗

a）横向下沉式天窗　b）纵向下沉式天窗　c）井式天窗

3. 平天窗

平天窗是在单层厂房屋面上直接开设采光孔洞，安装由透光材料制成的板或罩而形成的天窗，主要是利用屋顶水平面进行采光。平天窗的采光效率高，构造简单，施工方便，造价低。但平天窗不利于通风，易受积灰污染，一般适用于冷加工车间。

平天窗主要有采光板、采光罩和采光带三种类型，如图 5–46 所示。

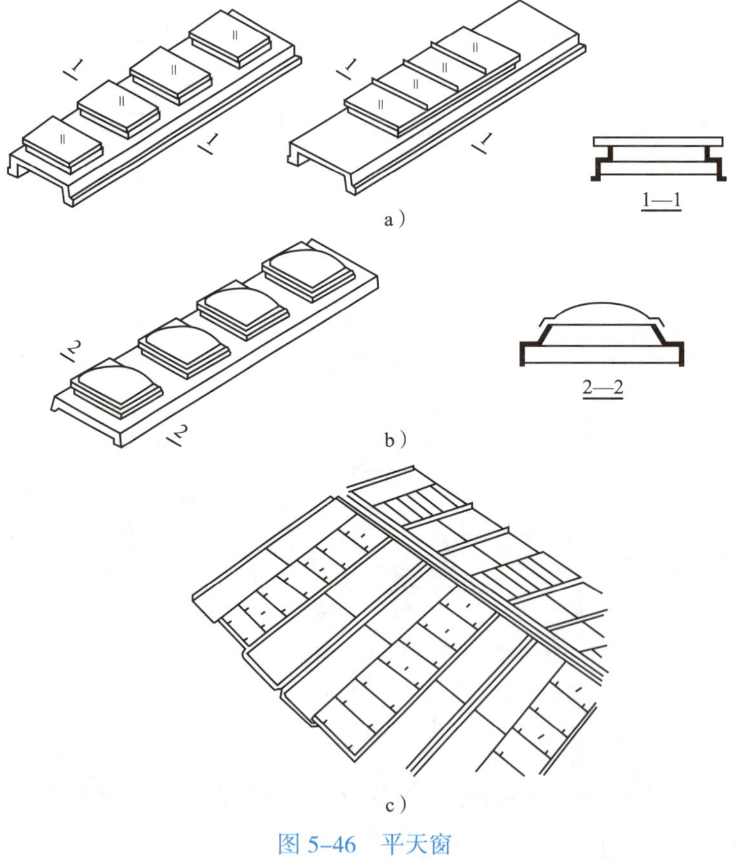

图 5–46　平天窗

a）采光板　b）采光罩　c）采光带

平天窗的透光材料一般有安全玻璃（包括钢化玻璃、夹丝玻璃、夹层玻璃等）、压花玻璃、磨砂玻璃、热反射玻璃、有机玻璃和塑料阳光板等。为防止玻璃破碎后落下伤人，应在平天窗下加设一层金属安全网，如图 5–47 所示。

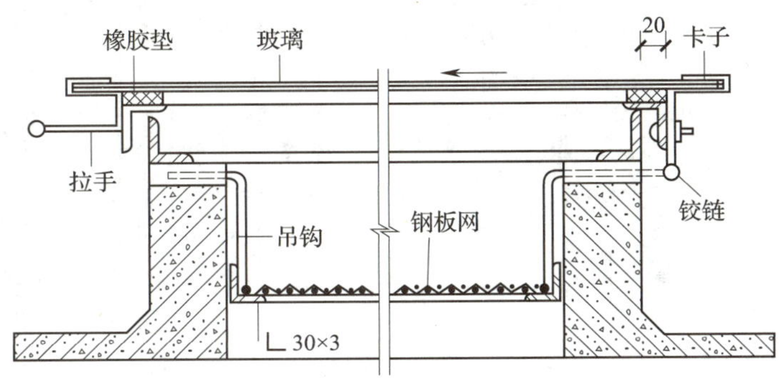

图 5–47　平天窗安全网构造

三、侧窗与大门

1. 侧窗

开设在单层厂房外纵墙上的窗称为侧窗。单层厂房侧窗除应满足采光、通风的要求外，还应满足保温、隔热、防尘、防爆泄压等要求。由于单层厂房的侧窗面积大、设置位置高，所以侧窗应有足够的刚度，不易变形抱死，并且应开关方便（可设开关器）。

单层厂房侧窗可采用木窗、钢窗、铝合金及塑钢窗，开启方式主要有平开窗、中悬窗、上悬窗、固定窗和立转窗等（见图 5–48）。平开窗和立转窗因无法设置开关器，多用于低侧窗；中悬窗和上悬窗加设开关器后主要用于高侧窗，在吊车梁处因无法开启窗扇，所以多采用固定窗来分隔高低侧窗。悬窗开关有手动和电动之分，悬窗开关器如图 5–49 所示。

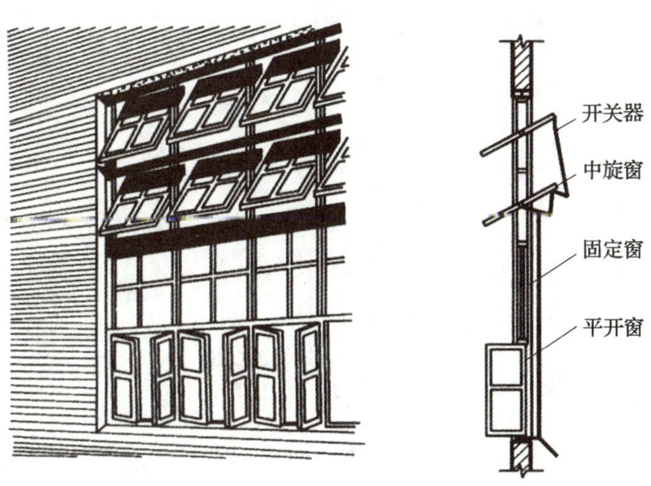

图 5–48　侧窗开启方式

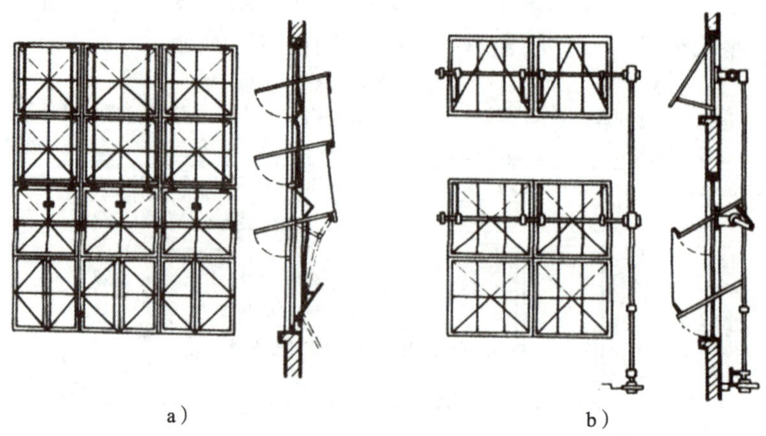

图 5-49　悬窗开关器

a）撑臂式简易开关器　b）蜗轮蜗杆手摇开关器

2. 大门

单层厂房大门除了应满足生产运输、人流通行及疏散要求外，还应满足保温、隔热、防尘防沙、隔声、防火等要求。

单层厂房大门按用途分为普通门和特殊门（保温门、防火门、防风沙门、防爆门、防辐射门等）；按所用材料分为木门、钢门、铝合金门等；按开启方式分为平开门、上翻门、折叠门、推拉门、升降门、卷帘门等，如图 5-50 所示。

单层厂房大门洞口尺寸一般是根据交通运输工具的通行要求来确定的，常见的运输工具类型及大门洞口尺寸如图 5-51 所示。

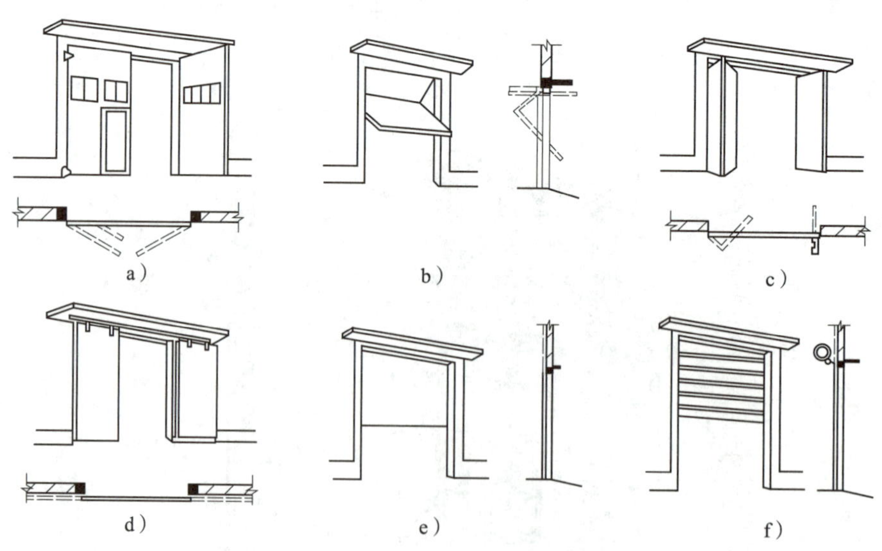

图 5-50　单层厂房大门开启方式

a）平开门　b）上翻门　c）折叠门　d）推拉门　e）升降门　f）卷帘门

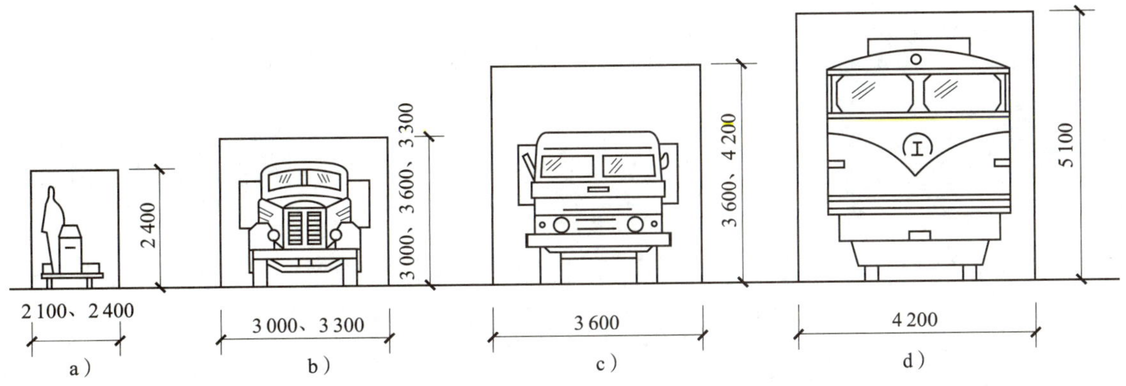

图 5-51　常见的运输工具类型及大门洞口尺寸

a）电瓶车　b）一般载重汽车　c）重型载重汽车　d）火车

单层厂房大门的门扇构造，不同类型有不同的做法，可参考建筑标准图集。门框一般有木制、钢制、砖砌及用钢筋混凝土现浇制成。因为单层厂房大门质量大，所以门框应具有足够的刚度和强度。

第六章 建筑节能

学习目标

了解建筑节能的概念和意义，了解我国建筑节能的现状，熟悉建筑节能材料，掌握建筑节能的施工技术。

第一节 概述

一、建筑节能的概念

建筑节能具体是指在建筑物的规划、设计、新建（改建、扩建）、改造和使用过程中，执行节能标准，采用节能型的技术、工艺、设备、材料和产品，提高保温隔热性能和采暖供热、空调制冷制热系统的效率，加强建筑物用能系统的运行管理，利用可再生资源，在保证室内热环境质量的前提下，减少供热、空调制冷制热、照明、热水供应的能耗，提高能源利用效率。

二、建筑节能的意义

建筑能耗是能源消费构成的重要部分，在发达国家已占到能源消耗总量的35%～40%。

在我国，随着现代化建设的发展和人民生活水平的不断提高，建筑供热和建筑空调面积不断增加，使得建筑能耗占到能源消耗总量的25%以上。在我国目前的能源生产条件下，如果不能更为有效地减缓建筑能耗增长，这势必会成为制约国民经济发展的重要因素。因此，在我国建筑领域中，应狠抓节约能源，提高能源使用效率，并应大力提倡新能源和可再生能源的利用，保护生态环境，积极贯彻经济社会的可持续发展战略。

三、我国建筑节能的现状

我国是一个发展中国家，又是一个建筑大国。随着全面建成小康社会的逐步推进，

建筑事业迅猛发展，建筑能耗也迅速增长，而且建筑能耗增长的速度远远超过我国能源生产可能增长的速度。如果任由这种高能耗建筑持续发展下去，国家的能源生产势必难以长期支撑，从而不得不组织大规模的旧房节能改造，这将要耗费更多的人力和物力。如果在建筑中积极提高能源使用效率，就能够大大缓解国家能源紧缺状况，促进我国国民经济的发展。因此，建筑节能是贯彻国家可持续发展战略、实现国家节能规划目标、减排温室气体的重要措施。

第二节　建筑节能材料

一、新型墙体节能材料

新型墙体节能材料大致可以分为三大类：建筑板材、非黏土砖和建筑砌块。因非黏土砖（多孔砖、空心砖）和建筑砌块在本书第一章已详细讲解过，本节重点介绍几种常见的建筑板材。

1. 玻璃纤维增强水泥轻质多孔隔墙条板

玻璃纤维增强水泥轻质多孔隔墙条板简称 GRC 板、GRC 轻质多孔条板、GRC 空心条板等。这种隔墙条板是以耐碱玻璃纤维为增强材料，以硫铝酸盐水泥轻质砂浆为基材制成的具有若干个纵向圆孔的条形板，具有质轻、强度高、壁薄、抗冲击、耐水、耐候、抗裂性好、便于制作成外形较为复杂的构建筑物等优点。但生产这种板材的多数企业生产规模小，机械化水平低，其制作技术和装备正处于改进和发展阶段。最初 GRC 板只限于用作非承重的内隔墙，现已经开始用作公共建设、住宅建筑和工业建筑的外围护墙体。

2. 纤维增强低碱度水泥建筑平板

纤维增强低碱度水泥建筑平板是以石棉、短切中碱玻璃纤维或以抗碱玻璃纤维等为增强材料，以 I 型低碱度硫铝酸盐水泥为胶结材料，经过混合配制、搅拌成型、养护而成的建筑平板，具有质轻、不燃烧、耐水性好、不变形、可钉、可锯、可涂刷、可干作业施工等显著特点。其中，纤维水泥外墙板是一种集功能性、装饰性为一体的新型节能墙体材料，以水泥、木质纤维等为原料，不含石棉等对人体有害的物质。生产工艺采用真空挤出成型工艺，产品经过压花、切割、蒸压养护、精加工、干燥、涂装、包装等工序加工而成。

3. 蒸压加气混凝土板

蒸压加气混凝土板是以水泥、石灰、硅砂等主要原料为主，再根据结构要求配制添加不同数量经防腐处理的钢筋网片的一种轻质多孔的新型绿色环保建筑材料，其密度比一般水泥质材料小，具有良好的耐火、防火、隔声、保温等性能。蒸压加气混凝土板含有大量微小的、非连通的气孔，孔隙率为 70%～80%，因此具有自重小、绝热性好、隔声吸音等特性，可用作内墙板、外墙板、屋面板和楼板，适用于非地震区及设防烈度为 6～8 度的地区。

4. 钢丝网架水泥聚苯乙烯夹芯板

钢丝网架水泥聚苯乙烯夹芯板（简称 GJ 板）是由三维空间焊接钢丝网架和内添阻燃型聚苯乙烯泡沫塑料板条（或整板）构成的网架芯板，特点是质轻、强度高，承载能力大，防火性能佳，保温节能，隔热隔声，抗震抗冻，防水防潮，运输方便、易搬运，生产规格灵活，能满足用户要求，装饰方便，占地面积小、使用面积大，减少单位成本，主要用作房屋建筑的内隔板、围护外墙、保温复合外墙、楼面、屋面及建筑加层等。

5. 石膏墙板

石膏墙板是以石膏为主要材料，加入纤维、胶黏剂、改性剂等，经混炼压制、干燥而成，具有防火、隔声、隔热、质轻、收缩率小等特点，且稳定性好、不老化、防虫蛀，可用钉、锯、刨、粘等方法施工，主要用作吊顶、隔墙、内墙、贴面板等。石膏墙板分为普通纸面石膏板、石膏空心条板和石膏复合保温板三种。

（1）普通纸面石膏板

普通纸面石膏板是以石膏等其他掺加剂为夹芯，以板纸为护面制成的薄板，具有质轻、强度高、防火、抗震、防虫蛀、隔声、隔热、可加工性好及美观等特点。而且以龙骨为骨架组成的墙体，可省去砌筑、抹灰等湿作业，有利于加快施工进度，降低劳动强度，增加使用面积。

（2）石膏空心条板

石膏空心条板是以建筑石膏为基材，掺以无机轻集料、无机纤维增强而制成的空心条板。石膏空心条板包括石膏珍珠岩空心条板、石膏粉硅酸盐空心条板和石膏空心条板，具有质轻、隔热、防火及施工方便等优点，适用于一般工业与民用建筑的非承重内隔墙。

（3）石膏复合保温板

石膏复合保温板是将纸面石膏板和拼塑聚苯乙烯泡沫板、聚苯乙烯泡沫塑料板或酚醛树脂用特定的胶水复合在一起，具有质轻、耐压、耐水、耐火、隔声、尺寸稳定、不开裂等优点和优异的隔热保温性能，且施工方便、快捷。因其保温性能优异，多用于外墙内保温的处理。

6. 金属面夹芯板

金属面夹芯板是上下两层以彩色涂层金属薄板为面层，以岩棉、硬质聚氨酯泡沫塑料和聚苯乙烯泡沫塑料为芯材，在专用的自动化生产线上复合加工而成的具有承载能力的轻质复合板材，也称为“三明治”板。金属面夹芯板的金属面材采用彩色喷涂钢板、彩色喷涂镀锌钢板等金属板。一般彩色喷涂钢板外表面为热固性聚酯树脂涂层，内表面（粘接侧）为热固性环氧树脂层，金属基材为热镀锌钢板。

金属面夹芯板的芯体保温材料主要有硬质聚氨酯泡沫塑料、聚苯乙烯泡沫塑料、岩棉或矿棉等。在面层与芯材之间可用聚氨酯黏结剂、酚醛树脂黏结剂或其他适宜的黏结剂粘接。

金属面夹芯板按其芯材不同，可分为金属面聚苯乙烯夹芯板、金属面岩棉（或矿渣面）夹芯板、金属面硬质聚氨酯夹芯板等；按建筑物使用部位及面层压型钢板不同，可分为层面夹芯板、墙面夹芯板等。金属面夹芯板按照不同的使用要求，芯材厚度有30 mm、40 mm、60 mm、75 mm、80 mm、100 mm 和 120 mm 等多种。

金属面夹芯板是一种多功能建筑节能材料，具有质轻、强度高、保温性能好、整体装备性能好、施工速度快、可拆卸、可重复使用、耐久性好等优点，特别适用于大跨度建筑的围护结构，其应用范围为无化学腐蚀的大型厂房、车间、仓库等，可用于建筑活动房屋、城镇公共设施房屋、房屋加层及临时建筑等，还可以广泛用于轻钢建筑的层面、墙面、建筑装饰及冷库建筑中，但一般不用于住宅建筑。

二、新型门窗材料

在建筑围护结构中，门窗的保温隔热能力较差，门窗缝隙是冷风渗透的主要通道。目前我国常用窗户类型的性能比较见表 6–1。改善门窗的保温隔热性能是节约能源、提高热舒适性的一个技术重点，一般通过改用节能玻璃、采用热工性好的型材和玻璃间隔条三个方面来改善。

表 6–1　　目前我国常用窗户类型的性能比较

性能	窗户类型				
	钢窗	铝合金窗	木窗	塑窗	塑钢窗
保温性	差	差	优	优	优
抗风性	优	良	良	差	良
空气渗透性	差	良	差	良	优
雨水渗透性	差	差	差	良	良
耐火性	优	优	差	差	差

1. 节能玻璃

（1）吸热玻璃

吸热玻璃是一种能够吸收太阳能的平板玻璃，利用玻璃中的金属离子对太阳能进行选择性吸收，同时呈现出不同的颜色。有些夹层玻璃胶片中掺有特殊的金属离子，用这种胶片可以生产出吸热的夹层玻璃。

（2）热反射玻璃

热反射玻璃是对太阳能有反射作用的镀膜玻璃，其反射率可达到 20% ~ 40%，甚至更高。其表面镀有金属、非金属及其氧化物等各种薄膜，这些膜层可以对太阳能产生一定的反射效果，从而达到阻挡太阳能进入室内的目的。在低纬度的炎热地区，使用热反射玻璃可节省室内空调的能源消耗，同时具有较好的遗光性能，使室内光线柔和舒适。

（3）低辐射玻璃

低辐射玻璃又称 Low-E 玻璃，是一种对波长 4.5 ~ 25 μm 范围的远红外线有较高反射比的镀膜玻璃，具有较低的辐射率。在冬季，它可以反射室内暖气辐射的红外热能，辐射率一般小于 0.25，将热能保留在室内。低辐射玻璃的遮蔽系数、太阳能总透射比、太阳光直接透射比、太阳光直接反射比、可见光透射比和可见光反射比等都与普通玻璃差别不大，其辐射率、传热系数比较低。

（4）中空玻璃

中空玻璃是将两片或多片玻璃有效支撑、均匀隔开并对周边粘接密封，使玻璃层之间形成有干燥气体的空腔，在其内部形成具有一定厚度且被限制流动的气体层。由于这些气体的传热系数大大小于玻璃材料的传热系数，因此具有较好的隔热能力。中空玻璃的特点是传热系数较低，与普通玻璃相比，其传热系数至少可降低 40%，是目前最实用的隔热玻璃。

实际应用中，可将多种节能玻璃组合在一起，以产生良好的节能效果。

2. 型材

目前门窗制作中常用的型材有塑钢型材和铝合金型材两种。

塑钢型材是用于制作门窗用的 PVC（聚氯乙烯）型材。因为单纯用 PVC 型材加工的门窗强度不够，通常在型腔内添加钢材以增强门窗的牢固性，因此型材内部添加钢材制作的门窗通常被称为塑钢门窗。随着塑钢门窗的广泛使用，用于制作塑钢门窗的 PVC 型材习惯上就被称为塑钢型材。

铝合金型材的隔热性能较差，为了提高其隔热性能，一般会在铝合金中间使用低热导率的隔热材料。隔热材料按加工工艺分，有穿条式和注胶式两种，市场上以使用穿条式隔热材料为主。穿条式隔热材料是将两只预先挤出的铝材和热导率为 0.3 W/（m·K）的尼龙隔热条，通过开齿、穿条、滚压工序组合成一体的复合型材。

3. 玻璃间隔条

玻璃间隔条的隔热是整个门窗节能系统中的最后一个环节，专门用来解决玻璃周边的热量流失问题。普通的玻璃间隔条是铝合金加工的，同铝合金型材一样，并非很好的隔热材料。现在市场上一般使用“暖边”间隔条来降低玻璃周边的热传导，从而降低整窗的 U 值（热导系数）和防止玻璃周边结露。如泰诺风的 TGI（泰居安）隔热条，是由热导率为 0.193（热导系数）W/（m·K）的聚丙烯和 0.1 mm 的不锈钢薄片复合而成，其隔热性能远远优于铝合金间隔条。

第三节 建筑节能技术

一、太阳能技术

1. 太阳能热水系统与建筑一体化

太阳能热水系统是太阳能利用技术最成熟、应用最广泛的领域。解决太阳能热水系统与建筑物结合问题，是太阳能热水系统发展的关键，所以在进行建筑设计时，应将太阳能热水系统作为建筑的一个有机组成部分，与建筑形成一个有机整体，综合考

虑设计的可能性、美观性、适用性和经济性，实现太阳能热水系统与建筑的一体化。

2. 太阳能光伏系统与建筑一体化

高效利用太阳能提供的辐射能量，满足建筑的使用功能需求，营造安全、便利、舒适、健康的环境，是太阳能建筑设计的目标。将新型太阳能光伏技术融入建筑设计中，使建筑设计与光伏发电技术有机结合，是太阳能光伏系统与建筑一体化的主要思想。为了使太阳能建筑尽可能全面、完善地满足使用要求，技术措施应与建筑自身实现优化组合，尽量降低初期投资和运营管理费用，达到利用最优化、产出最大化和操作简便化。

3. 太阳能工程典范——北京奥运村

北京奥运村采用了与建筑一体化的太阳能热水系统，主要包括集热系统、储热系统、换热系统、生活热水系统等，如图 6–1 所示。除太阳能的利用外，北京奥运村还利用清河污水处理厂的二级出水，建设“再生水源热泵系统”，提取再生水的热能，为奥运村提供冬季供暖和夏季制冷。

图 6–1　北京奥运村——与建筑一体化的太阳能热水系统

二、地源热泵技术

1. 地源热泵技术原理

地源热泵技术通过输入少量高品位能源（如电能），实现低温位热能向高温位热能的转移，是一种利用地下浅层地热资源（如地下土壤、地下水等），既可以供热又可以制冷的高效节能空调系统。

浅层地热主要来自太阳的辐射和地心热，取之不尽、用之不竭。太阳和地心的热核反应已进行了数亿年，所产生的功率达数万亿千瓦，可源源不断地供给浅地层。浅层土壤像一个巨大的太阳能集热器，太阳辐射到地球表面后，约有一半的能量被浅层土壤所吸收，比人类每年使用的能量高出500多倍。在太阳能和地心热的综合作用下，在地下一层深度的土壤层中形成了一个相对恒温层，大气温度变化对它影响较小。

地能分别在冬季作为热泵供暖的热源和夏季空调的冷源，即在冬季，把地能中的热量提取出来，提高温度后，供给室内采暖；在夏季，把室内的热量取出来，释放到大地中去。热泵机组的能量流动是利用其所消耗的能量（如电能），将吸收的全部能量（电能+吸收的热能）一起输送至高温热源，使制冷剂被压缩至高温高压状态，从而达到吸收低温热源中热能的目的。

2. 地源热泵技术典范——瑞士盖斯海格住宅

瑞士盖斯海格住宅的地源热泵技术可用于室内供暖或提供生活热水，地源热泵比电锅炉供热节省2/3的电能，比燃料锅炉节省1/2的能量，如图6–2所示。

图6–2　瑞士盖斯海格住宅地源热泵技术示意图

三、遮阳与自然通风技术

1. 建筑遮阳

建筑遮阳主要包括针对窗口的遮阳、针对屋面的遮阳、针对墙面的遮阳和绿化遮阳等。目前，建筑遮阳还处于摸索阶段，但已受到业界越来越多的重视，技术也在逐步成熟。

2. 自然通风

自然通风是指依靠室外风力造成的风压和室内外空气温度差造成的热压，促使空气流动，使得建筑室内外空气交换。自然通风可以保证建筑室内获得新鲜空气，带走多余的热量，又不需要消耗动力，节省能源、设备投资和运行费用，是一种经济有效的通风方法。

3. 遮阳与自然通风工程典范——中国国家馆

中国国家馆造型层叠出挑，在夏季上层对下层形成自然遮阳，如图6–3所示。中国国家馆外廊为半室外玻璃廊，用被动式节能技术为馆内提供冬季保温和夏季通风，屋顶还运用生态农业景观等技术措施有效实现隔热。

图 6–3　中国国家馆

第七章 城市及居住区规划

学习目标

了解城市规划和居民区规划的区别，掌握城市配套工程管线的施工特点，熟悉城市配套项目的施工应用。

第一节 城市规划

城市规划的任务是根据国民经济的发展计划，在全面研究区域经济发展的基础上，根据历史和自然条件，确定在什么地方建设城市，建设怎样性质和规模的城市。在城市功能布局上要满足生产、生活的需要，使各项建设具备可靠的技术、经济性能，为居民创造一个生活舒适、景色宜人的城市环境。

一、城市规划的工作内容

城市建设是国家经济和文化建设的一个重要组成部分。要想有计划地、合理地建设城市，就必须切实做好城市规划工作。城市规划的工作内容有以下几方面。

1. 调查、收集和研究城市规划工作所必需的基础资料，具体包括以下几方面：

（1）城市技术经济资料，如城市所在地区自然资源的分布和开采利用等资料，城市人口资料，城市土地利用资料，工矿、企事业等单位的现状及发展的技术经济指标等。

（2）城市自然条件资料，如规划地区的地形、地貌、气象、水文地质和地震等资料。

（3）城市现有建筑物及工程设施资料。

（4）城市环境及其他资料。

2. 根据国民经济计划，在区域规划的基础上，结合城市本身发展条件，提出城市规划任务书，确定城市性质和发展规模，拟订城市发展的各项技术经济指标，具体包括以下几方面：

（1）城市的性质。我国的城市按性质和功能可分为以下三类：

1）国家、省和地区级的行政、经济、文化中心城市，如首都、省会等，具有综合性职能。

2）以某种具体职能为主的城市，一般是以工业职能为主，也包括交通枢纽、渔业、林业等职能。

3）具有特殊职能的城市，如革命圣地、风景名胜地所在城市。

（2）城市的规模。城市的规模是指市区和郊区非农业人口的总数。世界各国城市规模分类的标准不同，在我国按人口规模，城市可分为四类：

第一类——100 万人口以上的特大城市；

第二类——50 万 ~ 100 万人口的大城市；

第三类——20 万 ~ 50 万人口的中等城市；

第四类——20 万人口以下的小城市。

3. 合理选择城市各项建设用地，确定城市规划的结构，并考虑城市长远的发展方向。城市用地具体分为下列几类：

（1）生活居住用地，包括居住用地、公共建筑用地、公共绿地及道路广场用地等。

（2）工业用地，主要是指工业生产用地，包括工业用地上的工厂、动力设施、仓库，工厂内的铁路专用线和厂内卫生防护用地等。

（3）对外交通运输用地，主要布置城市对外交通运输设施用地，包括铁路、公路的线路和各种站场用地、港口码头、民用机场和防护地带等用地。

（4）仓库用地，即专门用来存放生活与生产资料的用地，包括国家储备仓库、地区中转仓库、市内生活供应仓库、工业储备仓库、危险品仓库及露天堆场等用地。

（5）公用事业用地，即公用设施和工程构筑物的用地，如净水厂、污水处理厂、煤气厂、变电所、市内公共客运站场和修理厂、消防站、各种管线工程及其构筑物、防洪堤坝、火葬场及公墓等用地。

（6）防护用地，主要是指居住区与工厂、污水处理、公墓、垃圾场等地段之间的隔离地带，及水源保护、防风和防沙林带等用地。

（7）其他用地，如监狱、军事基地以及文物和自然保护区等不属于以上项目的其他城市建设用地。

4. 拟订城市建设艺术布局的原则和规划方案。

5. 拟订旧市区利用、改建的原则、步骤和方法。

6. 确定城市各项市政设施和工程措施的原则和技术方案。

7. 根据城市基本建设的计划，安排近期建设项目并为各单项工程提供设计依据。

二、城市规划的工作阶段

城市规划工作按其内容和深度的不同，一般分为总体规划和详细规划两个阶段。

1. 总体规划

总体规划的主要任务是确定城市的性质、规模和发展方向，对城市建设布局进行全面安排和综合平衡，制定出实施规划方案的步骤和措施。

总体规划是城市发展的长远目标，规划期限一般为 20 年，同时还须考虑近期建设规划，期限一般为5年。总体规划的内容有以下几方面：

（1）确定城市性质和发展方向，估算人口规模，选定各项技术经济指标和计算用地规模。

（2）选择城市用地，确定规划区范围，划分城市用地功能分区，统筹安排工业、对外交通运输、仓库、生活居住、文教科研单位和绿化等用地。

（3）布置城市道路系统，确定交通枢纽工程，如车站、港口码头、机场和交通运输设施的位置。

（4）提出大型公共建筑的分布规划及其位置。

（5）确定城市主要广场的位置，道路交叉口形式，主、次干道断面，主要控制点的坐标和标高。

（6）拟订市政工程和城市园林绿化的规划。

（7）提出人防、抗震和环境保护等方面的规划措施。

（8）制定城市旧区改造的规划。

（9）综合布置郊区的农业、工业、林业、交通、城镇居民点用地，蔬菜副食品生产基地，地方建筑材料和施工基地用地，郊区绿化和风景区，以及其他各项工程设施。

（10）安排近期建设用地，并提出主要建筑项目，确定建设步骤。

（11）估算城市近期建设总投资，总体规划图的内容和深度详附图。总体规划图的比例一般用1:5 000或1:10 000。

规划制定后，直辖市的总体规划报国务院审批；省会、自治区首府、特大城市以及国家指定的重点城市的总体规划由所在省、自治区人民政府审查同意后，报国务院审批；其他市、镇、县和工矿区的总体规划，由所在省、市、自治区人民政府审批。

2. 详细规划

详细规划是总体规划的深化和具体化，要求对城市近期建设区域内的各项建设作出具体的布置，作为修建设计的依据。

（1）详细规划的内容

1）确定道路红线、道路断面、居住区及专用地段主要控制的坐标和标高。

2）确定各类建筑、公共绿地、公共活动场地、道路广场等项目的具体位置和用地。

3）综合安排专用地段以外的各项工程管线、工程构筑物的位置和用地。

4）主要干道和广场建筑群的平面、立面规划设计。

（2）详细规划的图纸和文件

1）规划地段的现状图。必须标明建筑物、构筑物、道路、绿地、管线工程及人防工程等现状。

2）详细规划总平面图。必须标明各类用地界线、建筑物、构筑物、道路、绿化、管线工程和人防工程的位置，并标出哪些是保留的现状，哪些是新规划的。

3）道路和竖向规划图。必须标明道路界线、断面、宽度、长度、坡度、曲线半径、交叉点和转折点的标高、地形的设计处理等。

4）各项工程设施的综合图。必须标明各项管线工程的平面位置、标高、坡度、相

互之间的关系等。

5）规划说明和技术经济分析。包括说明规划意图的各种技术经济分析。

（3）详细规划的要求

应满足修建设计和各项工程编制扩初设计的需要。图纸比例一般用 1∶2 000，也可用 1∶500 或 1∶1 000，视具体情况而定。

3. 规划图例

规划图例由地形图图例（见表 7–1）和总图图例（见表 7–2）组成。

表 7–1 地形图图例

名称	图例	名称	图例
三角点	3.0　Ⅲ21/394.452	半地下温室、菜窖、花房	菜
Ⅰ、Ⅱ级导线点	2.0　Ⅱ21/1 257.32	公路	
埋石图根点	2.0　6/478.53	大车道	1.0　4.0
未埋石图根点	2.0　18/167.49	人行道	1.0　4.0
水准点	2.0　Ⅸ5/369.261	高压电线	4.0　1.0
永久性房屋	永3	低压电线	4.0　1.0
简易房屋	简	铁丝网	8.0
棚房		篱笆	8.0
温室、大棚		围墙	8.0

续表

名称	图例	名称	图例
公路桥		消火栓	1.5 1.5 2.0
拦水坝		消火栓井	
水闸		雨水口	
涵管及涵洞	涵管　涵洞	检修井	2.5
水塔	2.0　4.0 1.5	填挖边坡	

表 7-2　　总图图例

名称	图例	名称	图例
新建建筑物	6 入口 在图形内右上角用数字或圆点数表示层数； 建筑物外形（一般以外墙定位轴线或外墙面线为准）用粗实线表示。需要时，地面以上建筑用中粗实线表示，地面以下建筑用细虚线表示	拆除的建筑物	用细实线表示
		建筑物下面的通道	
		散状材料露天堆场	
原有建筑物	用细实线表示	其他材料露天堆场	
计划扩建的预留地或建筑物	用中粗虚线表示	冷却塔（池）	

续表

名称	图例	名称	图例
烟囱	实线为烟囱下部直径 虚线为基础	露天电动葫芦	G_n=（t） “+”为支架位置
新建道路	0.60%　101.00　R=9.00 150.00 “R=9.00”表示道路转弯半径为 9 m “0.6%”表示道路坡度 “101.00”表示变坡点间距离 “150.00”表示道路中心交叉点设计标高	门式起重机	G_n=（t） 有外伸臂起重机 G_n=（t） 无外伸臂起重机
围墙及大门	实体围墙（仅表示围墙不画大门）	坐标 （大地坐标）	X=−47.851 Y=−3.015
挡土墙	被挡土在“突出”一侧	坐标 （建筑坐标）	A=−47.851 B=−3.015
挡土墙上设围墙	被挡土在“突出”一侧	方格网交叉点标高	施工高度　设计标高 −0.60　77.85 78.35 原地面标高 “−”表示挖空（“+”表示填方）
露天桥式起重机	G_n=（t） “+”为柱子位置	填方区、挖方区、未整平区及零线	填方区 未整平区 挖方区

第二节　居住区规划

居住区是构成城市的主要组成部分。居住区规划的任务是为居民创造一个安全舒适的居住环境。随着社会的发展与进步，人们对居住环境的要求也越来越高，越来越迫切。在居住区内，除了布置住宅外，还需要布置居民日常生活中所需的各类公共服务设施、绿地、道路、停车场地和居民活动场地等。为了统一要求和便于管理，居住区规划制定了一系列的规范术语，具体如下。

1. 居住小区：一般称小区，是指被城市道路或自然分界线所围合，与居住人口规模（10 000 ~ 15 000 人）相对应，并配建一套公共服务设施的聚居地。

2. 居住组团：一般称组团，是指由小区道路分隔，与居住人口规模（1 000 ~ 3 000 人）相对应，并配建一套居民基层公共服务设施的聚居地。

3. 居住区用地：居住区内的住宅用地、公建用地、道路用地和公共绿地四项用地的总称。

4. 住宅用地：住宅建筑基底占地及其四周合理间距内的用地（含宅间绿地和宅间小路等）的总称。

5. 公共服务设施用地：一般称公共用地，是与居住人口规模对应配套建设的为居民服务的各类设施的用地，包括建筑基底占地及其所属场院、绿地和停车场等。

6. 道路用地：居住区道路、小区路、组团路及非公建配建的居民小汽车、单位通勤车等停放场地。

7. 居住区（级）道路：一般用以划分小区的道路。在大城市中通常与城市支路同级。

8. 小区（级）路：一般用以划分组团的道路。

9. 组团（级）路：上接小区路、下连宅间小路的道路。

10. 宅间小路：住宅建筑之间连接各住宅入口的道路。

11. 公共绿地：满足规定的日照要求、适合于安排游憩活动设施的、供居民共享的集中绿地，包括居住区公园、小游园和组团绿地及其他块状、带状绿地等。

12. 配建设施：与人口规模或与住宅规模对应配套建设的公共服务设施、道路和公共绿地的总称。

13. 其他用地：规划范围内除居住区用地以外的各种用地，包括非直接为本区居民配建的道路用地、其他单位用地、保留的自然村或不可建设的用地等。

14. 公共活动中心：配套公建相对集中的居住区中心、小区中心和组团中心等。

15. 道路红线：城市道路（含居住区级道路）用地的规划控制线。

16. 建筑线：一般称建筑控制线，是建筑物基底位置的控制线。

17. 日照间距系数：根据日照标准确定的房屋间距与遮挡房屋檐高的比值。

18. 建筑小品：既有功能要求，又具有点缀、装饰和美化作用的，从属于某一建筑空间环境的小体量建筑、游憩观赏设施和指示性标志物等的统称。

19. 人口毛密度：每公顷居住区用地上容纳的规划人口数量。

20. 人口净密度：每公顷住宅用地上容纳的规划人口数量。

21. 建筑面积毛密度：也称容积率，是每公顷居住区用地上拥有的各类建筑的建筑面积，或居住区总建筑面积与居住区用地的比率。

22. 住宅建筑净密度：住宅建筑基底总面积与住宅用地面积的比率。

23. 建筑密度：居住区用地内，各类建筑的基底总面积与居住区用地的比率。

24. 绿地率：居住区用地范围内各类绿地的总和占居住区用地的比率。绿地应包括公共绿地、宅旁绿地、公共服务设施所属绿地和道路绿地（即道路红线内的绿地），其中包括满足当地植树绿化覆土要求、方便居民出入的地下或半地下建筑的屋顶绿地，

不包括屋顶、晒台的人工绿地。

25. 停车率：居住区内居民汽车的停车位数量与居住户数的比率。

26. 地面停车率：居民汽车的地面停车位数量与居住户数的比率。

27. 拆建比：拆除的原有建筑总面积与新建的建筑总面积的比率。

第三节　城市工程管线综合

一、城市工程管线综合的分段

为配合城市规划设计的不同阶段，城市工程管线综合可分为规划综合、初步设计综合、施工详图检查三个阶段。

1. 规划综合

在城市总体规划阶段，对各类管线提出宏观上的布置原则，如干管的走向等，但对其具体位置一般不做定论。

2. 初步设计综合

在城市详细规划阶段，要求各类管线不仅在横向上定位，在竖向上也要定位。经初步设计综合，对相关工程提出修改建议。

3. 施工详图检查

在城市规划实施阶段，一些复杂的管线交叉处由于工程的深化，会产生新的矛盾。为此，有必要对施工详图加以综合核对。

二、城市工程管线的分类

城市工程管线按其性质、用途可分为下列几类。

1. 给水管道：包括工业、生活和消防用水管道。
2. 排水管道：污水、雨水管道。
3. 电力电缆：高压、低压输电线路。
4. 电信电缆：电话、电视、宽带等线路。
5. 热力管道：热水和蒸气管道。
6. 燃气管道：煤制气、天然气等管道。

在工业区和工厂内，还有一些其他管道，如氧气、乙炔、液体燃料管道，排灰、排渣及化工专用管道等。

三、城市工程管线综合布置的原则

1. 厂界、道路、管线的定位都要采用统一的城市坐标系统及标高系统。厂内的管线也可采用自定义的坐标系统（相对坐标系统）。

2. 地下管线由建筑物外墙向道路中心线方向平行布置，其位置根据管道性质及埋设深度来决定。可燃、易燃及损坏时对建筑物有危害的管道，应距离建筑物远一些，埋设深度大的也要距离建筑物远一些。其埋设次序一般为：电力电缆、电信电缆、燃气管道、热力管道、给水管道、排水管道等。

3. 管线的平面布置应做到路线短、转弯少，减少与道路、铁路的交叉和管线间的交叉。必须交叉时尽可能做成直角交叉。

4. 管线冲突时，一般是按小管让大管、临时管让永久管、可弯曲管线让不易弯曲的管线等原则进行敷设。

5. 干管应靠近负荷较大的一侧来敷设。

各类管道的埋设，其水平、垂直的净距离都有明确的规定。以居住区为例，管道埋设必须与城市管线衔接，埋设的距离见表 7-3 ~ 表 7-6。

表 7-3　　各种管线之间的最小水平净距

单位：m

管线名称		给水管道	排水管道	燃气管道			热力管道	电力电缆	电信电缆
				低压	中压	高压			
排水管道		1.5	1.5	—	—	—	—	—	—
燃气管道	低压	0.5	1	—	—	—	—	—	—
	中压	1	1.5	—	—	—	—	—	—
	高压	1.5	2	—	—	—	—	—	—
热力管道		1.5	1.5	1	1.5	2	—	—	—
电力电缆		0.5	0.5	0.5	1	1.5	2	—	—
电信电缆		1	1	0.5	1	1.5	1	0.5	—

注：1. 表中给水管道与排水管道之间的净距，适用于管径 <200 mm；当管径 >200 mm 时，净距应 >3 m。

2. 当电压 >10 kV 时，电力电缆与其他任何电路电缆之间净距应不小 0.25 m，如加套管，净距可减至 0.1 m；当电压 <10 kV 时，电力电缆之间净距应为 20.1 m。

3. 低压燃气的压力 <0.005 MPa，中压燃气的压力为 0.005 ~ 0.3 MPa，高压燃气的压力为 0.3 ~ 0.8 MPa。

表 7-4　　各种管线之间的最小垂直净距

单位：m

管线名称	给水管道	排水管道	燃气管道	热力管道	电力电缆	电信电缆
给水管道	0.15	—	—	—	—	—
排水管道	0.4	0.15	—	—	—	—
燃气管道	0.15	0.15	0.15	—	—	—
热力管道	0.15	0.15	0.15	0.15	—	—
电力电缆	0.15	0.5	0.5	0.5	0.5	—
电信电缆	0.2	0.5	0.5	0.15	0.5	0.25

表 7–5　各种管线与建、构筑物之间的最小水平净距

单位：m

管线名称		建筑物基础	地上杆柱（中心）			铁路（中心）	城市道路侧石边缘	公路边缘
			通信、照明	<35 kV	>35 kV			
给水管道		3	0.5	3		5	1.5	1
排水管道		2.5	0.5	1.5		5	1.5	1
燃气管道	低压	1.5	1	1	5	3.75	1.5	1
	中压	2				3.75	1.5	1
	高压	4				5	2.5	1
热力管道		直埋	1	2	3	3.75	1.5	1
		地沟						
电力电缆		0.6	0.6	0.6	0.6	3.75	1.5	1
电信电缆		0.6	0.5	0.6	0.6	3.75	1.5	1

注：1. 表中给水管道与城市道路侧石边缘的水平净距为 1 m 时，适用于管径 <200 mm；当管径 >200 mm 时，水平净距应 >1.5 m。

2. 表中给水管道与公路边缘的水平净距为 1.5 m 时，适用于管径 <200 mm；当管径 >200 mm 时，水平净距应 >2.5 m。

3. 排水管道与建筑物基础的最小水平净距，当埋深浅时与建筑物基础应 >2.5 m。

4. 表中热力管道与建筑物基础的最小水平净距：对于地沟敷设的热力管道为 0.5 m；对于直埋闭式热力管道管径 <250 mm 时为 2.5 m，管径 >300 m 时为 3 m；对于直埋开式热力管道为 5 m。

表 7–6　各种管线与公共绿地之间的最小水平净距

单位：m

管线名称	最小水平净距	
	至乔木中心	至灌木中心
给水管道	1.5	1.5
排水管道	1.5	1.5
燃气管道	1.2	1.2
热力管道	1.5	1.5
电力电缆、电信电缆	1	1

四、地下管线和道路横断面的关系

管线埋设尽可能埋在人行道或非机动车道下，以便于管线的维修（见图 7–1）。管线在初步设计综合阶段，根据管线埋设的要求对道路横断面设计提出修改建议。

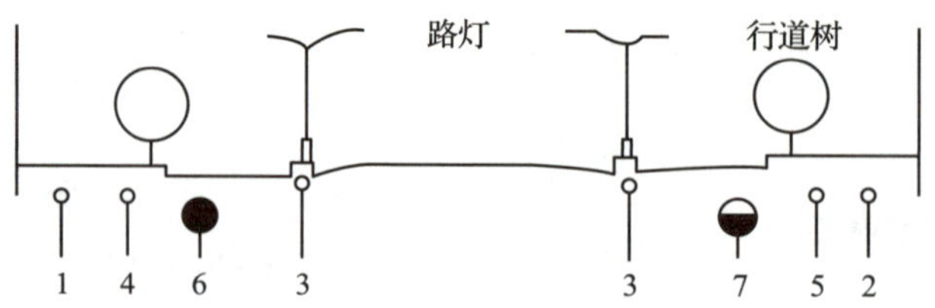

1—电信电缆；2—电力电缆；3—路灯电缆；4—燃气管道；
5—给水管道；6—雨水管道；7—污水管道。

图 7-1　道路横断面与管道埋设示意图

五、管线交叉点标高控制

管道应避免交叉布置，必须交叉时应绘制 1∶500 的管道交叉标高平面图。图中标明管道交叉处的地面标高。交叉管线的类型、型号，管外壁底与顶部的标高。如图 7-2 所示，此图标明了管线工程初步设计综合图上交叉口的编号，以及每个交叉口各种管线的地面标高、管底标高、净距等，图中的箭头方向表示雨水、污水管道中的水流方向。

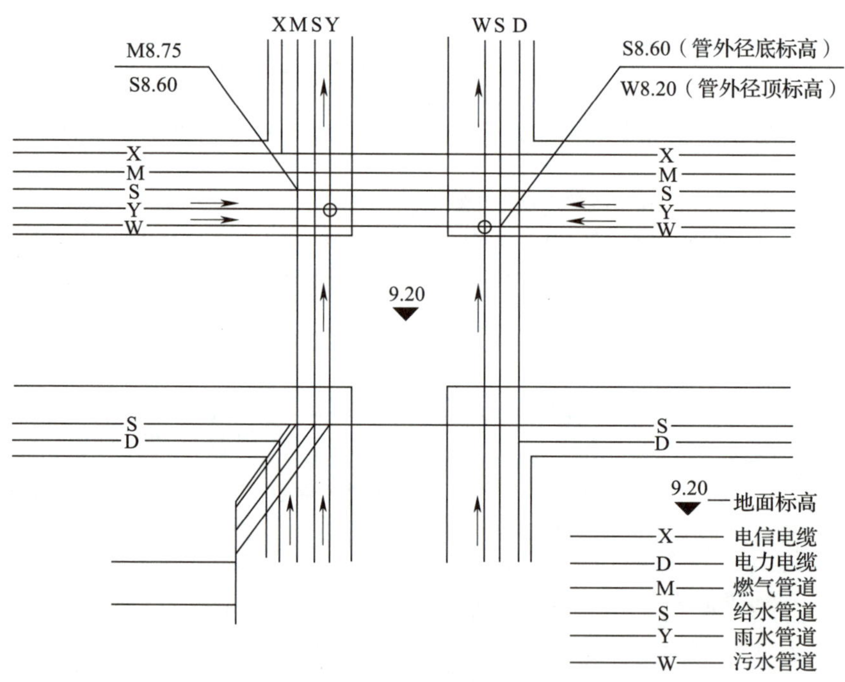

图 7-2　管道交叉处标高标注图